神经经济管理研究系列专著

神经人因工程理论与应用

周晓宏　丁一　操雅琴　著

科学出版社

北京

内 容 简 介

本书系统阐述了神经人因工程的产生与发展、研究内容与应用领域、研究方法和步骤。结合安全标志认知研究、VDT 作业脑力负荷研究、网站注意力研究，不仅阐述了神经人因工程在相关领域的具体应用及最新发展趋势，还提出了交通标志认知过程模型、脑力负荷测量、网站视觉注意研究 WAR 框架等新理论、新模型和新方法。本书不仅能够给相关研究者启发，也进一步促进了神经人因工程的应用与发展。

本书可供人因工程学、工程心理学、认知神经科学、神经管理学相关研究人员以及从事神经人因工程的企业管理者参考，也可作为神经人因工程相关领域的研究生课程的教材。

图书在版编目（CIP）数据

神经人因工程理论与应用 / 周晓宏，丁一，操雅琴著. -- 北京：科学出版社，2025. 4. --（神经经济管理研究系列专著）. -- ISBN 978-7-03-081377-0

Ⅰ. B845.1

中国国家版本馆 CIP 数据核字第 2025C4S589 号

责任编辑：郝　悦 / 责任校对：张亚丹
责任印制：张　伟 / 封面设计：有道文化

科学出版社 出版
北京东黄城根北街 16 号
邮政编码：100717
http://www.sciencep.com
中煤（北京）印务有限公司 印刷
科学出版社发行　各地新华书店经销
*
2025 年 4 月第 一 版　开本：720×1000 B5
2025 年 4 月第一次印刷　印张：17 1/2
字数：353 000
定价：210.00 元
（如有印装质量问题，我社负责调换）

神经经济管理研究系列专著

总　　序

人类探索世界，总是自觉地遵循"采用先进技术与工具的原则"。

各个领域的科学家都会尽快把先进技术与工具用于本领域研究，推动对本领域的客观规律的认知发展。例如，用显微镜探知微观世界，从放大倍数不断提高的光学显微镜，到电子显微镜，只要更高放大倍数的清晰的显微镜一出现，研究微观世界领域的学者，不论是材料学领域的学者、还是生物学领域的学者，都会迅速采用先进的工具，研究本学科领域的问题，形成本学科的生长点，甚至产生新的学科分支。例如，放射性技术进入考古学，极大促进了考古学的发展；电子显微镜进入生物科学，产生了分子生物学；射电望远镜进入天文学，产生了射电天文学；透射电镜促使了纳米材料科学与材料工程技术的发展；基于芯片与数据处理技术的第三代基因测序仪，把完成一个人的基因测序时间从 6 个月缩短到了10～15 分钟，等等。反过来，只要有可能，人们就会基于对科学规律的新的认知，制造新的研究、生产和服务的工具，提升科学研究的效率、社会生产和社会服务的效益/效率与安全性，创造新的消费产品，创造或扩大社会消费，提升社会消费的方便性、有趣性和愉悦性。例如，智能手机和折叠屏智能手机都创造了新的消费，而折叠屏的智能手机＋6G 通信，就有可能替代有线电视。

运用先进技术和工具（装置），研究可能用其做研究的领域中的问题，是人类科学技术进步的客观规律之一。

用神经科学与技术装置，研究那些可以用其研究的经济学问题、研究那些可以用其研究的管理学问题，也不过如同其他学科领域的科学家所做的一样，自然地遵循了"采用先进技术和工具的原则"。

2002 年 12 月 8 日，弗农·史密斯在获诺贝尔经济学奖的题为"经济学的构建主义与生态理性"的演说中，专门用一节来解释神经经济学（Neuroeconomics）。他说，神经经济学关注研究的是，大脑内部的工作机理与经济活动中的如下三个方面中的行为的关系，这三个方面的行为是，个体决策中的行为、社会交换中的行为，以及经济制度（如市场制度）中的行为。

实际上，管理学中所涉及的行为，相对于经济学，种类更多，范围更宽，更贴近具体的操作层面，从神经（及其相关的生理信息）来解读行为，具有更为广阔的研究领域。

通俗地说，**神经管理科学就是运用神经科学与技术，研究管理科学中的、那些可以用神经科学来研究的问题**。

哪些管理科学的问题可以用神经科学与技术来研究呢？首先，从根本上说，至少，研究对象中直接包含人的管理学的分支领域（如营销、人力资源管理学、领导科学、行为决策学等），都可以用神经科学来研究。其次，那些在研究的对象中，虽然不直接包含人，但包含了人的活动结果的领域，例如，物流运输领域（物流运输方案）、生产计划领域、证券交易领域、成本与价值管理领域等，也可以用神经科学的手段来研究。由于其所研究的对象包括了人的决策和行为的结果，因此就有可能把决策和行为结果的信息，与决策者和行为者的脑神经活动信息（甚至与神经活动有关联的更低层次上的生理信息，如神经递质、递质的受体、激素等活动的信息）关联起来，在更高、更综合的层面上，研究包含多层信息的新型模型与相互关系的规律，提升所管理的系统的效益、效率与安全。

以下所说的管理科学的领域和问题，都是指那些"可以用神经科学来研究的学科领域和问题"。

神经管理学（Neuromanagement）**的较为严格和较为完整的定义**，大致可以表述为："**运用神经科学理论方法与技术（包括仿脑计算技术），研究管理科学的问题及其内在机制，发现新的管理学规律，提出新的管理理论，用于经管活动，提高相应活动的效益、效率与安全**"的科学体系。

也就是说，**神经管理学的研究涵盖了三大领域**。

（1）与人的行为相关的管理学**理论研究**。此类研究以**实验室**研究为主，管理现场研究为辅。实验室研究的主要工具，是神经科学的测量工具，例如，功能磁共振设备，脑电图采集设备，功能近红外光谱成像设备，脑磁图设备，正电子断层扫描设备，以及通过电刺激或磁刺激的方式暂时干预所照射脑区正常工作的设备（如经颅磁刺激仪、经颅直流电刺激仪、经颅交流电刺激仪器等），还有许多与神经活动有关的体表生理信号的采集设备，例如，眼动仪、睡眠仪、多导生理仪、心电仪等。

（2）与生产、建设、施工等有关的操作作业与指挥作业管理的**应用研究**。此类研究以作业**现场**研究为主，实验室研究为辅。在应用研究中，也往往包含深刻的理论问题。研究的主要工具有可穿戴的脑电、皮电、肌电、心率、呼吸、眼动等数据的采集设备。按照不同的应用现场的特征，这类设备的穿戴方式，正在被积极开发中，例如，头盔式、安全帽式、手表/手腕式、眼镜式、耳塞式、背心式等。

（3）与神经/生理/心理活动相关的**计算方法研究**。例如，**神经计算、认知-情感计算、仿脑计算/类脑计算等领域的研究**。

这里，神经计算领域包含两个方面（两个方向）的研究。一是用神经科学以外的计算方法，如统计分析计算方法、优化计算方法、非线性微分方程方法（如混沌动力学方程方法）以及机器学习方法，来处理神经科学里的数据（例如功能磁共振数据，电生理数据等），研究神经科学与认知神经科学的问题。二是依据脑神经工作的原理，设计新的计算方法，来解决神经科学以外的问题（如工程计算问题、语音识别问题等）。早年的人工神经网络计算方法、图像识别的神经卷积计算方法，就是模仿大脑工作原理而设计的方法。这方面的方法，又称为"类脑计算/仿脑计算方法"，它们已经属于人工智能算法的领域了。

认知-情感计算也包括两个方面（两个方向）的研究。一是学习人的情感和认知，让机器（计算机）具有情感能力（以助力创造与决策）。最早提出情感计算（Affective Computing）的美国麻省理工学院的皮卡特教授的主要意图，就是通过算法赋予计算机情感。认知计算（Cognitive Computing）的概念，本质上可以追溯到20世纪50年代（1956年信息科学会议上提出的概念），也就是人工智能概念提出的时间。另一个研究方向，是处理所测量到的人的神经与其他有关生理活动的数据（特别是非接触式测量得到的数据；目前非接触式测量得到的主要是体表和体态数据，如表情数据、行走的体态数据，以及相应的红外成像数据等），计算识别出人的认知-情感状态（这对于在有关场所的暴恐分子的识别、抑郁发作的驾驶员的识别，具有重要意义）。

类脑/仿脑计算，就是尽可能地从脑科学的进展中受到启发，产生信息处理的新方法，发展人工智能的算法。

为了进一步从管理学的视角，来深入理解神经管理学，就需要关注**神经管理学的如下分支领域（但不限于如下分支领域）**。

以下，在每个分支领域中所陈述的、用神经科学手段来研究的管理科学或管理工程问题，都是从不同层面、不同视角，对相应领域所包括的主要问题的举例，而不是为神经管理学的有关领域设定边界。

1. 神经决策学领域

神经决策学，研究决策行为、决策效果和决策认识/情感是**如何关联于相应决策中的神经活动的**；相比于它们之间的相关关系，神经决策学更关注它们之间的因果关系。

神经决策学用神经科学的手段研究如下领域和方面的决策问题：

个体决策、群体决策、社会决策三大领域的各类决策问题；

信息冗余情景下的决策，突发事件下的决策，特殊环境下的决策（例如，高寒、湿热、高噪、幽闭等环境下的决策）；

不同情绪与心情状况下的决策，睡眠缺失下的决策，亚健康下的决策，某些常见的、不同程度病患者的决策（如不同程度的阿尔茨海默病患者、癫痫患者、糖尿病患者、抑郁症患者等的决策问题）；

阈上感知与阈下感知决策；

不确定决策（如风险决策），跨期决策，公共管理决策，效用决策、价值决策，从众与反从众决策；

基于随机选择模型的决策等决策问题。

此外，神经决策学还研究双脑（计算机、人脑）混合决策；

以数学模型计算结果为参考值的决策调整过程与神经机理；

机器学习人脑决策（与人工智能相关的决策），无人机的仿脑自主决策，自动驾驶与专用机器人的仿脑决策，等。

2. 神经营销学/消费者神经科学领域

用神经科学手段来研究，营销学领域的如下问题：

一定信息背景下的消费者购买倾向，一定现场环境下的消费者购买决策，一定舆情环境（如口碑环境）下的购买决策；

研究不同事件所诱发的情绪下的消费心理与购买决策；

全球或区域重大事件背景或非常规重大事件背景下的消费心理与购买决策（例如新冠疫情下的、战争环境下的、经济衰退下的、气候灾变下的消费心理与购买决策特征及其神经机理等）；

消费者对品牌的神经感知，及与其关联的购买决策；

消费者对广告设计的神经响应与企业广告策略；

消费者对体验性产品与享乐性产品的购买决策，对奢侈品的购买决策，食品安全与消费者的购买决策，对多指标对象（如对房产）的选择决策等诸多类型的消费决策的神经机制；

支付方式对消费影响的神经机制；

电子商务中的网店商品介绍的相关要素（如商品的陈列、描述、价格、已经购买商品的使用者的评价等要素），对消费购买意愿的影响，等。

3. 神经信息系统领域

神经信息系统的研究，是围绕"各类与信息系统有关的人（如设计者、维护者、管理者与用户）"展开的。由于信息系统可以大致划分为两大类：与生产、工作、学习相关的系统，以及与消费、娱乐相关的系统（当然，有的系统可以同时具有这两类系统的部分功能），因而，信息系统的用户也可大致分为相应的"生产性"与"消费性"两大群体。相对于信息系统的用户，信息系统的设计、维护与管理者是较小的专业性群体。对于一个个体而言，可以属于上述的一个群体，也可以同时属于上述的两个群体。

神经信息系统研究的**第一个方面**，是围绕信息系统本身展开的。它以用户对所使用的信息系统的神经感知（例如，有用性感知、易用性感知、安全性感知等）为基础，来识别**相应信息系统本身**的效率、效益、安全性与友好性；并基于此，改进信息系统的设计与功能；这里的信息系统，有如微信系统、头条系统、抖音系统、支付系统、网购系统、金融投资系统、生产控制系统，以及诸多的APP所关联的系统等。

神经信息系统研究的**第二个方面**，是围绕信息系统的**设计者、维护者和管理者**展开的。例如，它研究这几类人应具有的心理素质与神经特征（如，很强的自控力，就是保护信息系统的技术秘密和用户的有关信息所必须具备的素质，研究具有这样素质的人的神经特征），对选拔合适的人进入设计、维护和管理岗位，具有重要的意义。

神经信息系统研究的**第三个方面**，是围绕信息系统**对用户个体相应活动的影响**展开的。其基本方法是，通过信息系统使用者的行为和相应的神经活动的数据，研究信息系统**对使用者的**生产、工作（如决策）、学习类活动的效率的影响，研究其对消费、娱乐类活动的愉悦感等的影响，进而研究这些影响发生的科学问题；例如，大量功能相近的信息系统所带来的信息过载，是如何影响使用者决策的科学问题，在大量重复的、一致和不一致的信息下决策的科学问题等。

神经信息系统研究的**第四个方面**，是围绕信息系统的使用是如何改变人与人之间的相互理解与情感而展开的。它包括个体与个体、个体与群体、群体与群体之间的相互理解与情感交互的影响；研究这种交互是如何改变个体与群体对所议论问题的认知与理解的；进而研究信息系统的使用是如何产生正或负的社会效益的。

4. 神经工业工程、神经生产管理、神经工程管理与神经作业管理相关领域

神经工业工程、神经生产管理、神经工程管理与神经作业管理，是彼此存在重叠、又有明显差异的几个领域。首先，值得注意的是，在生产作业、工程作业中，我们正处在脑力劳动加速替代体力劳动的时代，因此，相应的管理学科也正处于向"以脑力劳动为中心的科学管理"转换的阶段。如何建立以脑力劳动为中心的科学管理的基本理论与方法，是时代转换中的、首要的、也是最重要的基本问题。

其次，由于智能技术的发展，生产（工程）作业中的智能机器不断更新，人与机器的关系正在发生前所未有的巨大变化。人在生产（工程）作业中、对机器和作业环境的神经感知、对问题的判断和处置，变得越来越重要。已经显现出它的划时代的转折意义。

从数千年的人类生产劳动方式的历史来看，我们正处于千年未曾有过的改变之中。神经工业工程、神经生产管理、神经工程管理与神经作业管理的重要性，日益上升。在这几个相关的管理领域之中，不仅要关注不同作业环境对作业人的神经感知与判断决策的影响，还要关注作业人对机器工作状态的感知，反过来，也要关注智能机器对作业人与环境的感知，也就是，作业人与智能机器的相互感知与协调问题。

因此，这几个相关领域所涉及的重要的问题主要有：

基于不同的可穿戴设备在不同作业场景，采集作业者的神经及其他相应生理活动数据，研究人-机-环系统的效率与安全问题；

在作业中的神经感知和作业行为层面，研究不同类型的（生产与工程建设的）作业场景（特别是不同作业环境）下的工效问题；例如，不同作业环境（厂房内的、野外的、地下的、高空的、水面的、水下的、失重的、超重的、闷热的、高噪声的、震动的作业环境）对作业者操作的精准性的影响，以及对其判断环境变化与机器运行问题的正确性与及时性的影响；

既研究高脑力负荷（如复杂设备的操作）下的脑力疲劳机理与作业设计和工艺设计的改进问题，也研究低脑力负荷环境（如自动化生产中的屏幕监控作业）下的脑力疲劳机理与作业设计和工艺设计的改进问题；

研究基于双力（体力与脑力，特别是脑力负荷）的人-机工程问题；

研究基于双力（特别是脑力负荷）的生产线布局、工位设计与改进、工艺工装设计与改进问题；

研究基于作业者神经感知和脑认知能力的、智能生产装置的设计与改进问题；

研究基于用户神经感知的产品设计问题、建筑设计问题；

研究基于双力（特别是脑力负荷）的生产管理、工程管理、作业管理、安全管理问题；

研究在生产线上实时感知作业者的亚健康状态的脑与其他相关生理信息的采集技术与计算方法，进而研究相应生产作业管理问题；

研究不同睡眠状况影响作业效率的神经机理，研究作业中实时感知作业者的困倦状态的技术与相应的作业管理问题等。

5. 神经创新与创业领域

创新与创业是两个有关联、有重叠、又有明显差异的领域。创新促进创业，创业必须创新。神经创新与神经创业的关系，也是如此。其主要研究的方面与问题，示例如下：

创新思维的神经机理，如顿悟、被启发、来灵感以及大脑的分析性思维的神经机制；

进行渐进性创新和突破性创新的神经过程的异同；

学习与记忆对创新作用的神经机理；

群体创新的神经机制，如群体创新氛围提升创新效率的神经机制；以及基于此神经机制研究的创新环境的创造；

创新组织形态、组织制度、绩效考核制度影响群体创新的神经机理；以及基于此的创新组织与考核制度的改进问题；

在神经科学层面的创新与创业动机研究、创新与创业冲动研究；

创新与创业训练和大脑的可塑性;

创业者的神经特质,创业机会的来源与创业机遇敏锐感知的神经机理;

从神经科学层面,研究创业前景预感,创业风险感知、创业的时间窗口感知与竞争性的感知;

创业决策的有关研究,如理性分析后决策、情绪决策与直觉决策的神经机理研究;

创业失败的忍耐的神经特质(创业韧性的神经特质)研究;

创业者与非创业者以及不同类型的创业者之间的神经特质的比较研究;

创业过程与创业绩效管理(创业组织,创业人才管理,创业技术管理,创业资金筹措,创业绩效管理等),其中大部分问题,都可以用神经科学的手段来研究。

创业环境包括制度环境、政策环境、社会文化环境、金融环境(如风险投资环境)、技术创新环境、人才与教育环境等,是创业学必须研究的问题。神经创业学主要从神经感知视角,来研究这些环境是如何影响创业相关人员的(例如,创业者、风险投资者等相关人员)。相当多的创业环境的科学问题,可能不是神经创业学的范畴。神经创业学的研究标的,覆盖不了创业研究的全部标的。

6. 神经组织行为学领域与神经领导科学领域

一般而言,神经领导科学是神经组织行为学的子领域,但由于它的重要性,神经领导科学常常被独立为一个领域来研究,该领域的海外学者组建了独立的神经领导科学的研究团体。

神经组织行为学从脑神经科学的视角,主要研究(但不限于研究)组织行为学中的如下**五个方面**的问题:**领导、团队、组织公平、组织变革、人才选拔**(尤其是特别素质型人才的选拔)。由此,发现其中的新的规律。

在**神经领导科学方面**,主要用神经科学方法来研究:领导特质理论,领导行为理论,领导情境理论,变革型领导,领导力与领导风格,以及领导力开发等问题。

在神经科学与**团队合作**的交叉**方面**,主要研究团队合作、团队认同感、团队互动、团队氛围起作用的神经基础(如镜像神经元的独特作用,以及强化镜像神经元的训练方法问题;又如,面对团队共同利益的群体的伏隔核和腹内侧前额叶等脑区的活动);由此可以产生一些特别有用的、有别于观察法和问卷调查法的、神经科学测量方法,例如,对"团队认同感"的神经及其他有关生理活动的标记的测量。

在**组织公平方面**,主要研究:公平感知的神经基础,不公平破坏性的神经机理;神经组织学视角下的分配公平、程序公平、交互公平等问题;从行为、心理、生理(特别是神经活动)三个层面,获取员工对自己的或对他人的不公平的感受数据,有助于管理者较为彻底地及时发现员工的不公平感受,有针对性地调整政策,提高员工的公平感和满意度。

在**组织变革方面**,主要研究:组织变革参与者的不同真实态度的神经表征,例如，在组织变革中所涉及的人的情感、行为与相应的神经生理活动等；组织变革中的氛围如何影响个体的神经机理；发现**隐性反对者**的神经科学方法（所谓隐性反对者，是指那些在征询对组织变革方案的意见时，反馈为"没意见"，却在执行时成为阻碍组织变革的个人和群体），及时发现组织变革的隐性反对者，做好工作，有利于避免组织变革的失败。

在人才的现场选拔方面（特别是特殊人才的现场选拔方面），以往的现场选拔，有专注于身体状态的（如招收飞行员），有专注于技能的（如招聘数据的保存与系统维护人员），有专注于情商的（如面试如何处理人际中的"两难问题"），也有专注于有关知识的（如公务员考试），还有专注于模拟紧急现场中的表现的（例如，考官组观察水面舰船的"指挥官候选人"如何应对来自天空、水面、水下袭击的），而神经组织行为学对人才的现场选拔，不仅重视行为（表现），而且注重相应表现的神经和其他相关生理活动，揭秘瞬间的、或者隐性的素质（例如数据维护人员的、与信息保密关联的"自我控制"的素质，紧急状态下"指挥官"或"飞行员"瞬间生理反应所对应的素质等）。

此外，神经组织行为学通常还包括有关行为动机、业绩考核、激励、晋升政策与相关行为的神经机理研究。

7. 神经会计学、神经财务管理、神经金融管理领域

会计学、财务管理（Corporation Finance）、金融学是三个明显不同而又有明显交叉的领域。会计学本身就不仅限于会计制度和会计准则，还包括了财务会计、管理会计、审计等内容，而财务会计又与财务管理交叉，财务管理涉及投资（包括证券投资），又与金融学交叉，因而，与之相应神经会计学、神经财务管理、神经金融学，也是三个明显不同而又有明显交叉的领域。

会计学的研究以**会计制度、会计准则和会计行为**为研究对象，以解释和预测会计实务为目标；而**神经会计学**则是研究相关会计活动的**主体的决策与行为及行为结果，是如何关联于相应的神经/生理与心理活动的**；研究的目的是发现规律，解释和预测会计实务，减少偏误、减少作假、减少舞弊，更有利于反映资金的活动，有利于实施高效的管理。

会计原则和会计制度的形成本质上依赖于人的认知模式，因而从认知神经科学视角研究该问题，不仅具有理论意义，也具有实践意义。例如，不断改进对上市公司财务信息披露的规定，就是要尽可能在客观披露财务信息的同时，消除诱导投资者"误判"的诱导效应（框架效应就是一种误导效应），而这种诱导效应，就与认知模式有关。

例如，有关上市公司财务信息的披露问题，同一财务报告，可以使一些人阅读后抛售该企业股票，同时又使另一些人阅读后决定买入该企业的股票，就可能反映了不同认知模式的影响。

神经会计学不仅对比研究会计实务活动中的规范行为与做假账等舞弊行为的神经活动的差异特征，而且，还重点研究会计实务中的容易引起分歧问题的认知神经科学特征。例如，一笔较大费用是否列入待摊费用以及摊销期问题，存货跌价准备金问题，应收账款是否转给对方做短期融资问题，固定资产折旧率问题等，都容易改变当年财务报表中的利润多寡，容易在不同利益相关人员之间引起分歧，如在领导与被领导、会计师与审计师、股东与经营者之间发生分歧；研究在这些问题上发生分歧时，决策行为、决策心理与相应神经活动的相互关系，有利于预测相关当事人的行为，有利于推断决策的合理性。

此外，神经会计学还研究审计师与会计师在面对负面证据时的神经活动的差异等问题。

财务管理主要研究，企业的资金和资产在生产和服务中的管理问题，也就是，有关企业的资金和资产的管理决策、管理行为与管理效果问题；其目的不仅是服务于企业的运营计划，保证企业生产、项目建设、服务运转所需的资金，而且要提高资金与资产的使用效率与效益，促使企业持续良性发展。

这里所述的企业的项目建设主要是指，扩大再生产项目，装置与设备的更新项目，产品与服务的升级或转型项目等；所述的企业资金与资产，主要包括现金、应收款、存货、短期票据与证券等流动资产，以及厂房、土地、设备等不动资产。

在预计到企业运营将面临资金不足时，财务管理的一项重要任务是筹资；当企业运营中（在安全备付之外）有现金余额时，财务管理的另一项重要任务就是理财，以获得更多的收益，如购买债券、基金、股票之类的金融投资。

而上述所有**财务管理的任务**的实现，都是由**相应的决策者和执行者**来完成的。如果说，财务管理所面对的对象，是企业的资金与资产，**研究的任务**是如何管好企业的资金与资产；那么，**神经财务管理**所面对的对象，则是管理财务的决策者和执行者，**研究的任务**则是管理财务的人员在做财务管理决策时的行为、行为时相应的神经（包括其他相关生理）与心理活动，以及它们与财务管理效果之间的关系，**揭示在不同情绪、不同氛围**（如产品交易市场氛围、金融投资氛围等）、不同压力下的财务决策的神经和其他相关生理活动的规律，预测可能导致的后果，并基于不同特质的财务决策人的认知特征，制定预防错误的工作流程以及及时纠正错误的规定。例如，研究财务管理人员对企业财务风险的感知，面对风险时财务决策的神经（包括其他相关生理）与心理过程（注意，这不是个人得失的风险决策，而是对"他人负有责任"——对企业负有责任——的风险决策），以及决策者个人心情、金融市场恐慌情绪等因素，对财务决策的影响的神经机理等。

金融管理主要研究，金融市场（货币、债券、基金、股票、期货、期权等市场）中，在不同趋势、不同氛围、不同政策，以及国内外不同经济与社会环境下，个人投资者、群体投资者，以及对某群体负责的投资者的行为，进而研究管理金融市场的制度与规则。

神经金融管理则主要研究，金融市场中各种身份的投资者在复杂国内外环境中的投资行为，是如何关联于其神经与其他相关生理活动的，从这种相互关联的规律中，解释有关金融现象，例如"金融异象"是如何发生的，甚至预测有关投资者的投资行为，并基于此，研究金融市场管理的改进问题。

举例而言，神经金融学研究的主要问题可以有：投资者理性与非理性交易行为的神经机理，金融泡沫与投资者情绪相互作用的神经表征，风险与模糊条件下金融决策的神经管理模型，金融市场投资者"买卖身份瞬间转变"的认知与情感基础，理性决策与情感决策瞬间转换的神经活动模型，金融买卖的后悔感知与后续决策的关系模型（指包含神经活动变量的模型），与投资决策行为关联的神经活动特征，金融投资中的有限理性与框架效应的神经基础，所披露的上市公司财务报表与非财务信息影响个体决策的神经机制，投资者对上市公司年报信息的加工和处理模式之认知神经学基础，金融市场中的羊群效应（从众行为）与反从众行为的神经基础，政府及监管部门发布的信息引起不同类型投资者反应差异的神经特质，以及易受股评人观点左右的投资人的神经特质等。

基于上述研究，进而研究金融市场管理制度与规则（如信息披露规则）的改进。

就神经管理学的分支而言，还有如下领域，是可以而且应当用神经科学的理论与方法来研究的：如，财政（Public Finance）管理、公共管理（Public Administration）等领域的问题；又如，"旅游管理""休闲管理（包括文学、艺术和美学方面的欣赏）"等领域的问题；再如教育管理方面特别是与儿童成长相关的行为与脑科学问题；还有，决策科学中的哲学问题，商业活动中的伦理问题，工程哲学问题等。

总之，**管理学中一切与人的行为以及行为结果有关的问题，本质上都是可以用神经科学的理论与方法来研究的。**

在研究管理学有关问题时，所使用到的"神经科学领域"的知识，不仅仅有"神经回路"、电生理过程，脑功能区域（如功能核团），还可能涉及神经递质、递质的受体，甚至基因；同时，也涉及高于神经活动层面的认知心理过程、情绪心理过程，乃至行为过程。

从研究的视角来看，神经管理学就是要研究这些不同层面的活动之间的相关关系，如有可能，就研究其间的因果关系。

具体而言，神经管理学的研究涉及如下四大层面数据之间的关联研究：

（1）行为与行为后果层面的数据。

（2）与行为关联的心理（情感与认知）活动层面的数据。

（3）与行为和心理关联的神经活动，以及与神经活动相关的生理活动的数据。

这里，与相应神经活动相关的生理活动的数据包括：眼部的活动数据（如注视点的注视时长、瞳孔大小变化的数据），表情与微表情的变化数据，以及呼吸、血压、血氧含量、心率、皮电、肌电、体表温度场等变化的信息。

而与行为和心理关联的神经活动的数据包括：大脑功能区和/或功能核团的活动（如神经环路），神经递质与受体应答等的信息。

还有神经元及亚神经元层面的相应的活动数据、神经元活动中的电化学变化过程的数据等不同尺度的神经活动的有关数据。

（4）基因遗传与表观遗传层面的数据。

对于神经管理学领域中任何一个具体问题而言，其研究并不是都必须包括4个层面的全部关联关系；事实上，在大多数神经管理学研究的项目中，仅研究包含第1层在内的两层或三层之间的关系，例如，层1与层2，层1与层3，层1与层4，层1、层2与层3，层1、层2与层4，层1、层3与层4的关联关系（当然也可包括第1层至第4层的全部关联关系），目的是更深刻地理解经济管理层面的行为与行为后果的发生机理，预测行为与行为后果的变化。需要正确理解的是，上述各层的研究对象，都可以是（而且通常是）相应层中的局部要素。

在自然科学与技术科学的理论中，常常涉及"用系统的下层次对象的属性和特征，来解释上层次对象的属性、特征与变化规律"。其实，神经管理学的理论也包含这样的构成（即下层解释上层的理论）。但神经管理学认为，要透彻地理解包含第1层在内的两层或三层或四层之间的关联关系，特别是深入理解最上层的行为与行为后果的特征和属性，不仅需要自下而上的理解，也需要自上而下的分析，是一个双向思考的过程。

另外，**从神经管理学的研究工具、研究方法和方法的应用视角**，丛书还应包括以下方面的研究：

神经管理学研究方法规范体系，神经计算/认知计算理论与方法，情感计算理论与方法，仿脑计算/类脑计算方法与人工智能方法在神经管理学研究中的应用，频繁应用于神经管理学研究的统计方法系列（如各类方差分析、各类相关分析、各类回归分析、一般线性模型、主成分分析、独立成分分析、贝叶斯分析、聚类分析与判别分析等）；

功能磁共振成像设备与分析技术、脑电图与事件相关电位和时频分析技术、功能近红外光谱设备、正电子断层扫描设备以及可穿戴式的脑机接口设备等神经成像设备及分析技术，在经济管理研究中的应用；

眼动仪、多导联生理仪、睡眠仪等多类生理信息采集设备在经济管理研究中的应用；

经颅磁刺激、经颅直流电刺激、经颅交流电刺激等神经调控设备与技术在经济管理研究中的应用；

虚拟现实与增强现实技术，在经济管理研究中的应用；

以及，有关生物标记物（Biomarker）技术在经济管理研究中的应用等（例如抑郁症患者的生物标记物的获取研究，有利于对"关乎到众多人生命"的驾驶员的管理）。

神经管理学的研究与发展具有划时代的意义。它是从以体力劳动为中心的科学管理，过渡到以脑力劳动为中心的科学管理的关键重点领域。

神经管理学，必将成为未来管理学的主体构成之一。

虽然我国是最早较为系统地提出和论述神经管理学的国家，同时也是相应研究成果在国际上较为突出的国家之一，但是，从提出神经管理学 15 余年以来，我国在神经管理学领域的学术论著出版方面却落后了。据不完全统计，迄今为止国际上出版的与神经管理学相关的著作已经有 30 余本，而我国还比较少。希望本系列专著的出版，能够促进我国该领域学者进一步归纳与总结自己的研究成果，使得我国在神经管理学领域的著作方面，跻身世界前列。

马庆国

2022 年 2 月

于杭州求是村

前　　言

近年来，各国不断将脑计划上升为国家的科技战略重点或力推的核心科技领域，极大地促进了神经科学的发展与延伸。基于神经影像等生理测量技术，以拉嘉·帕拉休拉曼（Raja Parasuraman）为代表的科学家提出了神经人因工程的概念。神经人因工程整合了神经科学、神经工程学、人因工程学等相关领域的理论和方法，不仅仅研究大脑结构与功能，更注重研究人们在工作、生活以及休闲时方方面面的认知与行为活动过程中的大脑结构与功能。

本书作者结合自身以往多年来的研究工作，围绕神经人因工程基本理论和方法、安全标志认知、脑力负荷、网站注意力四个专题，深入浅出论述了神经人因工程的基本理论、方法和研究范式。作为国内该领域代表性的中文著作之一，力图从不同侧面展示如何利用神经人因工程更好地设计、评估和优化产品、服务及系统等，帮助研究者和设计者理解不同应用场景下脑功能与行为。

本书第一篇主要介绍了神经人因工程的产生与发展、研究内容与应用领域、研究方法和步骤等；第二篇介绍了基于神经人因工程的安全标志认知研究，主要包括基于神经人因工程的安全标志认知研究概述、安全标志认知模型以及安全标志认知行为规律；第三篇介绍了基于神经人因工程的 VDT（visual display terminal，视觉显示终端）作业脑力负荷研究，主要包括多模式生理测量、脑电测量以及机器学习等方法在脑力负荷研究中的应用；第四篇介绍了基于神经人因工程的网站注意力研究，主要包括基于神经人因工程的网站注意力研究概述、网站视觉注意研究 WAR（webpage attention research，网页注意力研究）框架、网站注意力的神经机制等。

本书分工如下：第一篇、第二篇由安徽工程大学/淮南师范学院周晓宏教授和安徽工程大学丁一副教授共同完成，第三篇由安徽工程大学丁一副教授完成，第四篇由安徽工程大学操雅琴教授完成。全书由周晓宏统稿，安徽工程大学硕士研究生王仁杰、贺先庆、刘雨、胡香君、张翊、张赟、王亚军、杨馨悦、魏翮、郭冉等同学参与了本书的资料收集、格式修改、专题实验等工作。

本书在成稿过程中，得到了浙江大学马庆国教授的指导和帮助，作者在此向马庆国教授表示感谢。同时向为本书出版提供了大力支持的科学出版社致谢。本书还获得了国家自然科学基金青年基金（71801002）、教育部人文社科项目（23YJC630032，24YJA630003）、安徽省自然科学基金面上项目（2208085MG183，

2308085MG228）、安徽省高等学校优秀青年人才基金（2023AH030023）和安徽高校自然科学研究项目（KJ2021A0502）的支持。

希望本书的问世，能够进一步推动我国神经人因工程研究、应用和发展。希望本书可以为人因工程学、工程心理学、认知神经科学、神经管理学相关研究人员以及从事神经人因工程的企业管理者提供参考。由于作者理论与实践水平有限，虽然几易其稿，但仍难免有各种不足之处，热忱欢迎读者批评指正。

周晓宏

2024 年 3 月 10 日

目　　录

第四篇　基于神经人因工程的网站注意力研究

第一篇　神经人因工程概述

第1章 神经人因工程的产生与发展

1.1 神经人因工程的起源

人因学是一门主要利用工程学、心理学、环境学、人体测量学、生物力学、计算机科学等学科的科学原理和方法的交叉学科，致力于探索人-机-环境之间的关系，使系统、产品、信息系统或者服务等符合人的特点、能力和需求，从而使人高效、愉悦、健康、安全、舒适地工作、生活以及学习等（郭伏和钱省三，2018）。人因学在国内又称人机工程（human machine/computer interaction）、工效学或人类工效学（ergonomics）、人因工程（human factors engineering）等，它们的研究范畴相互重叠但又有所侧重，形成了很好的补充（许为和葛列众，2018）。国外更多地称这一学科为 human factors and ergonomics（HFE），旨在设计和评估任务、工作、产品、环境和系统等以符合人的需求、能力以及局限等（Karwowski，2012）。

传统上，人们将人因学科的研究分为人体、认知和组织三个层面。人体层面因与身体活动有关，主要涉及人体解剖学、人体测量学、生理学和生物力学特征的研究；认知层面主要关注人与其他要素交互过程中的心理如感知、记忆、信息处理、推理等；组织层面则关注社会技术系统的优化，主要包括组织结构、政策、流程等（Karwowski，2012）。如今，人因学科在以上三个层面的基础上又延伸到了知识管理、神经认知、情感、信息和服务等学科，形成了神经人因工程、信息人因学、知识人因学等研究领域。

近年来，各国不断将脑计划上升为国家的科技战略重点或力推的核心科技领域，极大地促进了神经科学的发展与延伸。基于神经影像等生理测量技术，以Parasuraman 和 Rizzo（2006）为代表的科学家提出了神经人因工程的概念。神经人因工程的概念可以追溯到生物控制论或脑机接口（brain computer interface，BCI）的相关研究（Vidal，1973）。这两个领域的研究使用生理反应作为客观指标来评估人类的心理负荷和资源处理。其中 Vidal（1973）的研究专注于识别大脑对外界刺激的信号反应，这为设计人脑与工作环境之间的沟通渠道提供了机会。他在研究中提到："这些可观察到的脑电信号能否作为人机通信中的信息载体，或用于控制假肢装置或宇宙飞船等外部设备？即使仅根据计算机科学和神经生理学的现状，人们也可能认为这样的壮举即将到来。"

生物控制论和脑机接口的相关研究提供了证据，强化了这样一种假设，即客观指标可以从人类信号中提取出来，无论这些信号是大脑/认知功能的信号还是行为反应的信号，都可以被解释为可操作的知识。对这些信号中的信息进行编码，为打开一扇连接人类和机器的机会之门提供了缺失的钥匙。随后，自适应辅助（Rouse，1988）相关研究迅速崛起。在一个复杂的系统中，有许多组件相互作用。在某个时间点，自动化一个组件是必要和有用的，而在另一时间点，这种自动化可能没有那么有用。随着任务需求的变化，辅助水平和定义人机交互方式所需的策略也应改变。生物控制论、脑机接口和自适应辅助三个领域不断相互交织和发展。第一个专注于人类信号的收集和解释。第二个关注指标的设计，以及分析任务的复杂性。第三个重点是自适应逻辑的算法设计，它使用前两个流中的可操作信息来决定何时、什么以及如何在人类和机器之间切换功能或子任务。脑成像技术的发展极大地促进了这一学科的成长。

1.2　神经人因工程的快速发展

随着便携式和可穿戴的神经成像方法［如脑电图（electroencephalogram，EEG）］、功能性近红外光谱技术（functional near-infrared spectroscopy，fNIRS）和神经刺激方法［如经颅电刺激（transcranial electrical stimulation，tES）］的出现，在记录和改变大脑活动而不限制身体运动和不限制实验室环境的研究方面取得了重大进展。传统方法受限于实验环节，对实验方案、数据收集设置和任务条件施加了限制。神经人因工程整合了神经科学、神经工程学、人因学、工效学和相关领域的进步，以便在自然主义环境中为健康和受损参与者提供评估身体和大脑功能的灵活性，将神经科学引入日常生活。将神经成像技术用于人因学研究和实践的主要原因有两个。①根据定义，人因学要求参与者在执行某些身体任务时移动四肢或身体。②虽然人因学研究可以在不动的参与者身上进行，但对具体认知的研究表明，在物理世界中移动和互动时的认知过程可能具有独有的特征，只有通过移动神经成像才能捕捉到这些特征（Parasuraman，2003；Mehta and Parasuraman，2013）。

基于神经的信号与其他基于生物的信号（如皮肤电流反应、心率变异性等）以及基于手势或行为的信号（如面部表情、头部运动频率和振幅、控制杆或方向盘活动等）相比，具有许多潜在的显著优势（Hettinger et al.，2003）。神经信号最重要的潜在优势之一是其与相应的认知和情感成分具有高度的特异性。正如下面更详细的讨论，目前正在进行大量的研究，试图将中枢神经系统（central nervous system，CNS）活动性与情绪和认知状态联系起来，并且已有很多采用脑电信号对人因学相关问题进行的研究（Catherwood et al.，2014；Rahman et al.，2019；Wilson and Russell，2003）。Hettinger 等（2003）研究表明神经人因工程可以可靠地检测与认知和情绪状态相关的大脑活动的客观指标，且在某些情况下，使用这些指标以功能方式驱动人机系统的活动。当然，这些技术在应用之前需要考量以下一些要求。

（1）使用的便捷性和舒适性：生理信号采集设备应该能够应用于各种实际场景，甚至保证长时间的信号采集，并且能够快速方便地佩戴和拆卸，对用户来说通常是便携的、非侵入式的和无干扰的。

（2）敏感性和特异性：如 Somon 等（2019）所述神经适应技术应以可靠的方式具体、准确、重复地解释心理现象。

（3）技术规格：信号质量是日常生活当中生理测量的一个非常重要的方面，因为信号受到来自各地的噪声（如生理伪影、电磁噪声等）的干扰。此外，记录和处理信号必须非常快，以保持实时测量。

神经人因工程探讨人在工作过程、产品使用过程、人机交互等各个方面的内在原因，而不是单纯依靠外显行为的测量或人们的主观感受。尤其是现代化的自动化办公系统等，神经人因工程增加的附加价值就更加明显，因为在这些环境中很难测量用户的外显行为（Parasuraman，2003）。随着传感器技术的发展、工作复杂性的变化以及人工智能技术的发展等，神经人因工程的研究领域进一步拓展。

1.3　神经人因工程的未来

随着人工智能技术的发展，人因工程中"物"的研究越来越智能化。比如，各种智能系统、协作机器人、服务机器人等。各个国家将机器人产业发展提升到国家战略层面。我国在《中国制造 2025》国家战略发展规划中，明确将智能机器人作为未来产业发展重点。人-机器人交互（human-robot interaction，HRI）是一个相对较新和快速发展的研究领域，是心理学、社会科学、认知科学、人工智能、设计学、工程学和计算机科学等多学科交叉的研究领域，致力于理解、设计和评估人与机器人的交互过程（Weiss et al.，2009）。根据研究，人-机器人交互可以概括为"研究人对机器人相关物理、技术和交互特征的行为及态度，从而根据实际情景开发机器人来实现高效率、容易接受、满足个体用户的社会及情感方面需求并且尊重个体价值"（Goodrich and Schultz，2007）。机器人已经广泛应用于各个领域，包括家用、工业、医疗、教育、军警、航空、搜救、帮扶、运输等（Goodrich and Schultz，2007）。机器人按照其应用领域基本可以归结为三种类型：工业机器人、专业服务机器人和一般服务机器人。其中工业机器人由严格的计算机控制并常用于工业环境；专业服务机器人为工业环境之外的特殊领域提供服务如核污染清洁或监测废弃矿井等（Thrun，2004）；一般服务机器人常见于人们生活的各个领域，如家庭清扫、老年人帮扶、餐厅服务等。人-机器人交互随着机器人相关技术的发展而不断变化，机器人的构成和工作环境设定也在不断扩展。基于人的角度而不是技术的角度来审视人-机器人交互已经成为领域关注的焦点，将人的因素与机器人技术相结合，可以实现更好的交互质量和用户体验（Prati et al.，2022）。

对于此类系统的分析至少存在三个方面的挑战（Abbass，2020）。第一，哪些是评估人们注意力水平、情景意识、脑力负荷、参与度以及疲劳的有效指标。不同测量模式都有可能提供一些有效指标，如脑电和心跳频率都能一定程度上反映脑力负荷。第二，如何将不同测量模式的信息进行整合，并且让交互对象感知到人的这些状态，并且快速做出响应以应对不同的情景。第三，随着交互的深入，如何描述和评估情景的复杂度。由于交互对象具有智能化的特征，能够随着情景的变化自适应动态调整。与传统的人机交互存在很大的区别，智能机器人可以模仿人类认知功能和模拟人类互动，使用户将其视为类人并形成情感纽带（Kim and Im，2022）。Sheridan 和 Parasuraman（2005）指出，未来工作研究中的核心主题是人-机器人交互。在智能制造场景模式中，人类和机器人团队需要分析情况，相互沟通和合作，处理紧急情况，并为问题找到合理的解决方案（Jiao et al.，2020）。尽管研究人员已经从各个方面探索了人与机器人的互动，但人与机器人互动和协作的影响仍然难以预测。随着智能程度的提高，机器人正从人类操作和控制的工具转变为与人类合作的伙伴（Jiao et al.，2020）。因此，迫切需要了解新环境下的人类行为、人与机器人的关系并提高团队绩效。当然也包括服务场景中的人-机器人交互研究。这些新兴技术的产生和发展为神经人因工程的发展提供了机遇。

参 考 文 献

郭伏，钱省三，2018. 人因工程学[M]. 2 版. 北京：机械工业出版社.

许为，葛列众，2018. 人因学发展的新取向[J]. 心理科学进展，26（9）：1521-1534.

Abbass H A，2020. An introduction to neuroergonomics：From brains at work to human-swarm teaming[M]//Neuroergonomics. Cham：Springer International Publishing：3-10.

Catherwood D，Edgar G K，Nikolla D，et al.，2014. Mapping brain activity during loss of situation awareness[J]. Human Factors，56（8）：1428-1452.

Goodrich M A，Schultz A C，2007. Human-robot interaction：A survey[J]. Foundations and Trends® in Human-Computer Interaction，1（3）：203-275.

Hettinger L J，Branco P，Encarnacao L M，et al.，2003. Neuroadaptive technologies：Applying neuroergonomics to the design of advanced interfaces[J]. Theoretical Issues in Ergonomics Science，4（1/2）：220-237.

Jiao J R，Zhou F，Gebraeel N Z，et al.，2020. Towards augmenting cyber-physical-human collaborative cognition for human-automation interaction in complex manufacturing and operational environments[J]. International Journal of Production Research，58（16）：5089-5111.

Karwowski W，2012. The discipline of human factors and ergonomics[M]//Salvendy G. Handbook of Human Factors and Ergonomics（Fourth Edition）. H oboken：John Wiley & Sons Press：3-37.

Kim J，Im I H，2022. Anthropomorphic response：Understanding interactions between humans and artificial intelligence agents[J]. Computers in Human Behavior，139：107512.

Mehta R K，Parasuraman R，2013. Neuroergonomics：A review of applications to physical and cognitive work[J]. Frontiers in Human Neuroscience，7：889.

Parasuraman R，2003. Neuroergonomics：Research and practice[J]. Theoretical Issues in Ergonomics Science，4（1/2）：5-20.

Parasuraman R，Rizzo M，2006. Neuroergonomics：The brain at work [M]. Oxford：Oxford University Press.

Prati E，Borsci S，Peruzzini M，et al.，2022. A systematic literature review of user experience evaluation scales for human-robot collaboration[M]//Advances in Transdisciplinary Engineering. Amsterdam：IOS Press.

Rahman M，Karwowski W，Fafrowicz M，et al.，2019. Neuroergonomics applications of electroencephalography in physical activities：A systematic review[J]. Frontiers in Human Neuroscience，13：182.

Rouse W B，1988. Adaptive aiding for human/computer control[J]. Human Factors，30（4）：431-443.

Sheridan T B，Parasuraman R，2005. Human-automation interaction[J]. Reviews of Human Factors and Ergonomics，1（1）：89-129.

Somon B，Campagne A，Delorme A，et al.，2019. Human or not human? Performance monitoring ERPs during human agent and machine supervision[J]. NeuroImage，186：266-277.

Thrun S，2004. Toward a framework for human-robot interaction[J]. Human-Computer Interaction，19（1）：9-24.

Vidal J J，1973. Toward direct brain-computer communication[J]. Annual Review of Biophysics and Bioengineering，2：157-180.

Weiss A，Bernhaupt R，Tscheligi M，et al.，2009. Addressing user experience and societal impact in a user study with a humanoid robot[C]. Proceedings of the Symposium on New Frontiers in Human-Robot Interaction，AISB2009：150-157.

Wilson G F，Russell C A，2003. Real-time assessment of mental workload using psychophysiological measures and artificial neural networks[J]. Human Factors，45（4）：635-643.

第 2 章　神经人因工程的研究内容与应用领域

神经人因工程侧重于研究感知和认知功能的神经基础，如与现实世界中的技术和环境有关的视觉、听觉、注意力、记忆、决策和计划（Parasuraman，2003）。脑则主宰着人的心理与行为，通过控制身体与世界互动，所以神经人因工程也关注身体行为的神经基础——抓取、移动或举起物体和四肢。神经人因工程研究问题涉及方方面面。例如，包括但不限于：生活或者工作中机器的操作，日常消费中产品体验，通行中的驾驶，衣服的人因设计等。因此神经人因工程应用领域非常广泛。Parasuraman 和 Wilson（2008）将神经人因工程的应用领域主要划分为工作量和警惕性、适应性自动化、神经工程、分子遗传学和个体差异四个方面。本章主要从工作领域、工程设计领域、交通领域及人机交互领域进行总结。

2.1　体力和脑力工作中的神经人因工程研究

从 Wickens 等（1977）的开创性工作开始，大量基于神经人因工程的研究开始探索工作场所中的人因问题。其中，ERP（event related potential，事件相关电位）技术广泛用于工作负荷的研究，后续将会详细介绍神经人因工程的相关技术和方法。体力人因学主要关注人体的生理能力和局限性，与人体测量学、生理学和生物力学有关，它们与体力劳动有关（Karwowski et al.，2003）。传统人因学评估更加关注外周神经相关的结果，如力量或肌肉活动等，而忽略了工作中脑的参与。因此，体力工作中的神经人因工程更加关注体力任务设计和控制中的脑部活动。为了评估体力工作中的神经基础，一些学者研究了 MRCP（motor-related cortical potential，运动相关皮层电位），其特征是缓慢上升的负电位，称为 bereitschafts potential（BP）或准备电位，随后是急剧上升的负电势，称为负斜率（Mehta and Parasuraman，2013）。真实的工作环境很少是静态的，可能需要操作员不仅关注体力工作需求，还关注与任务相关的必要视觉/听觉线索。这类任务是动态的，需要视觉运动控制，已表明在较高的 EEG 频率（即 gamma 频率）下增加了皮质肌耦合，表明皮质振荡在快速整合视觉（或新）信息和体感信息中的适应性作用（Marsden et al.，2000；Omlor et al.，2007）。大量的 ERP 研究表明，P300 在顶叶部位的振幅可以区分任务，并且在高负荷条件下比在低负荷条件下降低（Dehais et al.，2019；Humphrey and Kramer，1994；Kramer et al.，1987；Miller et al.，2011；

Solís-Marcos and Kircher，2019；Somon et al.，2019）。其他 ERP 组件也可能对脑力负荷敏感。Solís-Marcos 和 Kircher（2019）发现，N1 潜伏期在高速条件下增加，N1 振幅在低速条件下更大。在 Allison 和 Polich（2008）的研究中，参与者被要求观看和玩三个级别的游戏（即简单、中等和困难级别）。在观看条件下，P2、N2 和 P3 振幅比在游戏条件下更大，在把玩条件下，N2 振幅比中等条件下减小。Miller 等（2011）也发现了类似的结果，发现 N1、P2、P3 和晚期正电位（late positive potential，LPP）的振幅与任务难度成反比。然而，关于心算的研究表明，用早期（P100，P200）和晚期（P300，N300）ERP 成分来测量心算工作量的结果不一致（Muluh et al.，2011）。关于心算的研究主要调查不同算术运算效果之间的认知差异（Muluh et al.，2011）。那么，在时间压力下完成类似任务时的脑力负荷如何呢？Hohnsbein 等（1995）指出时间压力和注意力对 P300 有影响。严重的时间压力大于中等的时间压力。时间压力是脑力负荷的一个内容（Hart and Staveland，1988），在严重的时间压力下，脑力负荷应该增加。先前的研究发现结果不一致。此外，主要任务和次要任务旨在通过 ERP 调查大脑活动（Allison and Polich，2008；Kramer et al.，1987；Solís-Marcos and Kircher，2019）。但有很多重复性工作，有一定的时间压力，我们需要直接实时监控工人的精神工作量，以防止脑力工作量达到"红线"。但是目前关于工作负荷的神经人因工程研究更多的是将体力和脑力工作的神经基础进行分割探索，而没有考虑体力与脑力的交互影响（Mehta and Parasuraman，2013）。

2.2　人机交互中的神经人因工程研究

一些学者从神经科学的角度探索了工程设计方面的研究，如产品造型、用户体验、可用性。Dimoka 和 Davis（2008）研究了使用不同可用性和易用性水平的网站时的神经机制，指出在使用高可用性的网站时被试的尾状核和前扣带皮层得到显著激活，并且激活程度和被试的主观评价显著相关，易用性高的网站能更强地激活背外侧前额叶皮层。Jacobsen 等（2006）研究了美学评价相关的神经活动，他们主要是探索几何图形美或丑引起的脑区域激活程度，指出美学感知相关的脑区域主要涉及中前部皮质层、前额叶、扣带回等区域。Schaefer 和 Rotte（2007）研究了被试在观察汽车标识时的神经反应过程，指出与看到普遍常用车时相比，当人们看到豪车时前额叶皮层得到显著激活。Ding 等（2016）采用事件相关电位技术研究了智能手机造型设计诱发的用户体验，研究指出智能手机造型用户体验水平的不同主要反映在 N3 和 LPP 波幅的差异上。Ding 等（2020）利用 EEG 探索了智能手机交互过程的用户体验测量。此外，随着人工智能技术的革新，BCI 正在成为人机交互领域研究的前沿课题。BCI 通过将大脑信号转换为设备的控制命令从而使人类能够与环境进行交互（Graimann et al.，2009）。BCI 无需肌肉的运动，直接用大脑信号控制外部设备，涉及神经科学、信号处理、人工智能、工程设计等众多学科，目前 BCI 技术得到了世界范围内科研人员的密切关注，成为游戏娱乐、人机交互技术和康复医疗等领域的一个新的研究热点。相较于脑磁图、功能性磁共振成像和 fNIRS 等，基于头皮的脑电信号具有成本低、便于操作、无创和时间分辨率高等特点（Torres et al.，2020）。根据脑电信号的产生方式，可以分为自发式和诱发式两种。何峰等（2022）综述了对基于头皮脑电的游戏型 BCI 技术，将其按控制信号类型分为主动式、反应式、被动式和混合范式，对游戏型 BCI 进行了分类，指出了其存在的问题。蒋勤等（2021）介绍了 BCI 的原理和类型，从信息交流辅助、运动辅助、功能恢复等方面总结了当前康复医疗的应用领域，指出当前研究距实用化还有一段距离。吕宝粮等（2021）综述了情感 BCI 的发展现状及趋势。目前很多企业也在推动BCI 的发展，如 Neuralink 公司成功通过训练使猴子通过"意念控制"玩游戏。世界上许多国家如美国、日本、中国以及欧盟等国际组织也都把脑科学作为科技发展的战略热点，发布了针对脑科学的研究计划。未来 BCI 技术将会以更快的速度不断向前迈进。在中国，清华大学孵化的 NeuraMatrix 公司，也致力于 BCI 技术底层设备的研发。

2.3　驾驶领域的神经人因工程研究

神经人因工程还被应用于评估人车交互（张宁宁，2012；Parasuraman and Rizzo，2006）。在这一领域主要用于检测驾驶者的状态从而避免产生交通事故等。因为驾驶需要复杂的认知过程和持续的注意力，所以在驾驶前或驾驶过程中预测驾驶员的精神疲劳可以有效预防交通事故（Ahn et al.，2016）。Lal 和 Craig（2002）研究表明 θ 和 δ 波功率值的增加以及心率的上升可以用于检测驾驶者疲劳。钟铭恩等（2011）利用小波分解算法提取了用于驾驶者情绪识别的特征，结果表明 β 波功率值可以作为区分驾驶员平静（平常）、兴奋和悲伤这三种情绪状态的依据。随着人工智能算法的发展，脑电用于驾驶者疲劳识别的精确度也在不断提升，如闵建亮和蔡铭（2020）提出了一种基于前额脑电信号的多尺度小波对数能量熵的驾驶疲劳检测方法，该方法对前额 EEG 疲劳识别率可以高达91.8%。还有一些研究者组合使用脑电、心电和眼电等信号，结果表明，多模式生理数据的使用显著提升驾驶者疲劳识别准确率（Khushaba et al.，2011）。当然也有学者采用功能性近红外技术进行驾驶者疲劳的研究（Ahn et al.，2016），这些为实际驾驶行为的研究提供了交互、策略和手段的支持（Parasuraman，2003）。

2.4　虚拟现实中的神经人因工程研究

虚拟现实（virtual reality，VR）作为沉浸式显示技术的一种，为界面交互设计提供了新的机会，这些技术将物理与虚拟世界相融合，促进了用户体验的发展。VR 是一种虚拟的三维仿真模型，其核心在于沉浸感、交互感与存在感的融合（毛玲等，2022；Jahn et al.，2021）。在 VR 中可以人为地对呈现的场景进行设置，并且能够测量各种场景中的神经活动，已经广泛用于培训、场景展示、设计验证和虚拟演练等。例如，Wu 等（2020）基于 ERP 研究了视觉诱发晕动症后反应抑制的变化，在基线（前测）和 40min VR 训练（后测）后记录 ERP。结果显示，VR 训练后，N2 异常幅度较大，P3 异常幅度较小，P3 异常潜伏期延迟，为评估视觉诱发晕动症提供了电生理证据。Aksoy 等（2021）基于视觉电生理事件相关电位（ERP）（N1/P1/P3 成分）比较了头戴式 VR 与桌面式 VR 对 n-back 工作记忆任务的响应的相似性/差异。结果表明，头戴式 VR 中测得额区的 N1 成分的平均振幅和峰值振幅明显高于桌面式 VR。Schubring 等（2020）比较了 2D 和 VR 刺激之间的 EEG 与外显任务和内隐情绪注意的相关性，频域分析结果表明，与基线期的 2D 刺激相比，VR 中的 α/β 活性更大。他们的研究证实通过 VR 技术增强对刺激材料的沉浸感，可以增强诱发的大脑振荡效应，从而产生内隐情绪和外显任务效应。此外，Kober 和 Neuper（2012）基于 ERP 给出了一种测量 VR 临场感的客观方法，发现额叶负慢波是临场体验的准确预测因子。Grassini 等（2021）在大脑中央区域记录的晚期 ERP 成分（刺激开始后 450ms）与临场感相关，而早期成分与临场感无关。目前国内外学者基于神经人因工程开展了大量 VR 的应用的研究，如工作负荷（陈杰等，2022）、脑控（毛玲等，2022）、游戏设计（de Boer et al.，2022）等。

参 考 文 献

陈杰，刘成义，张煜，等，2022. 虚拟现实环境下基于眼动追踪技术的工作负荷评估方法研究[J]. 人类工效学，28（1）：69-75.

何峰，董博文，韩锦，等，2022. 基于头皮脑电的游戏型脑机接口应用研究综述[J]. 电子与信息学报，44（2）：415-423.

蒋勤，张毅，谢志荣，2021. 脑机接口在康复医疗领域的应用研究综述[J]. 重庆邮电大学学报（自然科学版），33（4）：562-570.

吕宝粮，张亚倩，郑伟龙，2021. 情感脑机接口研究综述[J]. 智能科学与技术学报，3（1）：36-48.

毛玲，魏士松，张灵维，等，2022. 面向飞行模拟器的立体视觉刺激脑机接口系统[J]. 中南大学学报（自然科学版），53（8）：2946-2954.

闵建亮，蔡铭，2020. 基于前额脑电多尺度小波对数能量熵的驾驶疲劳检测分析[J]. 中国公路学报，33（6）：182-189.

张宁宁，2012. 基于神经人因工程的人车交互系统若干问题的研究[D]. 沈阳：东北大学.

钟铭恩，吴平东，彭军强，等，2011. 基于脑电信号的驾驶员情绪状态识别研究[J]. 中国安全科学学报，21（9）：64-69.

Ahn S，Nguyen T，Jang H，et al.，2016. Exploring neuro-physiological correlates of drivers' mental fatigue caused by sleep deprivation using simultaneous EEG，ECG，and fNIRS data[J]. Frontiers in Human Neuroscience，10：219.

Aksoy M，Ufodiama C E，Bateson A D，et al.，2021. A comparative experimental study of visual brain event-related potentials to a working memory task：Virtual reality head-mounted display versus a desktop computer screen[J]. Experimental Brain Research，239（10）：3007-3022.

Allison B Z，Polich J，2008. Workload assessment of computer gaming using a single-stimulus event-related potential paradigm[J]. Biological Psychology，77（3）：277-283.

de Boer D M L，Namdar F，Lambers M，et al.，2022. LIVE-streaming 3D images：A neuroscience approach to full-body illusions[J]. Behavior Research Methods，54（3）：1346-1357.

Dehais F，Duprès A，Blum S，et al.，2019. Monitoring pilot's mental workload using ERPs and spectral power with a six-dry-electrode EEG system in real flight conditions[J]. Sensors，19（6）：1324.

Dimoka A，Davis F D，2008. Where does tam reside in the brain？The neural mechanisms underlying technology adoption[C]. Twenty Ninth International Conference on Information Systems，Paris，Dec：1-18.

Ding Y，Cao Y Q，Qu Q X，et al.，2020. An exploratory study using electroencephalography（EEG）to measure the smartphone user experience in the short term[J]. International Journal of Human-Computer Interaction，36（11）：1008-1021.

Ding Y，Guo F，Zhang X F，et al.，2016. Using event related potentials to identify a user's behavioural intention aroused by product form design[J]. Applied Ergonomics，55：117-123.

Graimann B，Allison B，Pfurtscheller G，2009. Brain-computer interfaces：A gentle introduction[M]//Graimann B，Pfurtscheller G，Allison B，Brain-Computer Interfaces. Berlin，Heidelberg：Springer-Verlag：1-27.

Grassini S，Laumann K，Thorp S，et al.，2021. Using electrophysiological measures to evaluate the sense of presence in immersive virtual environments：An event-related potential study[J]. Brain and Behavior，11（8）：e2269.

Hart S G，Staveland L E，1988. Development of NASA-TLX（task load index）：Results of empirical and theoretical research[M]//Advances in Psychology. Amsterdam：Elsevier：139-183.

Hohnsbein J，Falkenstein M，Hoormann J，1995. Effects of attention and time-pressure on P300 subcomponents and implications for mental workload research[J]. Biological Psychology，40（1/2）：73-81.

Humphrey D G，Kramer A F，1994. Toward a psychophysiological assessment of dynamic changes in mental workload[J]. Human Factors，36（1）：3-26.

Jacobsen T，Schubotz R I，Höfel L，et al.，2006. Brain correlates of aesthetic judgment of beauty[J]. NeuroImage，29（1）：276-285.

Jahn F S，Skovbye M，Obenhausen K，et al.，2021. Cognitive training with fully immersive virtual reality in patients with neurological and psychiatric disorders：A systematic review of randomized controlled trials[J]. Psychiatry Research，300：113928.

Karwowski W，Siemionow W，Gielo-Perczak K，2003. Physical neuroergonomics：The human brain in control of physical work activities[J]. Theoretical Issues in Ergonomics Science，4（1/2）：175-199.

Khushaba R N，Kodagoda S，Lal S，et al.，2011. Driver drowsiness classification using fuzzy wavelet-packet-based feature-extraction algorithm[J]. IEEE Transactions on Bio-Medical Engineering，58（1）：121-131.

Kober S E，Neuper C，2012. Using auditory event-related EEG potentials to assess presence in virtual reality[J]. International Journal of Human-Computer Studies，70（9）：577-587.

Kramer A F，Sirevaag E J，Braune R，1987. A psychophysiological assessment of operator workload during simulated flight missions[J]. Human Factors，29（2）：145-160.

Lal S K L，Craig A，2002. Driver fatigue：Electroencephalography and psychological assessment[J]. Psychophysiology，39（3）：313-321.

Marsden J F，Werhahn K J，Ashby P，et al.，2000. Organization of cortical activities related to movement in humans[J]. The Journal of Neuroscience，20（6）：2307-2314.

Mehta R K，Parasuraman R，2013. Neuroergonomics：A review of applications to physical and cognitive work[J]. Frontiers in Human Neuroscience，7：889.

Miller M W，Rietschel J C，McDonald C G，et al.，2011. A novel approach to the physiological measurement of mental workload[J]. International Journal of Psychophysiology，80（1）：75-78.

Muluh E T，Vaughan C L，John L R，2011. High resolution event-related potentials analysis of the arithmetic-operation effect in mental arithmetic[J]. Clinical Neurophysiology，122（3）：518-529.

Omlor W，Patino L，Hepp-Reymond M C，et al.，2007. Gamma-range corticomuscular coherence during dynamic force output[J]. NeuroImage，34（3）：1191-1198.

Parasuraman R，2003. Neuroergonomics：Research and practice[J]. Theoretical Issues in Ergonomics Science，4（1/2）：5-20.

Parasuraman R，Rizzo M，2006. Neuroergonomics：The brain at work[M]. Oxford：Oxford University Press.

Parasuraman R，Wilson G F，2008. Putting the brain to work：neuroergonomics past，present，and future[J]. Human Factors，50（3）：468-474.

Schaefer M，Rotte M，2007. Thinking on luxury or pragmatic brand products：Brain responses to different categories of culturally based brands[J]. Brain Research，1165：98-104.

Schubring D，Kraus M，Stolz C，et al.，2020. Virtual reality potentiates emotion and task effects of alpha/beta brain oscillations[J]. Brain Sciences，10（8）：537.

Solís-Marcos I，Kircher K，2019. Event-related potentials as indices of mental workload while using an in-vehicle information system[J]. Cognition，Technology and Work，21（1）：55-67.

Somon B，Campagne A，Delorme A，et al.，2019. Human or not human？Performance monitoring ERPs during human agent and machine supervision[J]. NeuroImage，186：266-277.

Torres P E P，Torres E A，Hernández-Álvarez M，et al.，2020. EEG-based BCI emotion recognition：a survey[J]. Sensors，20（18）：5083.

Wickens C D，Isreal J，Donchin E，1977. The event related cortical potential as an index of task workload[J]. Proceedings of the Human Factors Society Annual Meeting，21（4）：282-286.

Wu J T，Zhou Q X，Li J X，et al.，2020. Inhibition-related N2 and P3：Indicators of visually induced motion sickness（VIMS）[J]. International Journal of Industrial Ergonomics，78：102981.

第3章　神经人因工程的研究方法和步骤

3.1　神经人因工程的脑科学基础

Parasuraman（2003）指出神经人因工程侧重于研究感知和认知功能的神经基础，如与现实世界中的技术和环境有关的视觉、听觉、注意力、记忆、决策和计划。人的神经系统（图3-1）包括两部分：中枢神经系统（CNS）和周围神经系统（peripheral nervous system，PNS）（魏景汉等，2008；Gazzaniga et al.，2002）。其中，中枢神经系统由大脑和脊髓组成，所有的信息分析都是在中枢神经系统中进

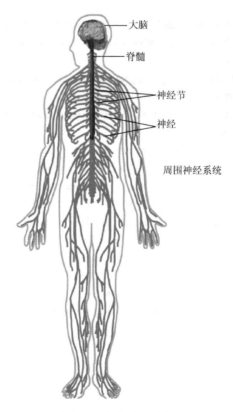

大脑

脊髓

神经节

神经

周围神经系统

图3-1　人的神经系统

图片修改自 Organismal Biology

行的。PNS 由中枢神经系统以外的神经元和神经组成，包括感觉神经元和运动神经元。感觉神经元将信号带入中枢神经系统，运动神经元将信号运出中枢神经系统。以往大量研究指出，脑是人体高级神经中枢，人类的感知、运动控制、学习、记忆以及各种高级认知功能等都由其控制（魏景汉等，2008；Zatorre et al.，2012）。人类大脑是目前结构和功能最为复杂的系统之一，大约由 140 亿个脑细胞组成，脑细胞之间相互连接组成复杂的脑功能网络。因此，解析和研究脑结构与功能是科学上的巨大挑战，加速对脑科学的研究不仅可以帮助诊断和治疗大脑疾病，更能推动科学的发展。目前，各国将脑科学发展提升到国家战略高度（孙久荣，2001）。比如，美国的"脑活动图谱计划"，试图描绘出人类大脑的所有神经元相互之间的连接情况；欧盟的人脑计划，旨在建立用于模拟和理解人类大脑所需的信息技术、建模技术和超级计算技术平台；日本启动的脑科学计划致力于建立大脑发育和疾病发生的模型，致力于解析复杂的脑结构及功能。我国的《国家中长期科学和技术发展规划纲要（2006—2020 年）》也将脑科学纳入国家重点支持的前沿科学研究，在 2021 年科技部正式发布科技创新 2030 "脑科学与类脑研究"重大项目，总经费超过 31.48 亿元，涉及 59 个研究领域和方向，也标志着中国脑计划项目的正式启动[①]。

　　对于大脑功能的研究，早期研究主要是基于功能分离的理论（李亚鹏，2014；Tononi et al.，1994），认为不同位置的神经元组成的大脑区域功能是存在差异的，不同大脑区域控制相应的人体行为，如额叶后部的运动功能以及顶叶上的躯体感觉功能执行的区域（图 3-2），运动皮层利用运动神经向随意肌发送信息来控制身体的运动，躯体感觉皮层负责处理全身感觉信息（包括有关温度、触觉、体位和疼痛的信息）。随着科学技术的发展，脑扫描为人们揭开大脑的神秘面纱提供了有力支持，用脑扫描得到的图像可以帮助人们了解不同脑区域的具体功能。目前常用的脑成像技术包括：①EEG，通过电极记录下来脑细胞群的自发性、节律性电活动；②脑磁图（magnetoencephalography，MEG），通过特殊的仪器测出颅脑的极微弱的脑磁波；③功能性磁共振成像（functional magnetic resonance imaging，fMRI），利用核磁共振原理，通过外加梯度磁场检测所发射出的电磁波以绘制成物体内部的结构图像；④功能近红外脑成像（functional near infra-red imaging，fNIR），通过测量人体的前额脑皮层氧水平变化评估人的大脑活动情况；⑤眼动追踪（eye tracking），通过记录人们在处理视觉信息时的眼球运动轨迹等数据来解析人们的心理。这些技术可以帮助人们连续性观测大脑区域的神经活动情况，并分析脑区之间的功能关系。

---

① 第一财经. 中国脑计划正式启动，首年规模超 30 亿整体规模达数百亿，2021.09.17. https://m.yicai.com/news/101177358.html.

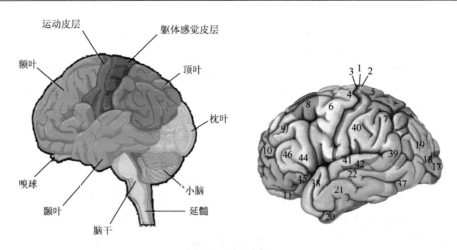

图 3-2　脑区划分

左图修改自 OpenStax College，右图为 Brodmann52 区示意

3.2　神经人因工程的常用方法

目前脑的研究技术可以分为两大类：脑电图和计算机化的脑扫描。脑电图技术主要是记录脑部微弱的电压特征，然后对脑电信号所代表的心理含义进行解析；计算机化的脑扫描，是对一大类技术的统称，有的使用 X 射线、有的用放射性示踪剂、有的用磁场等。目前使用较为广泛的脑科学研究技术有 EEG/ERP、MEG、fMRI、fNIRS、TCD（transcranial Doppler，经颅多普勒超声）、DTI（diffusion tensor imaging，弥散张量成像）、PET（positron mission tomography，正电子发射断层显像）等。Mehta 和 Parasuraman（2013）详细比较了以上各种方法在时间、空间和便携性三个维度上的优劣，具体对比见图 3-3。本章仅选取比较有代表性的神经人因工程方法进行介绍。

3.2.1　头皮脑电

德国教授 Berger（1929）最早证明可以用放在头皮的电极测量人脑的电活动，并且可以将其放大并记录不同时间点的电压情况。他最早是将电极通过头部外伤患者的颅骨缺损部位插入大脑皮层，成功记录了有规则的脑电活动现象。后来进一步研究发现，不需要将电极插入大脑皮层，通过将电极安置在头皮表面仍然可以采集到有规则的脑电活动，他将这种信号统称为脑电图（EEG）。起初，由于电生理学家致力于动作电位的研究，认为 Berger 观察到的 EEG 是一种噪声。直到

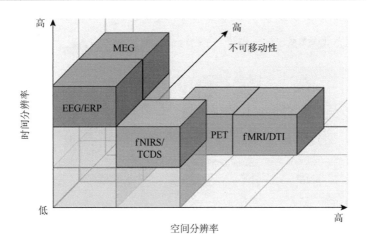

图3-3　神经人因工程中电生理与血液动力学神经成像技术的对比

图片引用自 Mehta 和 Parasuraman（2013）

1934 年，Berger 的工作才得到科学界应有的认可，但这只是因为著名的英国神经生理学家 Adrian 重复了他的主要发现。

过去近百年，EEG 已经被证明在脑科学和认知神经科学以及脑疾病和脑认知的检测与研究中都是非常有用的。人类大脑是一个高度复杂、自组织的非线性系统，现代科学认为大量神经元细胞电活动的非线性组合形成了脑电信号。人脑只要没有死亡，就会连续进行自发性、节律性、综合性的脑电活动，这种脑电电压的变化作为纵轴，时间作为横轴，记录下来的电位与时间关系的平面图就是脑电图（图3-4）。EEG 具有很强的随机性、节律多样并且受人们内心活动影响。因此 EEG 比较容易受到其他信号干扰，从而形成伪迹，在对 EEG 进行量化之前需要对各种伪迹进行处理，消除其他干扰的影响，干扰源主要来自体内和体外（丁一，2016）。按周期长短或者频率高低可以将 EEG 分为 δ（0.5～4Hz）、θ（4～8Hz）、α（8～13Hz）、β（13～30Hz）、γ（30～80Hz），这些频率的脑电波所表示的含义如表 3-1 所示（丁一，2016；Ding et al.，2020a；Knyazev et al.，2009；Roux and Uhlhaas，2014；赵仑，2010）。Wang 和 Hsu（2014）研究了教育信息使用过程的流体验，通过测量用户在系统学习过程中与注意相关的 β，发现 β 与流体验正相关，但是 β 并不等于流体验。Ding 等（2020a）对移动端 APP（application，应用程序）交互过程中的用户体验进行了测量研究，发现脑电波能量值可以反映用户体验水平的高低。脑电结果表明交互体验主观评测高的智能手机能够诱发相对能量更强的 α 波（主要表现位置为额-中央区、顶区和顶枕区）、δ 波（主要表现位置为额区）和 γ 波（主要在 C3 电极点），但是诱发出相对能量较小的 β 波（主要表现位置为左侧中央区）和 θ 波（额区和顶枕区），并且不同模式数据之间存在一定的相关性。

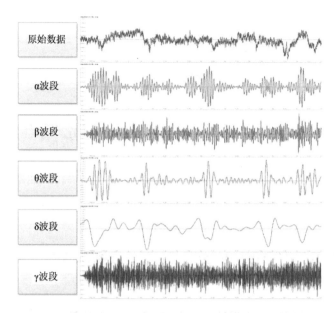

图 3-4 脑电信号及常见脑电波形示例（图片修改自丁一，2016）

表 3-1 脑电信号特征研究情况

频段	特征	主要产生脑区
δ（0.5～4Hz）	动机、奖励	吻侧前扣带皮层及伏隔核
θ（4～8Hz）	情感	岛叶及右侧顶叶皮层
α（8～13Hz）	短期记忆	后顶区和枕区
β（13～30Hz）	注意	额区和枕区
γ（30～80Hz）	长期记忆、综合加工	额区、顶区和枕区

  由于脑的心理活动所产生的脑电信号通常比 EEG 波幅低，因此很难将个别的神经认知过程分离出来。因此，在自发电位水平上，并没有观察到脑的心理活动诱发的脑电信号（魏景汉和罗跃嘉，2010）。利用计算机叠加技术可以将这种刺激诱发的电位提取出来，这样提取的信号就是事件电位（赵仑，2010；Luck，2014）。即当人受到外界的刺激时，会在相应脑区产生一个正向或者负向的电压，称为事件相关电位（ERP）（赵仑，2010）。一次刺激诱发的 ERP 波幅在 2～10μV，要比 EEG 的幅值小很多，因此必须将这一有用的波形从 EEG 中提取出来。基于 ERP 两个恒定的基本特点：潜伏期恒定和波形恒定，相应电位便会呈现出来。ERP 由于两个恒定的特性会在不断的叠加中凸显出来，而自发脑电则会因为自身的无序性出现相互抵消的情况。通常 ERP 的命名是基于 ERP 波形中特定成分的

极性（正或负）与位置或顺序进行的（Parasuraman and Rizzo，2006）。图 3-5 显示 ERP 成分有 N1、N2、P2 和 P3，其中 P 代表 positive，N 代表 negative。如 N200 表示潜伏期在 200ms 左右的负成分，N2 表示第二个负成分。也有研究者根据自己的研究发现进行命名，如 P180、N380、P650 分别表示潜伏期在 180ms 的正波、潜伏期在 380ms 的负波、潜伏期在 650ms 的正波。当然，P、N 指的并不是电压的正负，而是 ERP 的走向，即正走向或负走向（赵仑，2010）。经典的 ERP 成分有 P1、N1、N2、P2、P3、MMN、N400 等，关于各种成分的详细含义可以查看 Luck（2014）、魏景汉和罗跃嘉（2010）、赵仑（2010）等的相关研究。研究者根据 ERP 成分的波幅、潜伏期以及电压分布图来分析其代表的心理含义。

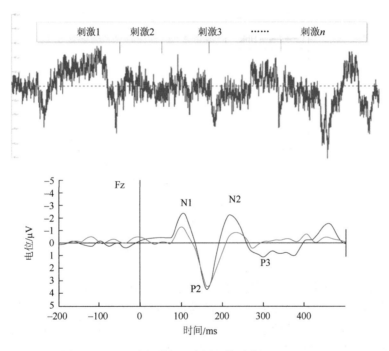

图 3-5　ERPs 分段叠加示意图（修改自丁一，2016）

3.2.2　功能性磁共振成像

　　fMRI 是最为重要的神经影像学成像技术之一，是一种无创非放射性脑成像技术，主要基于脑部血液流动的变化进行神经活动的记录（Ogawa et al.，1990）。其具体的原理是血氧水平依赖（blood oxygenation level dependent，BOLD），BOLD 信号的大小是神经元活动的间接测量，是反映局部脑血流、体积和氧合变化的复合物（Soares et al.，2016）。fMRI 测量的概念是，局部神经元活动的增加会刺激更高的能量消耗和血流增加。BOLD 是一个对血氧水平（脱氧血红蛋白浓度）比较敏感的值，其水平随着脱氧血红蛋白的浓度变化而变化。神经元之间的信息传递是一个需要新陈代谢的过程，需要增加含氧血液、氧血红蛋白的流量。含氧血液的局部流入导致含氧动脉血与脱氧静脉血的平衡净增加（与脱氧血红蛋白升高相关）。与周围组织相比，氧/脱氧血红蛋白比率的增加导致 MRI（magnetic resonance imaging，磁共振成像）信号的增加（Soares et al.，2016）。值得注意的是，随着局部神经元活动的增加，在局部血管扩张发生和血流增加之前，存在内在的延迟。这种局部血管网络的特征成为血液动力学响应，并且是在内部活动增加之后的几秒时间，通常 5～6s（图 3-6）。

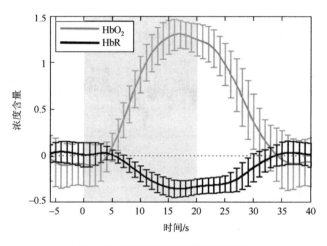

图 3-6　近红外测试的血氧变化图

　　fMRI 的实验设计通常分为静息态和任务态两类。静息态需要被试躺进磁共振仪器，不需要执行明确的任务。在这样场景下可以识别出在个人、阶段、扫描仪和方法中可重复的一致且稳定的功能模式，成为静息态状态网络（Soares et al.，2016）。特定的休息条件和采集持续时间都对最终功能信号有重要影响，因此在实验设计中应该使所有的被试保持一样的状态，如闭上眼睛、不要想任何事情和不能睡觉。研究表明扫描时长多为 5～7min，如果条件允许可以扫描 13min，小朋友扫描 5.5min 也可以（Soares et al.，2016）。任务态下的实验设计通常有模块式、事件式和混合式。在模块式实验任务中，给被试连续呈现刺激材料，然后与其他实验材料诱发的信号进行对比，通常每一类刺激呈现时间为 15～30s；在事件式实验任务中，通常由离散事件诱发相应的脑区活动，事件呈现时间通常为 0.5～8s；混合式实验任务可以提供持续和瞬时两种模式下的脑功能激活信息。当然这种模式涉及更多的假设条件、更差的血液动力学响应估计、持续信号的统计强度降低以及被试样本需求的上升等。Schaefer 和 Rotte（2007）探索了不同汽车品牌标识的脑认知，结果表明运动和奢侈类品牌激活了内侧前额叶皮质（medial prefrontal cortex，mPFC）和楔前叶的区域。尽管 fMRI 可以提供更清晰的三维脑功能成像信息，但是这种方法要求被试躺进磁共振仪器中，限制了人机交互的程度，无法在较为真实的场景中分析人机交互的神经认知活动，极大地限制了研究的范围。磁共振仪器成本很高、维护和操作比较复杂，也极大地限制了该方法在人因学领域的推广。

3.2.3　fNIRS

　　fNIRS 是一种光学的、非侵入式脑成像技术，其基本原理和 fMRI 比较类似。近红外光可以穿透人的头皮和头骨到达下面的脑组织，利用近红外光传输到头皮上进行测量。近红外光作用过程中会被人体不同的组织吸收，但是不同组织的光学特性有很大的差异。在近红外光学窗口内，血红蛋白是人体内占主导地位和生理依赖性的吸收发色团，并且存在两种形式：氧合（即氧合血红蛋白，HbO_2）和脱氧（即脱氧血红蛋白，HHb）。HbO_2 吸收系数在波长大于 800nm 时更高；相反，HHb 吸收系数在波长小于 800nm 时更高。神经元激活源于神经元之间电信号的传递。在激活过程中，神经元的代谢需求发生变化，导致耗氧量、局部脑血流和氧气输送增加。局部脑血流的过量供应会导致 HbO_2 浓度升高和 HHb 浓度降低，这称为血氧动力学响应，并且可以通过 fNIRS 在大脑上测得（Pinti et al.，2020）。通常血氧动力学响应在刺激后 5s 达到最大，在刺激呈现 16s 后回到基线水平，并且依赖于脑区、任务及被试年龄的变化。图 3-7 展示了 fNIRS 的基本原理。

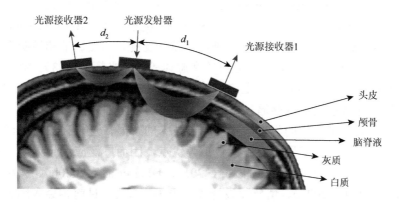

图 3-7　fNIRS 的基本原理展示（图片修改自 Pinti et al.，2020）

与脑电图或脑磁图不同，fNIRS 数据对电噪声不太敏感；它们的主要优点是相对较低的成本、便携性、安全性、低噪声和易用性（Pinti et al.，2020）。当然，该技术也存在一些缺陷，如时间分辨率比 EEG 低、空间分辨率没有 fMRI 高、无法获得结构图像及解剖信息、缺乏数据处理标准等（Pinti et al.，2020）。近些年，fNIRS 已经广泛在人因学领域应用。Ahn 等（2016）结合 EEG 的高时间分辨率和 fNIRS 的高空间分辨率，给出了一种识别驾驶员脑力疲劳的综合方法。Lei 和 Rau（2023）设计了一种人与机器人竞争与合作的研究，利用 fNIRS 监测人机交互过程中的神经反应过程。fNIRS 结果表明，与负反馈相比，无论任务需求如何，正反馈都会导致眶额皮层和吻内侧皮层的激活增加。此外，与竞争性任务相比，合作性任务在低需求任务中导致左吻内侧区域的激活增加。

3.2.4　其他生理测量方法

以上每一种神经人因工程方法在测量神经信号时都有自己在时间分辨率和空间分辨率上的优点和缺点。基于血液动力学的成像技术大都在空间分辨率上比较高，而基于电生理的脑成像技术则可以获得较高的时间分辨率。除了受限于时间和空间上的分辨率外，技术设备的便携性、抗干扰性、敏感性以及成本等都是研究方法选择的重要准则。此外，还有考虑到研究问题的场景，有些是在实验室之外，但是设备受限于以上因素无法进行户外研究。因此，考虑神经人因工程方法的时间分辨率、空间分辨率、便携性、成本等，以往基于脑成像的神经人因工程方法不太合适（Parasuraman，2011）。一些研究者开始将注意力转移到其他非侵入式生理测量方法。除了 EEG/ERP，眼动、心电、皮电、呼吸、肌电开始用于神经人因工程的研究。

人体的生理反应主要受自主神经系统（autonomic nervous system，ANS）的调节与控制（Andreassi，1995）。自主神经系统包括两个完整的子系统：交感神经系统（sympathetic nervous system，SNS）和副交感神经系统（parasympathetic nervous system，PNS），并且受中枢神经系统的支配，主要调节和控制人体各器官与组织的活动，分布于内脏、心血管和腺体等（邓光辉，2013）。SNS 主要产生能量和唤醒机体，如刺激肾上腺素分泌、加速血液流动和心脏跳动等；PNS 则是维持平静状态的能量存储，如减缓心率跳动、促进消化等。因此，从 ANS 当中能够采集很多有用的生理数据。随着技术的发展，这样采集设备已经实现模块化、便携化，另有受外界干扰较小等优点，因而广泛应用于人因工程的研究，如脑力负荷（Charles and Nixon，2019；Ding et al.，2020b）、人机器人交互（Hopko et al.，2023）、情感化设计等。表 3-2 总结了目前神经人因工程领域常用的生理测量手段。

表 3-2　不同的生理测量方法及其优点

技术	常用指标	优点
心电	HR（heart rate，心率） HRV（heart rate variability，心率变异性）	时间分辨率高、便携性好且成本较低
眼动	瞳孔 注视 眼跳	时间分辨率高、便携性好且成本适中
皮电	皮肤电导水平	时间分辨率适中、便携性好且成本较低
呼吸	呼吸速度 呼吸幅度	时间分辨率低、便携性好且成本较低
血压	血压	时间分辨率一般、便携性好且成本适中
肌电	肌电幅值 频率	时间分辨率高、便携性好且成本适中

3.3　神经人因工程的研究步骤

目前对于神经人因工程并没有规范和标准的研究步骤，根据人因工程学科的定义（郭伏和钱省三，2018；Salvendy，2012），人因工程是研究一定交互环境下人与其他要素（产品、服务或系统等）的交互。因此，人因工程的研究是对人与其他要素组成的系统进行整体分析和优化的过程，其基本目标是关注人作为一个整体如何设计、使用技术以及如何与技术进行交互（Parasuraman and Rizzo，2006），神经人因工程则是从人的大脑来探索这一过程。神经人因工程研究的基本步骤依据于前述方法的不同而有所差异，如基于 ERP 的人因学研究，通常采用一些实验范式（Oddball、N-back、Go/Nogo 等）；眼动实验则是根据交互环境选择移动式眼动仪或台式眼动仪进行数据采集，然后进行分析，并没有标准的实验程序；其他生理测量通常都是佩戴好设备后采集数据进行分析即可。虽然研究方法不同，但是神经人因工程研究的基本架构可以概括如下。

（1）问题定义。人因学问题涉及很多交互要素，因此将研究问题作为一个系统的概念去分析，确定系统的目标、要素及问题界定。在问题确定后，需要按照基础研究或者应用研究的范式去解决问题。Jacko 等（2012）认为人因学的本质是应用性学科，因此基础研究超出了人因学的范畴，其将人因学研究的形式分为解释驱动或者应用驱动。而神经人因工程涉及人的神经系统的研究，不仅仅是人因的应用。因此，在问题确定后要分析现有基础，查找相关神经科学的基本理论，提出研究假设。

（2）研究准备。研究准备阶段需要确定研究方法、研究变量、研究过程及结果预期分析等。前面已经重点介绍了神经人因工程领域的常用方法，方法选择依据问题不同而有所差异，并且方法有各自优缺点。首先，方法选择上要考虑问题性质、交互环境适用性、时间和空间分辨率、成本、便携性、信度、效度及理论基础等；其次在方法确定后要确定研究中涉及的三类变量，即系统描述标准、任务绩效标准以及人的标准；再次，分析研究执行过程，分析研究涉及的人员/被试（尤其注意涉及人的实验需要通过伦理审查和批准）、实验环境（室内或室外）、交互过程、刺激材料及设备等；最后，对研究未来的结果预期做初步分析。

（3）研究实施。神经人因工程研究的实施过程主要是探索人与其他要素交互过程中的神经反应机制，用以对现实技术等进行优化和改进。因此，实施过程中要做好实验条件的控制，保障实验变量的一致性、实验的可重复性、实验的真实性等。尤其保障采集神经信号以及生理信号的精度、准确度、屏蔽干扰以及噪声。然后进行初步数据的分析及样本有效性分析等。

（4）结果分析及应用。神经人因工程研究的结果往往是各种生理数据的展示、解释及应用。难点在于数据的分析，如何从庞大的数据当中提取关键信息，如脑电中 ERP 成分的提取及分析、脑电图的展示、大脑活跃区域的显示等。因此，结果分析上要保证可读性、可理解性、通用性等，并且解释结果与现实技术之间的关系，如产品外观设计中 ERP 成分中 P3 幅值大小差异及脑区差异代表的心理含义。

参 考 文 献

邓光辉，2013. 恐惧情绪诱发下自主神经反应模式与情绪体验、人格特质的关系研究[D]. 上海：华东师范大学.

丁一，2016. 基于多模式的用户体验测量方法研究：以智能手机为例[D]. 沈阳：东北大学.

郭伏，钱省三，2018. 人因工程学 [M]. 2 版. 北京：机械工业出版社.

李亚鹏，2014. 大脑功能网络及其动力学研究[D]. 武汉：华中科技大学.

孙久荣，2001. 脑科学导论[M]. 北京：北京大学出版社.

魏景汉，罗跃嘉，2010. 事件相关电位原理与技术[M]. 北京：科学出版社.

魏景汉，阎克乐，等，2008. 认知神经科学基础[M]. 北京：人民教育出版社.

赵仑，2010. ERPs 实验教程（修订版）[M]. 南京：东南大学出版社.

Ahn S, Nguyen T, Jang H, et al., 2016. Exploring neuro-physiological correlates of drivers' mental fatigue caused by sleep deprivation using simultaneous EEG, ECG, and fNIRS data[J]. Frontiers in Human Neuroscience, 10: 219.

Andreassi J L, 1995. Psychophysiology: Human Behavior and Physiological Response [M]. 3rd ed. Mahwah: Lawrence Erlbaum Associates.

Berger H, 1929. Über das elektrenkephalogramm des menschen[J]. Archiv Für Psychiatrie Und Nervenkrankheiten, 87 (1): 527-570.

Charles R L, Nixon J, 2019. Measuring mental workload using physiological measures: A systematic review[J]. Applied Ergonomics, 74: 221-232.

Ding Y, Cao Y Q, Duffy V G, et al., 2020a. Measurement and identification of mental workload during simulated computer tasks with multimodal methods and machine learning[J]. Ergonomics，63（7）：896-908.

Ding Y，Cao Y Q，Qu Q X，et al.，2020b. An exploratory study using electroencephalography（EEG）to measure the smartphone user experience in the short term[J]. International Journal of Human-Computer Interaction，36（11）：1008-1021.

Gazzaniga M，Ivry R B，Mangun G R，2002. Cognitive Neuroscience：The Biology of the Mind [M]. 2nd ed. New York：W. W. Norton & Company Press：70-73.

Hopko S K，Mehta R K，Pagilla P R，2023. Physiological and perceptual consequences of trust in collaborative robots：an empirical investigation of human and robot factors[J]. Applied Ergonomics，106：103863.

Jacko J A，Yi J S，Sainfort F，et al.，2012. Human Factors and Ergonomic Methods[M]//Salvendy G. Handbook of Human Factors and Ergonomics. 4th ed. New York：John Wiley & Sons Press：298-329.

Knyazev G G，Slobodskoj-Plusnin J Y，Bocharov A V，2009. Event-related delta and theta synchronization during explicit and implicit emotion processing[J]. Neuroscience，164（4）：1588-1600.

Lei X，Rau P L P，2023. Emotional responses to performance feedback in an educational game during cooperation and competition with a robot：Evidence from fNIRS[J]. Computers in Human Behavior，138：107496.

Luck S J，2014. An Introduction to the Event-related Potential Technique（2nd Revised edition）[M]. Cambridge：The MIT Press.

Mehta R K，Parasuraman R，2013. Neuroergonomics：A review of applications to physical and cognitive work[J]. Frontiers in Human Neuroscience，7：889.

Ogawa S，Lee T M，Kay A R，et al.，1990. Brain magnetic resonance imaging with contrast dependent on blood oxygenation[J]. Proceedings of the National Academy of Sciences of the United States of America，87（24）：9868-9872.

Parasuraman R，2003. Neuroergonomics：Research and practice[J]. Theoretical Issues in Ergonomics Science，4（1/2）：5-20.

Parasuraman R，2011. Neuroergonomics：Brain，cognition，and performance at work [J]. Current Directions in Psychological Science，20（3）：181-186.

Parasuraman R，Rizzo M，2006. Neuroergonomics：The brain at work[M]. Oxford：Oxford University Press.

Pinti P，Tachtsidis I，Hamilton A，et al.，2020. The present and future use of functional near-infrared spectroscopy（fNIRS）for cognitive neuroscience[J]. Annals of the New York Academy of Sciences，1464（1）：5-29.

Roux F，Uhlhaas P J，2014. Working memory and neural oscillations：α-γ versus θ-γ codes for distinct WM information? [J]. Trends in Cognitive Sciences，18（1）：16-25.

Salvendy G，2012. Handbook of Human Factors and Ergonomics [M]. 4th ed. New York：John Wiley & Sons press.

Schaefer M，Rotte M，2007. Thinking on luxury or pragmatic brand products：Brain responses to different categories of culturally based brands[J]. Brain Research，1165：98-104.

Soares J M，Magalhães R，Moreira P S，et al.，2016. A hitchhiker's guide to functional magnetic resonance imaging[J]. Frontiers in Neuroscience，10：515.

Tononi G，Sporns O，Edelman G M，1994. A measure for brain complexity：Relating functional segregation and integration in the nervous system[J]. Proceedings of the National Academy of Sciences of the United States of America，91（11）：5033-5037.

Wang C C，Hsu M C，2014. An exploratory study using inexpensive electroencephalography（EEG）to understand flow experience in computer-based instruction[J]. Information and Management，51（7）：912-923.

Zatorre R J，Fields R D，Johansen-Berg H，2012. Plasticity in gray and white：Neuroimaging changes in brain structure during learning[J]. Nature Neuroscience，15：528-536.

第二篇　基于神经人因工程的安全标志认知研究

第4章　基于神经人因工程的安全标志认知研究概述

近年来，神经人因工程的发展为安全标志认知研究提供了新的理论、方法和工具。越来越多的研究人员开始使用神经人因工程的方法来研究安全标志认知机制。本章首先介绍了安全标志的产生与发展、分类与构成，然后探讨了安全标志设计时应考虑的主要因素与原则；最后采用文献计量方法，对基于神经人因工程的安全标志研究进行了可视化分析。

4.1　安全标志概述

4.1.1　安全标志的产生与发展

安全标志是用以表达特定安全信息的标志。在第二次世界大战期间，美军为了简明扼要地向士兵做出"这里有危险""禁止入内"等指示，提出了安全色标的最初概念。1942 年，美国一家著名的颜料公司统一制定了一种安全色彩的规则，广泛地应用于杜邦等公司。随着工业、交通的发展，安全色得到了更广泛的应用，一些工业发达国家相继制定了本国的安全色和安全标志相关的国家标准。1952 年，国际标准化组织成立了安全色标技术委员会。该委员会于 1964 年公布了安全色标准，建议采用红色、黄色和绿色三种颜色作为安全色，并用蓝色作为辅助色。1967 年，安全色标技术委员会公布了安全标志的符号、尺寸和图形标准。

中国国家标准化委员会也制定了一系列涉及安全标志的国家标准，包括《安全标志及其使用导则》（GB 2894—2008）、《城市公共交通标志　第 1 部分：总标志和分类标志》（GB/T 5845.1—2008）、《中国海区水上助航标志》（GB 4696—2016）、《工作场所职业病危害警示标识》（GBZ 158—2003）、《气瓶颜色标志》（GB/T 7144—2016）、《消防安全标志　第 1 部分：标志》（GB 13495.1—2015）等。

另有，《图形符号　安全色和安全标志》五个部分：《图形符号　安全色和安全标志　第 1 部分：安全标志和安全标记的设计原则》（GB/T 2893.1—2013）、《图形符号　安全色和安全标志　第 2 部分：产品安全标签的设计原则》（GB/T 2893.2—2020）、《图形符号　安全色和安全标志　第 3 部分：安全标志用图形符号设计原则》（GB/T 2893.3—2010）、《图形符号　安全色和安全标志　第 4 部分：安全标志材料的色度属性和光度属性》（GB/T 2893.4—2013）、《图形符号　安全色和安全标志　第

5 部分：安全标志使用原则与要求》（GB/T 2893.5—2020）。《道路交通标志和标线》八个部分：《道路交通标志和标线 第 1 部分：总则》（GB 5768.1—2009）、《道路交通标志和标线 第 2 部分：道路交通标志》（GB 5768.2—2022）、《道路交通标志和标线 第 3 部分：道路交通标线》（GB 5768.3—2009）、《道路交通标志和标线 第 4 部分：作业区》（GB 5768.4—2017）、《道路交通标志和标线 第 5 部分：限制速度》（GB 5768.5—2017）、《道路交通标志和标线 第 6 部分：铁路道口》（GB 5768.6—2017）、《道路交通标志和标线 第 7 部分：非机动车和行人》（GB 5768.7—2017）、《道路交通标志和标线 第 8 部分：学校区域》（GB 5768.8—2018）。

4.1.2 安全标志的分类与构成

一般将安全标志分为禁止标志、警告标志、指令标志、提示标志四类，还有补充标志。中华人民共和国国家标准《安全标志及其使用导则》（GB 2894—2008）详细列明了禁止、警告、指令、提示四种安全标志的技术参数及其设置、使用的原则。每种安全标志基本上由图形符号、安全色、几何形状（边框）或文字构成。

1. 禁止标志

禁止标志的含义是不准或制止人们的某些行动。禁止标志的几何图形是带斜杠的圆环，其中圆环与斜杠相连，用红色；图形符号用黑色，背景用白色。我国规定的禁止标志共有 40 个，如禁放易燃物、禁止吸烟、禁止通行、禁止烟火、禁止用水灭火、禁带火种、运转时禁止加油、禁止跨越、禁止乘车、禁止攀登等。

2. 警告标志

警告标志的含义是警告人们可能发生的危险。警告标志的几何图形是黑色的正三角形、黑色符号和黄色背景。我国规定的警告标志共有 39 个，如注意安全、当心触电、当心爆炸、当心火灾、当心腐蚀、当心中毒、当心机械伤人、当心伤手、当心吊物、当心扎脚、当心落物、当心坠落、当心车辆、当心弧光、当心冒顶、当心瓦斯、当心塌方、当心坑洞、当心电离辐射、当心裂变物质、当心激光、当心微波、当心滑跌等。

3. 指令标志

指令标志的含义是必须遵守。指令标志的几何图形是圆形，蓝色背景，白色图形符号。指令标志共有 16 个，如必须戴安全帽、必须穿防护鞋、必须系安全带、必须戴防护眼镜、必须戴防毒面具、必须戴护耳器、必须戴防护手套、必须穿防护服等。

4. 提示标志

提示标志的含义是示意目标的方向。提示标志的几何图形是方形，绿色背景，白色图形符号及文字。提示标志共有 8 个，如紧急出口、避险处、应急避难场所、可动火区、击碎板面、急救点、应急电话、紧急医疗站。

5. 补充标志

补充标志是对前述四种标志的补充说明，以防误解。补充标志分为横写和竖写两种。横写的为长方形，写在标志的下方，可以和标志连在一起，也可以分开；竖写的写在标志杆上部。补充标志的颜色：竖写的，均为白底黑字，横写的，用于禁止标志的用红底白字，用于警告标志的用白底黑字，用于指令标志的用蓝底白字。

4.2 安全标志设计时应考虑的主要因素与原则

4.2.1 用户因素

在一项大规模的标志理解性测试调查中，Duarte 等（2014）发现大部分符号标志和安全标志理解水平没有达到国际标准规定的 85% 和 67% 的正确率。用户的标志理解水平没有达到此标准，在生产实践活动中，安全事故率会明显提升。用户对安全标志的理解，首先是用户对外部环境的一个知觉反应过程。知觉是客观事物直接作用于感官而在头脑中产生的对事物整体的认识。例如，我们看到一个带斜杠的红色圆环，视觉器官首先感知到红色、圆环、形状等信息，大脑在感觉的基础上，根据所储存的相关知识经验，将其知觉为安全标志。因此，用户的知觉是外界刺激和用户所储备的知识经验相互作用的结果，知觉与用户所储备的知识经验是紧密相联的。用户的知识储备在一定程度上受到用户性别、年龄、受教育水平、工作经验等因素的影响，所以用户的年龄等因素会间接影响用户对安全标志的知觉过程。

1. 性别因素

在安全标志相关的研究中，绝大部分国内外学者没有发现性别差异的存在。胡祎程等（2013）在研究安全标志识别性影响因素时，将用户的影响因素进行了区分，发现处于同一学历水平的男性和女性对于安全标志的识别性影响不显著。然而在实践工作现场，会有不同学历背景、不同工作经验年限、不同年龄等差异化工作群体，对于这一群体，男性和女性的标志理解性是否存在差异性有待进一步研究。Yu 等（2004）研究标志的形状、颜色对用户危险感知的影响时，发现性别对用户的风险感知影响有显著差异，女性比男性的风险感知能力高。

2. 年龄因素

随着用户年龄的增长，其身体各项机能开始衰退，用户的认知能力开始下降，因此对标志所传递的信息处理产生了一定的影响。一般来说，由于用户年龄的增长，其视力开始下降，因此年龄较大者希望标志的字体足够大，方便让其辨识，即安全标志需要有较强的易读性。研究发现，随着年龄的增长，用户的短期记忆能力也会下降，因此年龄较大者在理解包含复杂信息的安全标志时可能存在困难。与年轻群体相比，年长群体在正确理解安全标识的实质含义方面的能力较弱。此外，不同年龄的群体其安全遵从行为也有差异。所以安全标志设计师应该考虑用户年龄这一特征，针对老年人的标志应尽量简洁、明了。

3. 受教育水平

随着用户受教育水平提高，其知识面和思维理解能力相继提升，在一定程度上也会对安全标志的理解产生影响。然而，Duarte 等（2014）研究了不同群体（学生、建筑工人、残疾人）对安全标志的理解差异性，结果发现受教育水平对用户理解性影响不明显。

4. 工作年限

众所周知，不同的行业有不同的行业特性，其采用的安全标识也不尽相同。随着在某一行业工作年限的递增，用户在长时记忆中，会存储该行业中各种各样安全标志的袖珍副本或者由于疏忽某一标志而发生的事故。隽志才等（2005）研究交通标志视认性时，发现经验丰富的驾驶员的反应时间要比无经验的驾驶员短。

5. 计算机使用频率

随着互联网的普及，计算机成为我们日常办公必不可少的工具之一。已有研究表明，计算机由于操作系统的不同，使用不同的图标或符号传达其名称和功能，所以经常使用计算机的用户对图形拥有更好的理解能力。由于工种的不同，施工单位相关人员在工作中接触使用计算机的频率也不尽相同，因此，在一定程度上可能会对安全标志理解性产生影响。

6. 有无驾驶执照情况

随着经济的高速发展，我国私家车量也在逐年递增，拥有驾驶执照的用户也在与日俱增。研究发现，由于安全标志和交通标志使用的是很相似的图形编码系统，因此，拥有驾驶执照的用户较无驾驶执照的用户拥有更好的标志理解和遵守表现。

4.2.2　安全标志设计的原则

国家标准化管理委员会公布新标准《图形符号　安全色和安全标志　第 5 部分：安全标志使用原则与要求》（GB/T 2893.5—2020），于 2020 年 10 月 1 日起正式实施，明确了使用原则和使用要求。

1. 易识别性

易识别性（legibility）又称易认性或辨识性，是指安全标志的视觉认知过程中，安全标志的设计元素，如文字、图案等组成的安全标志是否容易识别。安全标志易识别性可以通过安全标志信息量进行度量。杜鹏宏（2007）结合人因工程、认知心理学、信息论等相关理论知识，分析了安全标志信息量与安全标志易识别性之间的关系。结果表明，安全标志的信息量能够代表安全标志的语义表达程度，不同信息量的安全标志所需要的学习次数存在显著差异。随着安全标志信息量的增加，要想达到一定的安全标志识别正确率，学习的次数也会相应增加。

此外，为了让安全标志具有易识别性，安全标志在使用时与使用环境之间需要具有足够的对比度，易于被注意到，且需确保安全标志能够始终在观察者的视线范围内，不会出现被遮挡的情形。安全标志在实际使用中需要考虑其耐久性和安全性。

2. 易理解性

易理解性是指安全标志所传达的信息容易被用户理解。安全标志的主要作用是向用户或施工人员传递危险信号，从而避免事故的发生。这个传递信息的过程是：注意—识别—理解。在安全标志设计过程中，考虑到用户的理解性，安全标志应该使用户能在各种使用环境中准确辨认出并很快理解。当安全标志刺激特征与用户自身长时记忆中的刺激特征相匹配时，安全标志就被进一步理解了。根据 Mcdougall 等（1999）对一般标志特征的研究，以及对工程现场的安全标志的研究，安全标志特征可以划分为熟悉性、具体性、简明性、明确性、语义接近性、可视化性和信息内容的可用性。

熟悉性是指用户在日常生活中接触到安全标志的频率。研究表明，越熟悉的标志越容易被用户识别和理解。具体性是指安全标志中图案与实际物体的相似程度。人们一般会将现实生活中所看到的实物存储在长时记忆中，因此，安全标志图案贴近实际物体有助于帮助用户记忆联想。简明性指安全标志所包含的内容和细节简单明了。安全标志的简明性有助于减少冗余信息对用户的干扰。明确性指安全标志所表达含义明确且唯一，如果安全标志含义不明确就容易让用户误解。语义接近性指安全标志设计元素与标志想要表达含义的接近程度。语义接近性有助于用户根据所看到的标志理解标志所要表达的含义。可视化性指安全标志形成视觉画面的难易程度。当用户看到安全标志时越容易形成视觉画面，就越容易理解。信息内容的可用性指用户看到安全标志时，可以联想到安全标志相关应用场景或工作环境的难易程度。若用户看到安全标志时能够联想到相关应用场景或环境，则有助于减少事故的发生。

3. 有效性

安全标志有效性是指安全标志起到相应的禁止、警告、指令、提示作用。评价安全标志有效性的最终标准是：人们在安全标志的作用下，遵守相应安全要求的实践程度。考虑到研究可行性，学者大多使用行为意愿代替真实遵守行为作为测量安全标志有效性的标准，即安全标志如何影响相关人员遵守行为的意愿。

安全标志有效性受安全标志本身特征、个体特征、情景因素、安全氛围等因素的影响。袁京鹏（2009）分析了三种安全色（红、黄、蓝）、三种信息词（禁止、当心、必须）以及三种几何形状边框（带斜杠圆边框、三角形、圆形）交互作用对安全标志有效性的影响。并指出安全工作的自我效能与员工遵从安全标志行为间具有正相关性。何倩卉等（2015）研究了人员密集场所的安全标识有效性，发现安全标识理解度、显著度和受众群体感知度的增加会使密集型场所人员管控效果更佳。

4.3 基于神经人因工程的安全标志研究可视化分析

4.3.1 数据来源和分析方法

在 Web of Science 数据库设置检索条件，时间跨度固定为 2010-01-01～2022-10-01，使用主题搜索，搜索关键词设置为 safety sign、safety label 和 warning，同时使用 safety 作为限制词限制搜索范围。文档类型限制为论文、综述、会议论文以及书籍章节。共获得 5150 篇相关文献。

以神经人因工程术语：neuroscience、neuroergonomics、cognitive ergonomics、neuropsychology、physiological、eye tracking 和 cognitive 作为限制词限制搜索范围，获得 2177 篇相关文献。为保证每一篇文献都与本研究主题相关，最后进行手动筛选。手动筛选条件如下：①必须为实验性研究或类实验性研究；②研究内容必须与安全标志（警示标签）和个人安全有关；③必须使用神经人因工程学的理论、方法或工具。经过人工筛选后共获得 633 篇文献。

使用 Chen 等设计的 CiteSpace 6.1.3（Chen et al.，2018）和 VOSviewer 1.6.18 作为文献计量分析工具对获得的 633 篇文献进行科学计量分析。

4.3.2　研究结果

1. 整体趋势分析

论文发表数量和分布情况可以直接反映某一研究领域的研究水平与发展速度。2010～2022 年安全标志研究领域发文数量趋势如图 4-1 所示。

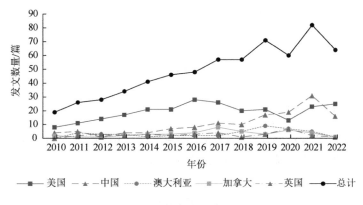

图 4-1　2010～2022 年安全标志研究领域发文数量趋势图

由图 4-1 可以看出，发文量总体呈上升趋势，说明作为安全科学与工程领域永恒的研究课题，安全标志相关问题越来越受到关注。另外，总体发文量自 2010 年到 2019 年呈稳步上升趋势，但 2020 年发文量较 2019 年有所下降，作者分析可能是 2019 年底全球性卫生问题新冠疫情暴发所致。从发文贡献量前五的国家来看，美国对已发表论文贡献量最大，共 248 篇占比 39.18%，其次分别为中国（137 篇，21.64%）、澳大利亚（44 篇，6.95%）、加拿大（43 篇，6.79%）和英国（33 篇，5.21%）。本部分统计自 2010 年开始，可以看出，2010～2019 年美国发文数量始终领先于其他国家，2020～2021 年中国学者发文数量反超美国，呈现领先之势。

接下来，对研究机构之间的合作进行分析，使用 VOSviewer 1.6.18 分析网络图如图 4-2 所示。图中标有单词的圆圈代表一所机构，圆圈之间的距离代表机构之间的合作紧密度。根据机构间的合作紧密度，图中机构可分为六个聚类。近年来机构合作更为频繁，但机构之间合作并不紧密。数据统计表明，论文发表数量前五的机构为：宾夕法尼亚大学（univ penn）（发表论文 16 篇）、滑铁卢大学（univ waterloo）（14 篇）、北京交通大学（beijing jiaotong univ）（14 篇）、北卡罗莱纳州立大学（n carolina state univ）（11 篇）和香港城市大学（city univ hong kong）（10 篇）。

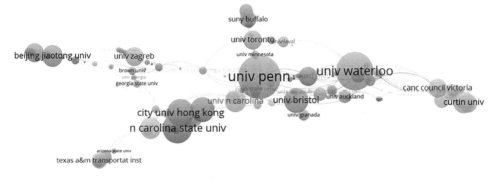

图 4-2　安全标志研究机构网络图

2. 期刊及研究领域分析

按照发文的数量对期刊进行排序，并总结出每种期刊的被引次数。与安全标志相关的文献发表数量排序前十的期刊如表 4-1 所示。

表 4-1　文献发表数量前十期刊

出版物标题	发文数量/篇	被引次数/次
Transportation Research Record	62	320
Applied Ergonomics	34	571
International Journal of Environmental Research and Public Health	22	145
Safety Science	20	338
IEEE Transactions on Intelligent Transportation Systems	17	834
Appetite	14	354
PLOS ONE	14	201
Traffic Injury Prevention	14	156
Journal of Advanced Transportation	13	31
Nicotine & Tobacco Research	12	124

由表 4-1 可知，发文数量前十的期刊共发表论文 222 篇，占本次统计总数 633 篇的 35.07%，这表明这些期刊对安全标志的关注度很高。数据表明，安全标志在交通、公共安全科学、食品安全和人因工程领域得到了广泛研究。发文数量最多的期刊为 *Transportation Research Record*，2010～2022 年共发文 62 篇，被引次数为 320 次。值

得注意的是，*IEEE Transactions on Intelligent Transportation Systems* 期刊发表文献数量仅有 17 篇，但其出版文章被引次数高达 834 次，在前十期刊中位列第一且显著高于其他期刊。这说明 *IEEE Transactions on Intelligent Transportation Systems* 期刊在安全标志研究领域处于权威地位。

　　按照论文发表数量对研究领域进行排序，得出发文数量前十的领域如表 4-2 所示。从表中数据可以看出，最具代表性的三个研究领域为工程（Engineering）、交通运输（Transportation）、公共环境职业健康（Public Environmental Occupational Health），占比 81.83%。这三个领域涵盖了安全标志的大部分研究。Mogelmose 等（2012）为工程和交通运输综合领域中被引次数最多的论文，共被引用 317 次。作者总结了交通标志检测相关的文献并详细介绍了用于驾驶员辅助的交通标志识别（traffic sign recognition，TSR）检测系统，讨论了 TSR 系统的未来发展方向。公共环境职业健康领域最具代表性的文章是 Strasser 等（2012），被引用 83 次。作者主要研究只有文本信息与图形警告标签的香烟外包装引起人的回忆和观看模式之间的差异与关联。其余七个领域分别为心理学（Psychology）、计算机科学（Computer Science）、营养学与饮食学（Nutrition Dietetics）、环境科学与生态学（Environmental Sciences Ecology）、药物滥用（Substance Abuse）、科学技术其他主题（Science Technology Other Topics）、运筹学与管理学（Operations Research Management Science）。

表 4-2　论文发表数量前十的领域

研究领域	论文数量/篇	占比
工程	275	43.44%
交通运输	136	21.49%
公共环境职业健康	107	16.90%
心理学	61	9.64%
计算机科学	54	8.53%
营养学与饮食学	43	6.79%
环境科学与生态学	39	6.16%
药物滥用	38	6.00%
科学技术其他主题	34	5.37%
运筹学与管理学	23	3.63%

3. 关键词共现分析

　　使用 VOSviewer 1.6.18 关键词共现分析。选择所有关键词作为分析单元，阈值设置为 7，即只有当关键词在文献中出现 7 次时才被纳入共现分析中。在共现分析中，共得到 63 个关键词。获得的关键词共现图如图 4-3 所示。

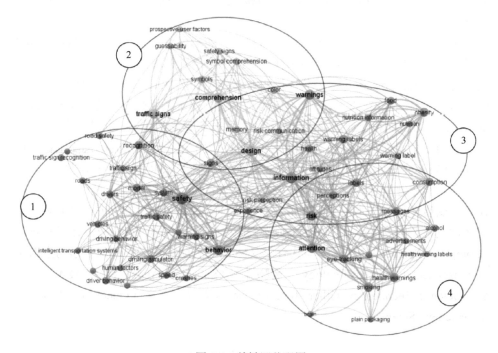

图 4-3　关键词共现图

其中标有单词的圆圈代表一个关键词，圆圈越大代表关键词出现次数越多。圆圈之间由与圆圈同色的线连接，连接线越短表示两个关键词出现在一起的频率越高。图中共出现四个聚类，分别为聚类①、聚类②、聚类③、聚类④。

第一个聚类为聚类①。其中含有安全（safety）、行为（behavior）、系统（system）、交通标志（traffic sign）、人为因素（human factors）、识别（recognition）、速度（speed）、模型（model）、警告标志（warning signs）、驾驶模拟器（driving simulator）等关键词。这些关键词都与交通安全有关，且多与人因工程学相关，Hussain 等（2022）通过驾驶模拟器实验和评估绿色 LED（light-emitting diode，发光二极管）动态灯系统调查智能预警系统对驾驶行为和信号交叉路口效率的影响。Ma 等（2024）通过驾驶模拟器实验和眼动追踪系统，评价有闪光灯控制的路口车载音频预警的效果。Marciano（2024）采用驾驶模拟器实验，研究路面标线对驾驶员行为的影响。以上研究均使用了驾驶模拟器实验方法，这正是人因工程学中的一个典型实验方法。

第二个聚类为聚类②，其中含有交通标志（traffic signs）、理解（comprehension）、设计（design）、符号（symbols）、安全标志（safety signs）、颜

色（color）、潜在用户因素（prospective-user factors）等关键词。以上关键词均与基于人因工程学的安全标志设计相关。Wan 等（2021）基于疏散标牌的可视性，提出了一种可适应展厅不同展位布置形式的疏散标牌布局的智能设计方法。Patel 和 Mukhopadhyay（2021）评估印度农药包装上使用的现有象形图，并根据当地用户的人因工程学属性进行重新设计。以上研究均使用人因工程学方法分别对交通标志、安全疏散标志和农药外包装警示标签的识别有效性进行评估并提出设计或改进方法。

第三个聚类为聚类③，其中含有信息（information）、警告（warnings）、食品（food）、态度（attitudes）、健康（health）、警示标签（warning label）、风险感知（risk perception）等关键词。以上关键词均与食物或其他消费品外包装警示标签相关。能否关注并识别食物外包装警示标签对于经常性购买和食用的人群身体健康至关重要。Taillie 等（2022）通过实验测试包装正面标签警告含糖量高（糖警告标签）是否会降低父母在食品店环境中为孩子选择标签零食而不是无标签零食的可能性。Thomas 等（2022）通过眼动追踪技术评估面粉安全信息在市售包装上的可及性，并确定消费者在处理这些信息时存在的障碍。van Asselt 等（2022）使用差异设计的选择实验研究了塑料包装上的警告标签如何影响消费者对包装食品的估值。

第四个聚类为聚类④，其中含有注意力（attention）、风险（risk）、眼动追踪（eye-tracking）、信息传递（messages）、健康警示（health warnings）、吸烟（smoking）、广告（advertisements）等关键词。这些关键词多与公共健康安全有关，如 alcohol，smoking 两个关键词正是当今世界广泛存在的两大公共健康安全问题。Wang 等（2022）使用随机对照试验比较三种不同情景下，香烟包装上图形警告标签对中国成年人戒烟倾向和危害感知的影响。Lü 等（2022）使用磁共振成像和脑电图方法评估禁止吸烟标志（no smoking sign，NSS）中的吸烟标志（smoking sign，SS）如何影响其在指导奖励与禁止方面的有效性。

4. 共引网络分析

两个文献被其他文献共同引用的频率称为共引（Parasuraman and Manzey，2010）。通过安全标志研究领域参考文献的共引分析和聚类，可以提取相关术语并确定研究主题。本部分使用 CiteSpace 6.1.3 统计 633 篇文献共 17 467 篇参考文献，有效率 100%。获得的参考文献共引网络图如图 4-4 所示。其中被引用次数最多的 TOP2 文献分别为：Hammond（2011）、Noar 等（2016）。

表 4-3 列出了共引网络图中最主要的七个安全标志簇的共引参考聚类。聚类的轮廓可以反映其质量，即轮廓得分越趋近于 1，聚类中成员的一致性就越高（Chen et al.，2012）。聚类标签使用对数似然比（Log-likelihood ratio，LLR）标记。

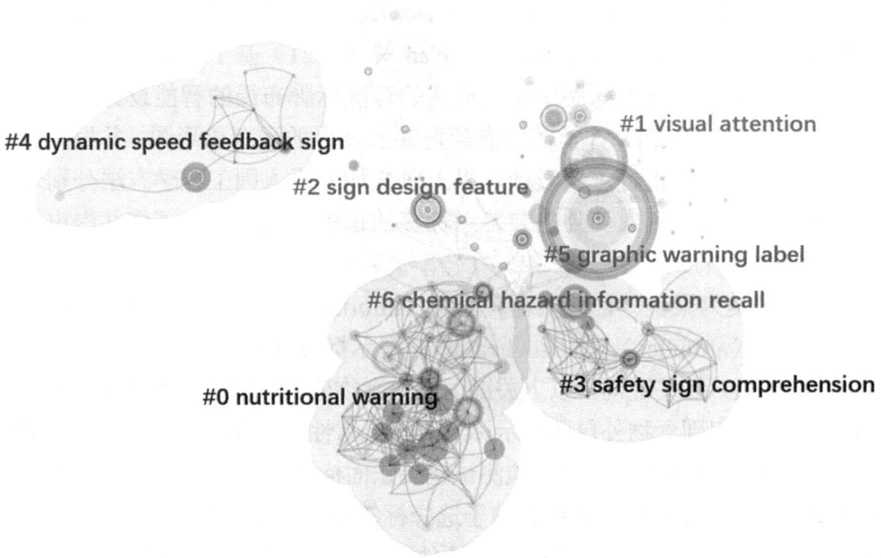

图 4-4　参考文献共引网络图

表 4-3　参考文献共引集群

聚类编号	规模	轮廓得分	标签（LLR）	平均年份
0	36	0.961	nutritional warning	2016
1	26	0.994	visual attention	2010
2	25	0.940	sign design feature	2002
3	18	0.907	safety sign comprehension	1997
4	10	0.992	dynamic speed feedback sign	2010
5	7	0.958	graphic warning label	2011
6	6	0.889	chemical hazard information recall	2005

　　表 4-3 的七个聚类都具有高度的同质性，其中聚类 1 和聚类 4 为轮廓得分最高的两个聚类，轮廓得分均为 0.99 以上。聚类 0 和聚类 6 的 nutritional warning（营养警告）、chemical hazard information recall（化学危害信息回忆）主要为食品和其他化学物品外包装警示标签领域的研究，Arrúa 等（2017）评估两种包装正面营养标签方案（交通灯系统和儿童警告系统）以及标签设计对儿童选择两种流行零食的相对影响。Kanter 等（2018）总结了全球范围食品包装正面营养标签的政策进展情况以及未来发展方向。聚类 1 和聚类 5 的 visual attention（视觉注意力）、graphic warning label（图形警示标签）主要基于视觉注意理论研究警示标签图案，

Hammond（2011）基于视觉注意理论评价健康警示信息对烟草包装影响的证据。Borland 等（2009）基于视觉注意理论研究图形和文字警告对卷烟包装的影响。聚类 2 和聚类 3 的 sign design feature（标志设计特征）、safety sign comprehension（安全标志理解性）主要涉及交通及工程相关领域的研究。Ben-Bassat 和 Shinar（2006）通过实验检验交通安全标志理解概率与符合标志内容兼容性、熟悉度和标准化这三种人体工程学设计原则的关系。Rogers 等（2000）对安全标志文献综述指出安全标志警示过程包括四个过程：察觉、识别、信息判断与决策和遵守，并提出影响预警过程的变量的一般原则，对安全标志设计改进与开发指明了方向。Braun 和 Silver（1995）通过实验检验安全警示信号词和颜色的相互作用，并提出警示标志颜色中红色可传达最高级别的危险感知效果，其次是橙色、黑色、绿色和蓝色。聚类 4 的 dynamic speed feedback sign（动态速度反馈标志）主要为交通安全领域的研究，如 Charlton（2007）通过驾驶模拟器研究注意力、感知和车道放置因素在弯道驾驶员行为中的作用。Aarts 和 van Schagen（2006）对与驾驶速度和事故率相关的研究进行综述，发现驾驶速度快的车辆具有更高的事故率。

综上，安全标志的研究主要集中在交通和驾驶安全以及公共健康安全两大领域。聚类 0、聚类 1、聚类 5、聚类 6 中的参考文献主要是关于公共健康安全领域的研究，平均年份为 2005～2016 年。聚类 2、聚类 3、聚类 4 主要为交通及驾驶安全领域的研究，平均年份为 1997～2010 年。近些年来随着神经人因工程的不断发展，脑电实验、眼动追踪技术等已经成为安全标志研究领域的前沿话题。如 Bian 等（2020）采用问卷调查和 ERP 实验探索不同类型安全标志对个体危险感知是否存在差异。

5. 突发性文献分析

通过 CiteSpace 6.1.3 文献共引分析得到引用最多的前 20 个参考文献突发性见表 4-4。由表 4-4 可知，TOP20 参考文献突发性大部分集中在 2019～2020 年，有 4 篇集中在 2014～2017 年，3 篇集中在 2010～2015 年。最早受到学者关注的文献是 Rogers 等（2000）、Wolff 和 Wogalter（1998）。前者提出安全标志警示过程由察觉、识别、信息判断与决策和遵守四个过程组成。后者检测了评估图形符号理解所涉及的两个因素：上下文联系和测试方法，并提出多项选择测试在反映符号理解的现实任务方面生态有效性较低，且任务中应提供生态上有效的上下文联系线索。两篇文献均对安全标志识别性研究提出创新性建议，为后人对安全标志的接续性研究做出较大贡献。在 2020～2022 年，突发性较强的两篇文献均为针对食品外包装标签对消费者影响的研究（Acton and Hammond，2018；Acton et al.，2019），说明近两年安全标志在食品安全研究领域为前沿话题。

表 4-4　引用次数 TOP20 参考文献突发性

引文作者	引文年份	引用强度	开始年份	结束年份	2010~2022
Rogers WA	2000	4.75	2010	2015	
Wolff JS	1998	3.94	2010	2014	
Lesch MF	2003	4.15	2011	2015	
Davies S	1998	3.32	2012	2014	
Hammond D	2007	3.27	2013	2014	
FHWA	2009	6.87	2014	2017	
Wogalter MS	2006	4.51	2014	2016	
Wogalter MS	2002	4.24	2014	2016	
Braun CC	1995	3.82	2014	2017	
Hammond D	2013	3.45	2015	2016	
Cowburn G	2005	4.22	2018	2019	
Grunert KG	2007	5.16	2019	2020	
Khandpur N	2018	5.16	2019	2020	
Kanter R	2018	4.71	2019	2022	
Arrúa A	2017	4.71	2019	2022	
Ares G	2018	4.21	2019	2020	
Hawley KL	2013	4.21	2019	2020	
van Kleef E	2015	3.73	2019	2020	
Acton RB	2018	3.34	2019	2022	
Acton RB	2019	3.23	2020	2022	

4.3.3　研究意义及局限性

安全标志作为安全管理的重要措施，能够提醒工作人员预防危险，从而避免事故发生。作为提高工作人员安全意识的重要工具，安全标志的失效可能直接导致安全事故的发生。本部分通过科学计量分析方法对 2010~2022 年关于安全标志的研究进行分析，有助于接下来对安全标志的接续研究，有效促进安全标志和安全管理的可持续发展。此外，本部分主要基于神经人因工程对安全标志进行计量分析，使用神经人因工程方法或工具是近些年来对安全标志研究的前沿研究方法。通过分析，本部分得出交通和驾驶安全以及公共健康安全是安全标志的主要研究课题和热点问题。在未来的研究中，我们应重点关注安全标志的研究前沿，结合神经人因工程前沿工具和方法进行更深入的研究，促进安全标志研究的可持续发展。

本部分对 633 篇安全标志文献进行了分析，但仍然存在一些局限性。本部分只考虑了 Web of Science 核心数据库中的英文文献，这显然是不够全面的。

4.3.4　结论

本部分使用 VOSviewer 1.6.18 和 CiteSpace 6.1.3 作为分析工具，采用科学计量方法对 633 篇来源于 Web of Science 核心数据库中的英文文献进行了分析，并讨论了安全标志的研究现状和发展趋势。

近十几年来，安全标志的研究总体呈上升趋势，说明安全标志相关问题越来越受到关注。安全标志研究涉及多个研究领域，工程、交通运输以及公共环境职业健康为其主要研究领域，在所有研究领域中占比 81.83%。安全标志研究是一个世界性研究课题，美国、中国、澳大利亚和加拿大占主要地位。论文发表数量最多的机构为宾夕法尼亚大学。*Transportation Research Record* 为发表安全标志研究最多的期刊。通过关键词共现分析和共引分析发现安全标志领域的主要研究主题和热点问题是交通标志和驾驶安全以及公共健康（包括食品外包装标签、香烟外包装警示图案等）。此外，近些年来随着神经人因工程的不断发展，脑电实验、眼动追踪技术等已经成为安全标志研究领域的前沿话题。

参 考 文 献

杜鹏宏，2007. 安全标志识别性研究[D]. 北京：首都经济贸易大学.

何倩卉，宋守信，顾一波，等，2015. 人员密集场所安全标识有效性实例评估[J]. 中国安全生产科学技术，11（9）：132-137.

胡祎程，周晓宏，王亮，2013. 安全标志识别性研究：标志特性及用户因素[J]. 中国安全科学学报，23（3）：16-21.

隽志才，曹鹏，吴文静，2005. 基于认知心理学的驾驶员交通标志视认性理论分析[J]. 中国安全科学学报，15（8）：8-11，113.

袁京鹏，2009. 安全标志有效性影响因素实证研究[D]. 杭州：浙江大学.

Aarts L，van Schagen I，2006. Driving speed and the risk of road crashes: A review[J]. Accident; Analysis and Prevention，38（2）：215-224.

Acton R B，Hammond D，2018. The impact of price and nutrition labelling on sugary drink purchases: Results from an experimental marketplace study[J]. Appetite，121：129-137.

Acton R B，Jones A C，Kirkpatrick S I，et al.，2019. *Taxes* and front-of-package labels improve the healthiness of beverage and snack purchases: A randomized experimental marketplace[J]. The International Journal of Behavioral Nutrition and Physical Activity，16（1）：46.

Arrúa A，Curutchet M R，Rey N，et al.，2017. Impact of front-of-pack nutrition information and label design on children's choice of two snack foods: Comparison of warnings and the traffic-light system[J]. Appetite，116：139-146.

Ben-Bassat T，Shinar D，2006. Ergonomic guidelines for traffic sign design increase sign comprehension[J]. Human Factors，48（1）：182-195.

Bian J，Fu H J，Jin J，2020. Are we sensitive to different types of safety signs？Evidence from ERPs[J]. Psychology Research and Behavior Management，13：495-505.

Borland R，Wilson N，Fong G T，et al.，2009. Impact of graphic and text warnings on cigarette packs：Findings from four countries over five years[J]. Tobacco Control，18（5）：358-364.

Braun C C，Silver N C，1995. Interaction of signal word and colour on warning labels：Differences in perceived hazard and behavioural compliance[J]. Ergonomics，38（11）：2207-2220.

Charlton S G，2007. The role of attention in horizontal curves：A comparison of advance warning，delineation，and road marking treatments[J]. Accident，Analysis and Prevention，39（5）：873-885.

Chen C M，Hu Z G，Liu S B，et al.，2012. Emerging trends in regenerative medicine：A scientometric analysis in CiteSpace[J]. Expert Opinion on Biological Therapy，12（5）：593-608.

Chen J Y，Wang R Q，Lin Z H，et al.，2018. Measuring the cognitive loads of construction safety sign designs during selective and sustained attention[J]. Safety Science，105：9-21.

Duarte E，Rebelo F，Teles J，et al.，2014. Safety sign comprehension by students，adult workers and disabled persons with cerebral palsy[J]. Safety Science，61：66-77.

Hammond D，2011. Health warning messages on tobacco products：A review[J]. Tobacco Control，20（5）：327-337.

Hussain Q，Alhajyaseen W，Brijs K，et al.，2022. Improved traffic flow efficiency during yellow interval at signalized intersections using a smart countdown system[J]. IEEE Transactions on Intelligent Transportation Systems，23（3）：1959-1968.

Kanter R，Vanderlee L，Vandevijvere S，2018. Front-of-package nutrition labelling policy：Global progress and future directions[J]. Public Health Nutrition，21（8）：1399-1408.

Lü W W，Wu Q C，Liu Y，et al.，2022. No smoking signs with strong smoking symbols induce weak cravings：An fMRI and EEG study[J]. NeuroImage，252：119019.

Ma S W，Yan X D，Yang J S，et al.，2024. Influence of in-vehicle audio warning on drivers' eye-movement and behavior at flashing light-controlled grade crossings[J]. Human Factors，66（3）：839-861.

Marciano H，2024. The effect of lane direction pavement markings on driving performance and safety：A driving simulator study[J]. Human Factors，66（2）：562-573.

McDougall S J，Curry M B，de Bruijn O，1999. Measuring symbol and icon characteristics：Norms for concreteness，complexity，meaningfulness，familiarity，and semantic distance for 239 symbols[J]. Behavior Research Methods，Instruments，& Computers，31（3）：487-519.

Mogelmose A，Trivedi M M，Moeslund T B，2012. Vision-based traffic sign detection and analysis for intelligent driver assistance systems：Perspectives and survey[J]. IEEE Transactions on Intelligent Transportation Systems，13（4）：1484-1497.

Noar S M，Hall M G，Francis D B，et al.，2016. Pictorial cigarette pack warnings：A meta-analysis of experimental studies[J]. Tobacco Control，25（3）：341-354.

Parasuraman R，Manzey D H，2010. Complacency and bias in human use of automation：An attentional integration[J]. Human Factors，52（3）：381-410.

Patel G，Mukhopadhyay P，2021. Comprehensibility evaluation and redesign of safety/warning pictograms used on pesticide packaging in Central India[J]. Human and Ecological Risk Assessment：1-21.

Rogers W A，Lamson N，Rousseau G K，2000. Warning research：An integrative perspective[J]. Human Factors，42

（1）：102-139.

Strasser A A，Tang K Z，Romer D，et al.，2012. Graphic warning labels in cigarette advertisements：Recall and viewing patterns[J]. American Journal of Preventive Medicine，43（1）：41-47.

Taillie L S，Higgins I C A，Lazard A J，et al.，2022. Do sugar warning labels influence parents' selection of a labeled snack for their children？A randomized trial in a virtual convenience store[J]. Appetite，175：106059.

Thomas M S，Berglund Z R，Low M，et al.，2022. Evaluation of flour safety messages on commercially available packages：An eye-tracking study[J]. Foods，11（19）：2997.

van Asselt J，Nian Y F，Soh M，et al.，2022. Do plastic warning labels reduce consumers' willingness to pay for plastic egg packaging？Evidence from a choice experiment[J]. Ecological Economics，198：107460.

Wan Z Z，Zhou T J，Tang Z L，et al.，2021. Smart design for evacuation signage layout for exhibition halls in exhibition buildings based on visibility[J]. ISPRS International Journal of Geo-Information，10（12）：806.

Wang L，Yao X，Wang G，et al.，2022. Reactions to pictorial and text cigarette pack warning labels among Chinese smokers[J]. International Journal of Environmental Research and Public Health，19（18）：11253.

Wolff J S，Wogalter M S，1998. Comprehension of pictorial symbols：Effects of context and test method[J]. Human Factors，40（2）：173-186.

Yu R F，Chan A H S，Salvendy G，2004. Chinese perceptions of implied hazard for signal words and surround shapes[J]. Human Factors in Ergonomics & Manufacturing，14（1）：69-80.

第5章　基于神经人因工程的安全标志认知模型

安全标志认知模型的构建有助于更好地了解人类对安全标志的认知过程。本章基于认知心理过程，首先分析了安全标志认知行为阶段，然后从用户感知觉、注意和记忆等特征出发，通过用户对所处环境适应性分析，构建出概念上的安全标志理解性影响因素框架模型以及交通标志认知过程模型。

5.1　安全标志认知行为阶段

根据人的信息流动与加工过程模型（陈永明和罗东，1989），如图 5-1 所示，在施工人员、安全标志所处的人机系统中，施工人员获得信息的来源为安全标志、周围环境和相关器械等，施工人员通过对信息的感知，将信息短时存储，并结合施工人员的经验知识，筛选有意义的信息，对其进行加工处理。在这种系统模型下，信息量应该是有限的，因为在短时的反应、处理过程中，施工人员不可能记住过多的信息。施工人员分析完信息后根据大脑指令做出安全遵守行为上的反应，最终完成标志设置目的的效果。此外，以条件概率长时存储在人脑中的不同施工经验、知识也会影响施工人员对信息的筛选和做出的行为反应。在施工人员的信息流动与加工过程中，如果施工人员是想使用安全标志达到预期目的，则安全标志就成了主要信息源，这一过程也变成施工人员使用安全标志的过程。

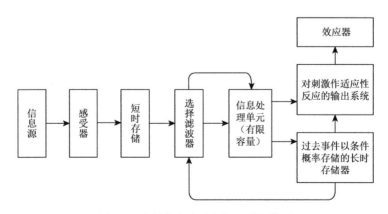

图 5-1　人的信息流动与加工过程模型

同样，相类似的过程也体现在驾驶员使用交通标志中。驾驶员对信息的加工处理过程繁而有序，从获取信息到信息内容的完全作用，经历了感受、短时存储、筛选、加工处理、反应、行为结果等阶段，戴权（2008）结合马尔可夫过程模型划分出驾驶员使用交通标志过程的四个阶段，即发现标志、识读标志、决策和操作。

以指示型标志为例，驾驶员发现标志即为感知到信息的存在，把标志的形状、颜色等从环境背景中剥离出来，但具体文字和图案内容尚不能确定。为了进一步识读标志，确认信息内容是否为自己所需，驾驶员需要首先判断标志是否为自己需要的类型，如果与需要相符就会详细识读并短时存储在大脑中，然后依据信息内容做出相应决策。客观条件及决策后所采取的操作将最终决定行为的结果能否达到标志所要求的目的。

同样，这一使用顺序也遵循马尔可夫链的相关特质，驾驶员的认知行为在状态间推移，不能反向或跳跃，只能依次向下一状态转移或停留在当前状态，上一状态会直接影响到下一状态的发生。驾驶员使用标志时有可能停留在某一状态，如标志进入驾驶员可视范围被其发现，超出规定的时限却仍停留在此状态，说明标志的设置出现问题，不能在有限时间内帮助驾驶员转移到识读状态，可能的原因有树木遮挡、灰尘蒙蔽、标志歪斜等。同理，当驾驶员处于识读状态时，标志形状、大小，驾驶员的视力、年龄、识读能力等都会影响其向下一状态转移的概率，标志信息量太大也会妨碍驾驶员在有限时间内识读出标志的有用信息。驾驶员进入决策状态后，根据已获取的信息，经过加工处理，做出决策，执行相应操作。驾驶员的决策、操作过程与标志理解程度及驾驶经验等相关。若标志信息量太大影响驾驶员的识读，就会导致驾驶员犹豫不决，难以做出决策，而在有限的时间内，驾驶员如不能做出决策，则会影响下一状态成功的概率。

总之，驾驶员对信息的短时存储可视为识读标志内容，存储有用信息。驾驶员加工处理信息也就是信息处理与决策的过程。驾驶员做出操作反应、最终的行为结果体现了反应操作的效果与实施情况。

为了解决安全标志理论模型过于主观，不能揭示深层次机理，难以认清隐藏在行为背后的内在机制和过程等问题，Ma 等（2010）就安全标志信号词风险信息处理进行 ERP 试验，提出安全标志信号词认知两阶段模型：对信号词所传递的威胁信息的早期感知与侦测，以及进一步对信号词风险程度的评价。并用神经工业工程方法对安全标志认知过程、信号词的认知过程进行研究。Ma 等（2011）提出可以利用神经工业工程方法探究安全标志的认知过程，如图 5-2 所示。

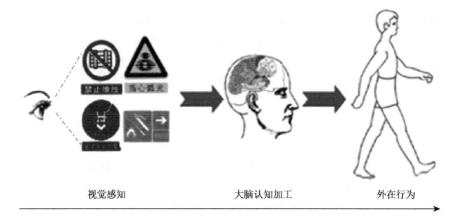

视觉感知　　　　　　　　大脑认知加工　　　　　　　外在行为

图 5-2　神经工业工程认知过程

唐贤伟（2011）利用神经工业工程方法，从情绪角度，将存在的两种偏向：负性注意偏向和负性情感偏向融入安全标志的认知过程中，从而构建出"双偏向模型"（double biased model，DBM），如图 5-3 所示，着重描述安全标志认知的心理过程，从神经工业工程层面对已有的认知过程模型进行了解释。

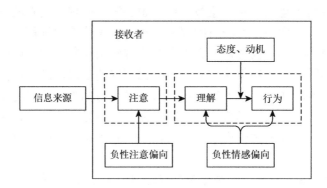

图 5-3　双偏向模型

通过对安全标志理论模型的回顾可以发现，随着研究的不断进行，安全标志认知行为过程的阶段性已经得到了普遍共识和逐步完善。在人的信息流动与加工过程模型中，短时存储、选择滤波和长时存储等概念的提出，细化了人的信息加工处理阶段，而神经工业工程方法的引入，也证明在认知神经科学理论范畴下，行为人做出的安全行为是一个"接收信息—脑神经加工信息—决定行为"的决策过程。因此，本次研究将借鉴驾驶员使用交通标志的顺序，进而划分出施工人员使用安全标志的四个认知行为阶段，如表 5-1 所示，以便于进一步提取评价安全标志有效性的一级指标和二级指标。

表 5-1　施工人员的认知行为阶段

阶段	阶段描述
注意阶段	施工人员从周围环境中发现安全标志
识别阶段	施工人员识读安全标志信息内容
判断阶段	施工人员分析安全标志传递的风险信息
行为阶段	施工人员采取"安全遵守行为"

施工人员在进入工程项目现场后，从周围环境中发现安全标志即为安全标志认知行为注意阶段的开始，此阶段在施工人员离开安全标志可视范围后终止，也可在施工人员识读安全标识信息内容的时候中止。施工人员完成对安全标志的识别后，即会对其所传递的风险信息进行判断，形成个体的安全倾向性，进而为下一阶段安全遵守行为的发生做出准备。这些阶段具有递推性，不可向后跳跃也不能向前延伸，上一阶段的完成情况直接影响到下一阶段的发生和进行（胡祎程，2014）。

5.2　安全标志理解性影响因素框架模型

安全标志所传达的信息被用户理解受到多种因素影响，基于认知心理过程的安全标志理解性影响因素框架模型见图 5-4。

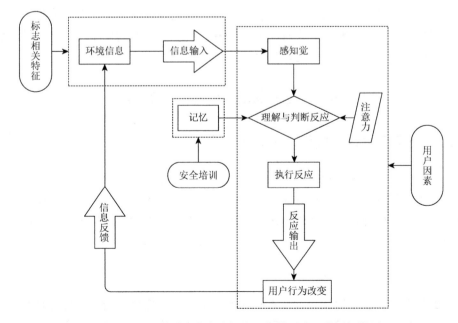

图 5-4　基于认知心理过程的安全标志理解性影响因素框架模型

由图 5-4 可以看出，安全标志理解性的影响因素主要有安全标志相关特征、安全标志使用环境特征、用户感知和认知特性、用户的行为特性、用户因素。

（1）安全标志相关特征可以用高维度概括性特征如熟悉性、具体性、简明性、明确性、语义接近性、可视化性和信息内容的可用性来描述，也可以用具体的设计特征如颜色、形状、文字特征、图案特征等来描述。安全标志相关特征是安全标志理解性的主要影响因素。

（2）安全标志使用环境特征包括安全标志应用的情境（高速公路、建筑工地、生产车间等）以及组织氛围（如安全意识、安全状况等）等特征。特定场所环境特征会影响用户对安全标志相关特征的感知。

（3）用户感知和认知特性。在特定安全标志使用环境中，用户会对注意到的安全标志相关特征产生感知，并将所处情境中感知到的信息与记忆中情境相匹配，形成对安全标志的理解和判断。此阶段，用户感知和认知特性会影响用户对安全标志的理解和判断，以及所要求的用户行为。

（4）用户的行为特性。用户对安全标志的遵从行为可能是反射性的或者是经过深思熟虑的。如果安全标志用户记忆里保存有安全标志相关信息，就能够对安全标志所显示的信息迅速做出反应。如果用户没有接受过系统的安全培训，对于安全标志往往需要更多的时间注意、记忆、理解，从而做出正确的安全行为。

（5）用户因素。用户感知、认知以及行为特性受到用户基本特征如性别、年龄、受教育程度和工作经验的影响。

在用户对安全标志认知理解过程中，用户行为改变的结果会形成信息反馈，用户根据反馈信息调整对安全标志的认知和行为以适应新的环境，最终能够形成对安全标志的正确理解（贾强，2016）。

5.3 交通标志认知过程模型

5.3.1 交通标志认知过程理论分析

在交通标志认知过程中，驾驶人通过视觉、听觉等感受器接收外部信息，对安全标志信息进行加工处理并执行决策以改变车辆行驶状态。因此，从安全标志信息进行加工处理过程和认知心理学角度，可将驾驶人对交通标志的认知过程划分成以下六个阶段。

1. 交通标志初始预见

驾驶人在行驶中通过视觉搜索感知外部道路因素变化，当交通标志开始进入驾驶人视野范围内，但距离尚远时，驾驶人无法准确读取交通标志所提供的详细信息。该阶段为驾驶人认知交通标志的最初阶段，此时驾驶人完成了"看见交通标志"的"初始预见"。

2. 交通标志类型判断

随着车辆与交通标志距离的缩短，驾驶人逐渐能够看出标志的形状、颜色和模糊文字等信息，并对初始感知的交通标志相关信息进行完善，驾驶人对交通标志的内容有了进一步认识。在此基础上，将当前交通标志信息与自身经验及记忆进行匹配判断，完成交通标志的类别分辨。该阶段为驾驶人对感知信息进行分析加工阶段，此时驾驶人完成了交通标志的"类型判断"。

3. 交通标志信息认读

当驾驶人与交通标志距离较近时，对交通标志传递的信息一览无余。在完成交通标志的类型判断后，驾驶人此时会对交通标志具体信息进行识别，根据交通标志的信息内容及驾驶经验，在大脑中初步构建出周围道路环境情况，确定当前所处位置及明确道路行驶方向。一般来说，交通标志所提供的信息较多且不一定能够满足驾驶人的特定需求，当行驶目标明确时，驾驶人可只读利己的特定交通标志信息；当行驶目标不明确时，驾驶人需对交通标志所有的信息进行识别并从中确定可利用的内容。该阶段为驾驶人对标志内容进行深度加工整理并准备进行决策的过程，这时驾驶人完成了"决策预判"。

4. 交通标志信息短时记忆存储

在交通标志初始感知阶段，驾驶人感知到交通标志的信息后，会将交通标志信息储存在大脑中形成短时记忆，这时大脑会有部分时间对信息进行短暂加工，以为长期的大脑记忆储存做准备。在实际行驶过程中获得的交通标志信息，多数以短时记忆的方式储存在大脑中。

5. 交通标志信息长期记忆存储

在交通标志类型判断与信息认读阶段，大脑的短时记忆在被驾驶人深度加工后形成了长期记忆。此时，驾驶人有了一定的逻辑思维并对信息产生了循环反馈，便可对信息的变化通过驾驶行为进行处理。由于驾驶人不断地对路况信息进行更新与学习，储存的短时记忆会更新为长期记忆形成驾驶经验。

6. 根据交通标志信息执行决策

完成对交通标志信息的认读和加工后，驾驶人随即获得了满足行驶需求的信息，并与实际路况信息进行匹配，按照行驶需求做出决策并执行，以改变车辆的状态。

5.3.2 交通标志认知过程结构模型

根据上述讨论，结合驾驶员认知决策理论，本节构建出如图 5-5 所示的交通标志认知过程结构模型。由于行驶过程中驾驶人主要通过视觉获取外界交通信息，交通标志对驾驶人的影响也是通过视觉传输的，因此该模型的重点在于驾驶员的视觉信息认知过程，对于其他知觉信息认知的影响则忽略不计。

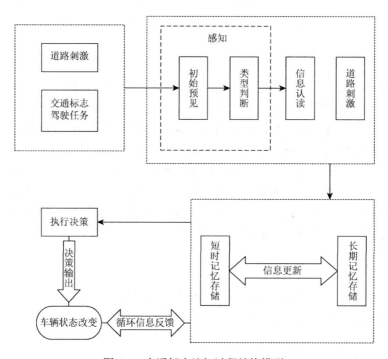

图 5-5　交通标志认知过程结构模型

由模型可以看出，驾驶人在进行驾驶任务获取交通标志信息时，首先会对交通标志进行预估，形成对交通标志的感知；之后随着与交通标志距离的缩短，驾驶人将当前的标志信息内容进行初步加工，并与自身经验知识相匹配，完善对初始预见的标志感知，并在大脑中形成短时记忆；此后，交通标志所示信息将完整呈现在驾驶人视野中，驾驶人会对标志进行认读并根据驾驶经验形成初步的驾驶决策预判，这时驾驶人会对交通标志信息进行深度加工，大脑中的短时记忆变成了长期记忆进行存储。最后，驾驶人根据交通标志提供的信息做出相应的驾驶决策并改变车辆状态以适应道路环境。另外，在整个认知过程中，驾驶人对交通标志的认知还受道路刺激（道路条件和道路环境）的影响（汪琨，2019）。

5.3.3　基于 ACT-R 构建指路标志组认知行为模型

为细化驾驶人识别顺序以及信息传递的流程，结合理性思维的自适应控制模型（adaptive control of thought-rational，ACT-R）的基本理论和指路标志组认知行为策略，构建出指路标志组认知行为的 ACT-R 模型，模型包括四个模块（目标模块、视觉模块、记忆模块、动作模块）以及一个产生式系统，如图 5-6 所示。

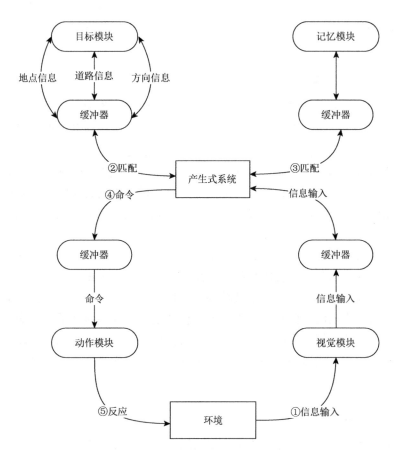

图 5-6　基于 ACT-R 理论的指路标志组认知行为模型

目标模块是驾驶动机产生信息需求的模块，可以用于跟踪信息在模型中的运行状态和结果；视觉模块用于检索和接收道路系统中的信息，完成目标信息感知；记忆模块用于为产生式系统提供陈述性知识；动作模块用于对信息做出相应的反应。产生式系统是一个包含产生规则的执行系统，接收外来信息进行模块匹配并产生输出，在此基础上进行感知、判断和行为。其中每个模块之间的交流主要是通过产生式系统完成的。信息搜索顺序、信息加工流程以及产生式系统具体阐述如下。

1. 信息搜索顺序

由于神经元会优先对敏感性较高的特征信息进行记录，驾驶人首先注意的是地点信息，对于经验丰富的驾驶人，这种选择并不是由大脑下达的命令，而是一种自下而上的信息认知策略；接下来驾驶人会依据地点信息获取方向信息，这是一种由自上而下占主导与自下而上相结合的信息获取策略；最后，当驾驶人想检验当前行驶道路与导航是否一致时，会对道路信息进行获取，这是一种自上而下的信息加工策略。

2. 信息加工流程

根据信息敏感性不同，目标模块将分成三个阶段对指路标志组信息认知过程进行跟踪和状态判断。视觉模块在初步信息加工过程中会将获取的信息以陈述性知识的形式暂时保留在视觉记忆中，当信息足够进行下一步信息加工时，信息会以陈述性知识的形式传递给产生式系统。在产生式系统中，输入的信息会与记忆模块中的长期记忆和短时记忆相匹配，并与目标模块中的目标特征相匹配，完成信息匹配任务后，依据匹配结果进行下一步信息搜集。例如，驾驶人在第一次视觉加工时获取了地点信息，视觉模块和记忆模块会将信息以陈述性知识的形式传递至产生式系统中，触发产生式系统中的产生规则，与记忆模块进行匹配，若获得的地点信息是驾驶人需要的目的地信息，则驾驶人会根据地点信息在标志组上搜寻相应的方向信息，反之则继续搜寻目的地信息。最后当信息加工完成后，驾驶人获取到目的地地点信息，产生式系统会通过动作模块缓冲器下达命令，由动作模块对信息做出相应反应。例如，驾驶人获得的信息为驶出高速公路，则产生系统会将运行结果输送到缓冲器中，通过缓冲器对动作模块下达命令即可通过动作模块完成减速变道的行为。

3. 产生式系统

产生式系统是信息加工过程中重要的组成部分，在产生式系统中存在产生规则，产生规则用来描述认知任务流程，当条件满足时，产生式规则会被触发。指路标志组认知行为的 ACT-R 模型中，产生式规则的具体步骤如图 5-7 所示（王仁杰，2022）。

步骤 1：驾驶人对指路标志组中敏感性较高的地点信息进行第一步收集。

步骤 2：将获取的地点信息传入产生式系统，与记忆系统中陈述性知识进行匹配。

步骤 3：若确定为目的地信息后，与目标模块进行匹配，确定方向信息为下一步收集目标，否则返回步骤 1。

步骤 4：产生式系统对动作模块下达搜索方向信息的命令。

步骤 5：将获取的方向信息通过视觉模块传入产生式系统，与记忆系统中陈述性知识进行匹配。

步骤 6：若获取的信息与目标信息一致则进行驾驶行为，否则返回步骤 1。

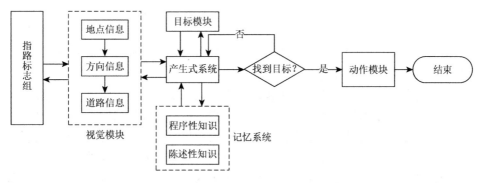

图 5-7　产生式规则

参 考 文 献

陈永明，罗东，1989. 现代认知心理学[M]. 北京：团结出版社.

戴权，2008. 基于人机工程学交通标志有效性评价研究[D]. 长春：吉林大学.

胡祎程，2014. 基于人因的工程项目现场安全标志有效性评价研究[D]. 芜湖：安徽工程大学.

贾强，2016. 基于认知的安全标志理解性影响因素实证研究[D]. 芜湖：安徽工程大学.

唐贤伟，2011. 基于神经工业工程的安全标志认知心理过程研究[D]. 杭州：浙江大学.

汪琨，2019. 道路交通标志夜间认知过程及其影响因素研究[D]. 芜湖：安徽工程大学.

王仁杰，2022. 考虑驾驶人认知过程的高速公路互通处指路标志组有效性评价研究[D]. 芜湖：安徽工程大学.

Ma Q G，Bian J，Ji W J，et al.，2011. Research on warnings with new thought of neuro-IE[J]. Procedia Engineering，26：1633-1638.

Ma Q G，Jin J，Wang L，2010. The neural process of hazard perception and evaluation for warning signal words: Evidence from event-related potentials[J]. Neuroscience Letters，483（3）：206-210.

第6章　高速公路指路标志组认知行为眼动研究

高速公路指路标志是用于指引驾驶人行驶的道路标志，能够为驾驶人提供去往目的地所经过的道路、重要公共设施、地点、距离以及行车方向等信息。目前指路标志信息认知行为的研究大多数是基于单一指路标志，且大多是将道路信息、地点信息和方向信息看作一个整体进行研究。本章将通过眼动实验来分析不同信息条件下高速公路认知行为。

在高速公路上通常由两到三个指路标志组成一个标志组为驾驶人提供信息，例如，在双向六车道的高速公路上，由三个指路标志组成指路标志组，其中两个指路标志表示直线信息，一个指路标志表示出口信息。驾驶人对指路标志组的认知行为不同于单一指路标志，如何提高指路标志信息有效性，促进驾驶人对指路标志的认知水平，减少交通事故的发生受到国内外学者和管理者高度关注与重视（王仁杰，2022）。

细化传统的驾驶人认知过程，构建新的认知行为模型是指路标志组信息有效性分析的一个重点问题。指路标志组上的信息分成三种不同类型，包括地点信息、方向信息和道路信息（图6-1）。它们传递给驾驶人的信息不同，其信息表达方式也不同，虽然前人对标志上信息的研究已较为成熟[信息数量（祖永昶等，2012；王振国，2018）、信息排列方式（许亚琛等，2018）、信息字体大小（张卫华等，2014；Wei et al.，2020）等]，但是将信息进行分类，判断不同信息敏感性差异的研究较少，人们对不同信息的敏感程度差异是否会对信息搜寻难易程度产生影响尚需进一步探究。

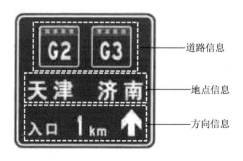

图6-1　信息分类图

研究问题 1：判断驾驶人对高速公路指路标志组中道路信息、地点信息和方向信息的敏感性是否存在差异？

虽然目前关于标志认知过程的研究已较为完善，但缺乏关于信息认知策略及信息认知顺序的研究。根据前人研究，人们的视神经元会优先对敏感度高的特征进行记录（王海燕等，2016），因此，可以通过眼动实验分析哪种信息是信息识别过程中的主要干扰因素，并结合眼动轨迹图与热点图判断驾驶人的认知策略是否与信息敏感性有关。

研究问题 2：如果不同信息敏感性存在差异，驾驶人的认知策略与信息敏感性是否相关？

目前关于认知模型的研究大多数是基于认知心理学，将人的认知过程分成不同的几个阶段，例如，隽志才等（2005）根据对人类感知行为（刺激—机体—反应）的经典模式进行拓展，将人对标志的识别过程分成四个阶段：注意阶段、识别阶段、判断阶段和行为阶段。该类模型对认知过程的描述不够细致，信息在认知模型中是如何传递的？不同信息传递顺序是否存在区别？这都是建立认知模型需要考虑的问题。

研究问题 3：如何基于 ACT-R 基本理论构建高速公路指路标志组信息搜索行为的认知模型？

前人的研究发现人对指路标志中不同种类的信息敏感程度存在差异（Ren et al.，2019），不同敏感性的信息对驾驶人的认知效率影响程度也不同，如在日常中色彩的搜索绩效是最好的，这是由于人对颜色的敏感性要高于其他视觉元素（王海燕等，2016）。本章拟通过眼动实验对不同信息的敏感性进行研究，选取扫视次数作为信息搜寻难易程度的评判标准，由此提出研究假设 H1，H2，H3。

H1：在驾驶人的行驶过程中，地点信息对驾驶人的认知效率影响最大。

H2：在驾驶人的行驶过程中，方向信息对驾驶人的认知效率影响最大。

H3：在驾驶人的行驶过程中，道路信息对驾驶人的认知效率影响最大。

驾驶人在行驶的过程中，不断接收着标志所传递的信息，驾驶人的认知系统是一个资源有限的系统，只能处理有限的信息。一般情况下，驾驶人的短时记忆为 5～9 条信息量（Miller，1994）。然而指路标志属于多义标志，在高速行驶的途中，驾驶人往往只会挑选具有代表性的信息，多余的信息会对驾驶人的认知效率产生消极影响，研究发现如何前往目的地是驾驶人需要的首要信息，而不是目的地的距离（Vilchez，2019）。因此，驾驶人在观察指路标志组时，会依次对不同种类信息进行搜寻，由此提出研究假设 H4。

H4：驾驶人在识别指路标志组时是按不同信息种类依次进行信息识别，驾驶人会先注意到敏感性高的信息，而敏感性低的信息一开始会被忽视。

6.1　指路标志组视认实验

6.1.1　实验目的

扫视次数（saccade count）是指某个兴趣区内人在搜索信息时眼睛扫视的次数，扫视次数越高意味着驾驶人在该指路标志组上搜寻信息越困难。本节将通过眼动实验获取扫视次数来分析不同信息条件下获取信息的难易程度，并根据眼动轨迹图和视觉热点图对假设进行验证。

6.1.2　实验准备

根据统计学原理，计算最小样本量：

$$n = \frac{z^2 \sigma^2}{E^2} \tag{6-1}$$

式中，E 为可接受误差，E 越小，样本量越大；z 的值可直接由估计中所用到的置信水平确定，即估计值的可靠性，z 越大，样本量越大；σ 为方差，σ 越大，样本量越大。

基于 95% 置信水平，误差控制在 10% 以内，根据统计量计算公式，本实验招募了来自安徽工程大学的学生志愿者，其中男女生共 20 人，年龄在 20~27 岁（被试者均持有驾驶执照，视力正常或矫正至正常，身体状况健康，均签订参与实验知情同意书），在实验前均了解了实验过程与实验任务。实验使用的是 ErgoLAB 人机环境测试云平台系统及 Tobii 眼动仪，在 120Hz 的采样频率下测试三种不同种类信息对驾驶人信息搜索的影响，为了减少实验误差，道路信息（道路编号）均使用一个大写的英文字母和两个阿拉伯数字组成，随机选取两个字的城市名称作为地点信息，实验使用的标志均由百度地图中搜索到的标志改编，为减少实验误差，针对三种信息的每一等级分别设计两张图片用于实验研究。

如表 6-1 所示，实验总共分成三组，第一组实验是探讨地点信息对驾驶人认知效率的影响，实验中保持道路信息与方向信息不变，只增加地点信息，地点信息（destination information，DI）分成五个等级（2DI、3DI、4DI、5DI、6DI）；第二组实验是探讨方向信息对驾驶人认知效率的影响，实验中保持道路信息与地点信息不变，只增加方向信息，方向信息（orientation information，OI）分为三个等级（1OI、2OI、3OI）；第三组实验是探讨道路信息对驾驶人认知效率的影响，实验中保持地点信息与方向信息不变，只增加道路信息，道路信息（road information，RI）分成三个等级（1RI、2RI、3RI），实验材料示例如图 6-2 所示。

表 6-1　实验材料

实验组	实验材料			实验目的
	地点信息	方向信息	道路信息	
第一组实验	数量依次增加	数量不变	数量不变	探讨地点信息对认知效率的影响
第二组实验	数量不变	数量依次增加	数量不变	探讨方向信息对认知效率的影响
第三组实验	数量不变	数量不变	数量依次增加	探讨道路信息对认知效率的影响

图 6-2　实验材料示例

6.1.3　实验流程

（1）实验环境：实验在自然光、无噪声的环境下进行，被试者自然坐立在屏幕前，眼睛距离屏幕 65～70cm。

（2）预实验：在正式实验开始前，对被试者进行培训，随机选取一组指路标志对被试者进行预实验，预实验使用的实验材料并不会在正式实验中出现。在实验开始前，告知被试者需要搜寻的目的地，要求被试者在接下来出现的指路标志组中搜寻到目标信息，当被试者完成目标信息搜寻后立即单击鼠标，以便熟悉实验过程。

（3）正式实验：被试者完成预实验熟悉实验流程后，开始进行正式实验。在每个指路标志组出现前告知被试者所需要搜寻的目标信息，当屏幕出现指路标志组后被试者开始搜寻目标信息，当被试者完成信息搜索立即单击鼠标，即为完成一次实验。每个被试完成三组实验，每位被试者完成所有实验大约需要 10min。

6.1.4　实验数据处理

本节采用的是 SPSS Statistics 23 统计软件对实验结果进行分析，由于被试者紧张、注意力不集中等因素，原始数据中存在部分异常值。首先通过箱线图对异常值进行剔除，其次对数据进行相关性分析，分析不同种类的信息对信息搜寻难易程度的影响，最后结合热点图和轨迹图对模型进行验证。

6.2　指路标志组视认实验结果

6.2.1　扫视次数结果

表 6-2 为第一组实验中 20 名被试者扫视次数数据。

表 6-2　第一组实验中被试者扫视次数（单位：次）

扫视次数	图1	图2	图3	图4	图5	图6	图7	图8	图9	图10
被试1	5	1	13	12	24	23	12	35	36	31
被试2	8	27	14	20	31	35	20	37	47	46
被试3	8	14	14	17	11	20	17	16	20	25
被试4	15	5	18	16	10	16	16	22	26	22
被试5	8	16	5	9	8	7	9	14	25	25
被试6	8	15	22	12	16	16	19	16	33	23
...	...	...	...	...	...	...	...	...	...	...
被试15	4	6	19	21	22	25	17	26	25	33
被试16	4	9	6	12	24	23	25	27	29	32
被试17	23	23	22	30	23	23	24	18	30	30
被试18	9	6	15	13	14	25	19	27	25	29
被试19	5	1	14	10	17	15	18	18	25	26
被试20	4	5	10	6	11	17	21	13	22	17

表 6-3 为第一组实验中地点信息与扫视次数相关性分析结果。

表 6-3　第一组实验相关性分析

		地点信息	扫视次数
地点信息	皮尔逊相关	1	0.380**
	显著性（双尾检验）	—	0
	N	186	186
扫视次数	皮尔逊相关	0.380**	1
	显著性（双尾检验）	0	—
	N	186	186

**表示 $P < 0.001$（双尾检验）

sig.值小于 0.05，且相关系数值大于零，由此可以推断扫视次数与地点信息之间具有显著的正相关关系，即扫视次数随着地点信息的增加而增加。图 6-3 展示了平均扫视次数与地点信息数量的关系。

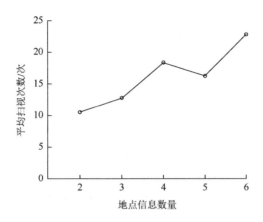

图 6-3　平均扫视次数与地点信息数量的关系

如图 6-3 所示，5DI 的扫视次数低于 4DI 的扫视次数，原因可能是 5DI 实验中搜寻的目标信息处于指路标志组靠近中间的位置，被试可能在第一时间就发现了目标信息，从而导致其扫视次数比正常情况要少。

表 6-4 为第二组实验中 20 名被试者扫视次数数据。

表 6-4　第二组实验中被试者扫视次数（单位：次）

扫视次数	图 1	图 2	图 3	图 4	图 5	图 6
被试 1	18	6	10	9	6	15
被试 2	22	33	42	24	28	21
被试 3	8	18	12	15	12	8
被试 4	9	21	19	14	14	19
被试 5	26	34	21	18	24	19
被试 6	17	14	18	26	26	21
...	...	...	...	...	...	...
被试 15	15	18	49	11	18	19
被试 16	22	7	8	7	4	15
被试 17	19	21	30	16	16	19
被试 18	14	12	11	5	10	13
被试 19	6	3	11	4	10	5
被试 20	9	12	14	9	17	15

表 6-5 为第二组实验中方向信息与扫视次数相关性分析结果。

表 6-5　第二组实验相关性分析

		方向信息	扫视次数
方向信息	皮尔逊相关	1	−0.008
	显著性（双尾检验）	—	0.935
	N	119	119
扫视次数	皮尔逊相关	−0.008	1
	显著性（双尾检验）	0.935	—
	N	119	119

如表 6-5 相关性分析结果所示，sig.值大于 0.05，因此，方向信息与扫视次数不具备显著相关性。

表 6-6 为第三组实验中 20 名被试者扫视次数数据。

表 6-6　第三组实验中被试者扫视次数　　　　　（单位：次）

扫视次数	图 1	图 2	图 3	图 4	图 5	图 6
被试 1	18	20	7	9	19	17
被试 2	14	24	40	24	29	24
被试 3	11	15	15	15	11	9
被试 4	15	16	6	14	18	16
被试 5	17	10	3	18	11	13
被试 6	17	15	18	17	13	18
...	...	...	...	...	...	...
被试 15	18	11	7	15	10	19
被试 16	18	7	15	15	7	10
被试 17	19	11	14	14	15	12
被试 18	10	3	8	6	5	4
被试 19	7	13	9	8	8	8
被试 20	20	23	31	12	31	12

表 6-7 为第三组实验中道路信息与扫视次数相关性分析结果。

表 6-7　第三组实验相关性分析

		道路信息	扫视次数
道路信息	皮尔逊相关	1	0.021
	显著性（双尾检验）	—	0.828
	N	114	109
扫视次数	皮尔逊相关	0.021	1
	显著性（双尾检验）	0.828	—
	N	109	109

如表 6-7 所示，道路信息与扫视次数也不具备显著相关性。

6.2.2　热点图

图 6-4 为实验的热点图。

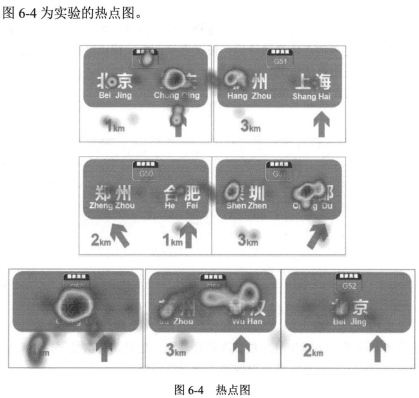

图 6-4　热点图

从以上热点图可以看出，驾驶人搜索信息的主要干扰目标都是地点信息，除搜寻目标的方向信息和道路信息外，基本没有热点汇集。

6.2.3　眼动轨迹图

图 6-5 是单一被试者的眼动轨迹。

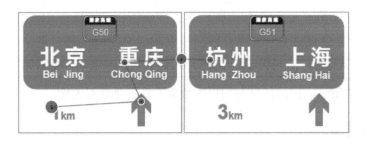

图 6-5　单一被试者眼动轨迹图

当目的地是重庆时，被试者第一个注视点落在杭州，第二、第三个注视点均落在重庆周围，完成地点信息搜寻后，被试者第四个注视点落在方向信息，随后第五个注视点落在距离信息上。

图 6-6 是被试者眼动轨迹的重合图。

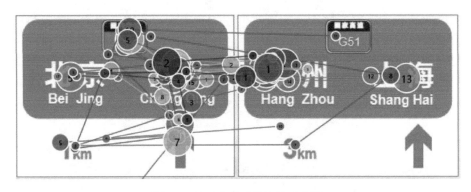

图 6-6　被试者眼动轨迹的重合图

由图 6-6 可见，地点信息是被试者首要获取的信息，其次是根据地点信息搜寻目的地信息的方向信息，最后根据需要搜寻道路信息。

6.3　指路标志组视认实验结果分析

本实验通过考察不同种类信息的敏感性高低，研究驾驶人在识别指路标志组时的认知策略。结果显示，指路标志组信息识别难易程度与地点信息之间存在显著的正相关关系，与方向信息与道路信息无显著的相关关系，这与研究假设 H1 相符，与假设 H2、假设 H3 相悖。这是由于在驾驶人的行驶过程中，地点信息的敏感性要高于其他两种信息的敏感性，地点信息具有更强的引导作用，地点信息越多，驾驶人越难以找到目的地信息，而方向信息和道路信息对信息识别难易程度的影响较小。

热点图表明，地点信息是驾驶人进行搜寻时的首要信息，驾驶人会在完成地点信息搜寻后根据地点信息完成方向信息和道路信息的搜寻，这与研究假设 H4 相符。已有的理论表明人的视神经元会优先对敏感性高的特征进行记录，由此可以推测驾驶人首先记录的信息是地点信息，当完成地点信息的搜寻后，才会对方向信息和道路信息进行搜寻，这与我们的实验结果也相符。

从轨迹图上可以看出，该被试者并没有收集道路信息，这说明道路信息并不是驾驶人需要获得的必要信息。在现实生活中，只有当驾驶人需要检验当前道路是否与导航一致时才会收集道路信息。通过观察被试者的眼动轨迹图也可以发现，"地点信息—方向信息—道路信息"搜寻策略是存在于驾驶人认知行为中的。

综上所述，①地点信息是指路标志组中敏感性最高的信息，对识别效率的影响最大；②当驾驶人注意到指路标志组时，驾驶人首先会在地点信息区域搜索目标信息，驾驶人其次需要的信息是如何前往目的地，因此驾驶人会搜索与目的地信息相对应的方向信息。道路信息用于检验与导航信息是否一致，因此驾驶人接收道路信息的情况较少出现。

参 考 文 献

隽志才，曹鹏，吴文静，2005. 基于认知心理学的驾驶员交通标志视认性理论分析[J]. 中国安全科学学报，15（8）：8-11，113.

王海燕，黄雅梅，陈默，等，2016. 图标视觉搜索行为的 ACT-R 认知模型分析[J]. 计算机辅助设计与图形学学报，28（10）：1740-1749.

王仁杰，2022. 考虑驾驶人认知过程的高速公路互通处指路标志组有效性评价研究[D]. 芜湖：安徽工程大学.

王振国，2018. 绕城高速公路出入口指路标志信息量及版面设置研究[D]. 西安：长安大学.

许亚琛，吕柳璇，黄利华，等，2018. 指路标志版面信息量与布局设计关系研究[J]. 公路交通科技，35（2）：109-114.

张卫华，钱小慧，冯忠祥，等，2014. 照度与视觉敏感度对驾驶辨识行为的影响研究[J]. 人类工效学，20（4）：62-66.

祖永昶，李娅，王运霞，等，2012. 城市道路指路标志信息量限值研究[J]. 交通信息与安全，30（6）：38-42.

Miller G A，1994. The magical number seven，plus or minus two：Some limits on our capacity for processing information. 1956[J]. Psychological Review，101（2）：343-352.

Ren G C，Zhao X H，Lin Z Z，et al.，2019. Research on the visual cognition patterns of exit guide sign viewing on freeway interchanges[J]. Advances in Mechanical Engineering，11（3）：168781401881953.

Vilchez J L，2019. A method to measure representativity and univocity of traffic signs and to test their effect on movement[J]. MethodsX，6：115-123.

Wei Z H，Xu J C，Wang S F，et al.，2020. Nighttime visual recognition performance of light emitting diode traffic signs[J]. Canadian Journal of Civil Engineering，47（9）：1050-1058.

第三篇　基于神经人因工程的 VDT 作业脑力负荷研究

第7章 绪 论

7.1 研究背景及意义

7.1.1 VDT 作业形式的迅速发展

视觉显示终端（VDT）作业是信息技术推广而产生的一种作业模式，作业者主要在屏幕端利用鼠标和键盘进行操作（顾力刚，2004）。《使用视觉显示终端（VDTs）办公的人类工效学要求 第 16 部分：直接操作对话》（GB/T 18978.16—2018）指出，用户直接在屏幕上操纵对象的作业都可以称为 VDT 作业，并且对象主要分为两类：任务对象和界面对象，其中对象未涵盖立体对象或虚拟现实技术的界面。VDT 是人机交互系统的重要组成部分，是人机实现交流的最主要渠道。随着工业 4.0、互联网＋、智慧工厂等新兴技术理论的提出，VDT 作业在新的工业革命形式下势必得到进一步发展。依赖于计算机信息存储量大、高效、处理速度快等特点，VDT 成为现代办公不可或缺的工具。

随着信息技术的发展，现代工作越来越倚重计算机及互联网。尤其全球新冠疫情的蔓延，更是推动了社会数字化转型的浪潮。例如，VDT 作业模式中典型的远程办公，据 CNNIC（China Internet Network Information Center，中国互联网络信息中心）第 47 次调查报告，截止到 2020 年 12 月，我国远程办公用户规模达 3.46 亿人，2020 年下半年远程办公用户增长率达 73.6%。在新冠疫情防控常态化的背景下，越来越多的企业建立起科学完善的远程办公机制，互联网行业在抵御新冠疫情和疫情常态化防控等方面发挥了积极作用。据腾讯科技统计，企业微信服务的用户数量从 2019 年底的 6000 万人增长到 2020 年 5 月的 2.5 亿人、2020 年年底的 4 亿人。计算机、各种手持设备或者屏显设备的使用，VDT 作业更加普遍。

随着信息技术的融入，不同于传统桌面作业形式，VDT 作业通常是久坐作业、需要更多的认知资源和注意力，具有体力资源需求较低和脑力资源需求较高等特点（Di Stasi et al.，2011），但是这种资源利用的不平衡更容易诱发脑力疲劳（Ahmed et al.，2016）。以往研究较多关注视觉危害、肌肉骨骼症等，对于 VDT 作业脑力负荷方面的研究还不够深入。Papagiannidis 和 Marikyan（2019）在对办公发展的综述研究中发现，以往研究聚焦于设备时，相关研究热词主要集中在计算机、传感器、能源、温度和照明系统。从中可以看出 VDT 是研究者关注的主要方面之一。因此，如何针对 VDT 这一工作模式，分析其脑力负荷的累积规律，探索更加准确的脑力负荷测量方式，及时采取预防措施防止脑力疲劳的发生是人因工程领域亟待解决的科学问题。这一问题的有效解决不仅能够定量化脑力负荷，根据采集的数据预测脑力疲劳的发生，还能够为企业进行工作设计提供指导，从而保证工作者作业效率和身心健康。

7.1.2　VDT 作业带来的影响

VDT 的使用增加了相关的职业风险。相关研究表明，长时间 VDT 的使用能够诱发各方面的职业危害：视觉综合征，如视觉疲劳、眼部疾病、视力下降等（朱祖祥和吴剑明，1989；田华等，2000；Blehm et al.，2005；Lin et al.，2008）；肌肉骨骼症，如肌肉疲劳、不适、肌肉疼痛、痉挛及麻木等（Bergqvist et al.，1995；Blehm et al.，2005）；病态建筑综合征（Kubo et al.，2006）以及压力、失眠等（Giahi et al.，2015）。

VDT 作业带来职业风险的同时改变了工作性质，极大提升了工作效率。VDT 情景下的工作对于体力负荷的要求普遍降低，对脑力负荷的需求显著增加，越来越多的人运用 VDT 来处理比较复杂的脑力工作和网络环境下的操作工作。大量的工作信息通过 VDT 呈现给作业者，他们每天需要处理数量庞大的信息。VDT 作业对脑力和视觉资源需求更为突出，静态作业、压力状态下劳动负荷更为常见（Borghini et al.，2014）。目前已有很多研究者开展了 VDT 作业对身体健康的影响（如造成的视觉疲劳、肌肉骨骼劳损）以及 VDT 作业设计等研究工作，但是关于 VDT 作业脑力负荷的研究还不够。以往研究虽然在体力疲劳如肌肉疲劳方面取得了丰富的成果，大大降低了这类疲劳造成的伤害，但是对于脑力负荷的研究还不够完善，尤其是针对日益普遍的 VDT 作业的脑力负荷研究。传统脑力负荷测量的应用领域主要针对特殊的行业，如汽车驾驶、飞机操控、核电控制室、医疗服务等（Borghini et al.，2014；Gao et al.，2013；Holden et al.，2015；Wang et al.，2016）对注意力要求较高的工作，但是对于在日常生活和工作中普及的 VDT 作业引发的脑力负荷研究还不够完善，尤其是未来智能办公场景下的 VDT 作业。

脑力负荷及疲劳预防的研究一直是人因工程领域的重要课题之一。通常将脑力负荷定义为满足工作需求所占用的信息处理资源（Wickens，2008）。脑力负荷的准确衡量能够有效降低人为失误、提升工作效率及预防脑力疲劳的发生，脑力疲劳则是脑力作业中或之后伴随长时间认知活动的持续而产生的一种心理生理状态（Mandrick et al.，2016）。随着脑力资源的消耗逐渐累积，脑力疲劳直接导致对接收信息的处理效率降低，长时间持续工作的人更容易犯错并且反应更加迟钝。

脑力负荷过高或者过低都不利于人们工作效率的提升，过低的脑力负荷需求会使人们在处理信息时觉得工作无聊，而过高的脑力负荷需求则不利于身心健康，会导致工作效率的下降和人为失误的上升（Xie and Salvendy，2000）。因此对于人与其他技术设备交互过程中的脑力负荷测量已经受到人机工程、人因工程、管理学、信息系统等领域的关注，而脑力负荷测量一直是这一领域研究的难题。近年来一些学者对脑力负荷的定义提出了质疑，他们认为脑力负荷应该具备多维性，单独的某一指标不足以反映人们的脑力负荷状况（Matthews et al.，2015；Young et al.，2015）。对脑力负荷定义的重新思考也引发了对传统脑力负荷测量方法的改进。近年来神经和生理测量方法因具有数据采集实时性、不打扰被试、精度高等特点而被研究者广泛采用（Parasuraman and Wilson，2008；Young et al.，2015），为脑力负荷测量提供了新的思路。脑力负荷具有多维性、动态性、主观性以及环境相关性等特征（Matthews et al.，2015），亟待探索脑力负荷的多模式测量方法，揭示脑力负荷的累积规律，准确评估工作的脑力负荷水平，从而及时预防脑力疲劳。

7.1.3　研究的意义

在人机交互系统中，随着科技的发展，如智能制造等技术的发展，VDT 作业中人已经成为最脆弱的环节，是影响系统可靠性的关键。随着单调重复作业、体力作业的减少，未来作业更加呈现出脑力负荷需求较高的特点。针对问题拟探索VDT 持续作业对脑力负荷的影响，揭示其脑力负荷的累积规律，找出影响其脑力负荷的关键因素，对于准确预测脑力疲劳的发生具有重要作用。同时也能提升人机作业系统中人的可靠性和身心健康。根据脑力负荷的累积规律，通过工效学干预措施，使脑力负荷维持在最佳水平，在不影响其作业效率的基础上，保证人员的身心健康。在脑力负荷累积规律和多模式测量的基础上，构建多模式测量数据驱动的脑力负荷预测模型，则是探索脑力负荷的定量评估模型。为分析脑力负荷和作业绩效关系提供理论基础，从而推进工效学干预方法的研究，保证干预方法的有效性。相关研究成果是对人因工程有关脑力负荷研究的有益补充和完善。能够帮助企业了解 VDT 作业的脑力负荷产生过程，为工作设计或者人机交互系统设计提供依据和实践指导。

因此，如何针对 VDT 作业的特征分析其脑力负荷的影响因素，解析这一工作模式下脑力负荷的累积规律？如何全面准确测量脑力负荷？如何确定不同测量指标之间的关系及有效性？如何根据多模式测量数据预估工作者未来发生脑力疲劳的概率等？这些问题不仅是企业在作业设计时迫切需要解决的问题，而且是人因工程领域需要深入研究的关键课题。

7.2　VDT作业形式及特征

7.2.1　VDT作业的形式

VDT作业是指利用各种屏显设备进行工作的总称，是随着计算机技术和信息技术发展起来的劳动形式，VDT办公中人的交互对象是VDT办公系统，主要包括显示器、主机、输入设备等。VDT作业的发展直接受显示设备发展的影响。最初大多数显示器主要用于军事用途，如20世纪60年代IBM（International Business Machines Corporation，国际商业机器公司）大规模生产的VDT主要用于交互式应用系统的在线数据录入（Helander and Rupp，1984）。这一时期显示器主要是阴极射线管（cathode ray tube，CRT），这种显示器上呈现的信息都是弯曲的，弯曲的屏幕造成了图像失真及反光现象，因此这一时期的VDT作业带来的影响主要表现在视觉健康问题上（Marriott and Stuchly，1986）。随着信息技术的发展和作业要求的变化，尤其是Windows操作系统的发展，显示器可以和主机之间进行信息交换，VDT作业形式也变得更加多样化，其操控方式也从普通的按键式变成新颖的单键飞梭。人们可以通过菜单来控制屏幕信息等，这种操作方式可以通过和按键的结合以量化的方式将屏幕的调节情况直观地显示出来，可用性较强，极大地提升了VDT作业的效率。

进入21世纪，人们的工作越来越倚重计算机，大量的数据和信息需要交给计算机来处理，人们只需通过操作设备如键盘、鼠标、触摸屏等实现任务的操作。现代VDT作业的信息处理系统、屏显设备更加集成化、智能化，交互方式也更加多样化。顾力刚（2004）将VDT作业类型划分为文字处理、人机对话、数据录入三大类。尽管现代VDT的形式发生了很大变化，如手持式、各种智能终端、机器人等，但是现代VDT作业的类型并没有发生大的变化，人们的工作方式更具灵活性，VDT作业设备更加多样化，如图7-1所示。

　　　　(a) 传统屏显操控作业　　　　　　　　　　(b) 人机协作式VDT作业

(c) 手持式VDT作业 (d) 智能式VDT作业

图 7-1 VDT 操作设备的主要形式

按照作业形式，现在 VDT 可以分为传统办公室作业，即各种编程、程序操作等，如图 7-1（a）所示；半 VDT 作业，如智能工厂中的人机协作，如图 7-1（b）所示，人们通过屏显设备和机器人实现任务的协作与对话，在这一过程中可能并不需要 VDT 的全程参与，作业过程中的作业形式可以是语音交互和手势交互等；移动 VDT 作业，人们利用各种手持设备实现数据录入、发送、信息扫描等，如现代物流作业场景，如图 7-1（c）所示；基于传统交互模式的机器人操作，如人型机器人的作业，通过传统人机界面交互实现任务的完成，如图 7-1（d）所示；当然也包括特殊 VDT 作业，如军事设备指挥系统、车载显示屏操作、飞机驾驶舱显示屏操作等。尽管研究者将在直接操作对话中，用户直接在屏幕上操纵对象的作业都称为 VDT 作业，但是并没有明确说明 VDT 使用的比例。在此，作者认为 VDT 作业还要加上一个条件，即必须通过 VDT 来实现主要任务的完成，在工作过程中需要依赖 VDT 进行数据处理、信息显示、人机交互等。

7.2.2 VDT 作业的特征

VDT 作业可以看作一种人机交互式的作业，借助计算机、显示器、键盘、鼠标等设备来实现任务的完成，工作人员需要集中注意力来接收和处理显示器上显示的各种图片、文字信息以及音响发出的声音信息，然后通过输入设备与计算机设备进行对话和交互来完成相应的任务。在这一过程中，操作人员需要集中注意力、不需要太大的肢体动作或走动、不断从各个设备点切换视线。此外操作空间和环境也有一定的特殊要求，如作业台的高度、视距、视野、亮度等（Helander and Rupp, 1984）。因此，VDT 作业的特点和 VDT 工作的性质、工作内容和环境等有关。下面将针对 VDT 的工作形式进行作业特点分析。

（1）人体资源需求不均。在传统 VDT 作业中，尤其是办公室作业，表现出久坐的特点。作者在 2020 年对办公室 VDT 作业人员工作负荷的调查研究中发现（Ding et al., 2020），被调查的 375 名办公室作业人员，超过一半的人员每天久坐时间在 5～8h，27.2%的人员超过 8h，超过 80%的人反映有肌肉不舒适症状，其中颈肩部、下背部、臀部为主要不适部位。另外一项针对特殊 VDT 作业者即财务人员的调查研究显示（杨智会等，2019），视觉疲劳发生率为 77.2%，工作疲劳发生率为 66.3%。可见传统 VDT 作业的显著特点表现为久坐、局部肌肉系统负荷大等，造成颈肩部、肘部等部位需求过高，产生的健康危害则主要表现为肌肉骨骼症。此外，与纸张不同的是，显示器以一定的速度刷新，并且显示界面由不同的背景和前景组合组成，产生不同对比色的物体，影响视觉疲劳，并可能导致计算机视觉综合征的爆发（Gowrisankaran and Sheedy，2015；Lecccsc et al.，2016）。

（2）精神压力大。针对办公室作业者的调查发现，在美国，心理健康不良每年造成的损失约为 440 亿美元和 2 亿工作日，而在欧洲，职业压力占工作日损失的 50%～60%（Dagenais-Desmarais and Savoie，2012）。《2019 年白领 8 小时生存质量调研报告》显示，超过 80%的白领要经常加班。

（3）工作负荷高、节奏快。借助 VDT 和计算机，大量的数据和信息可以快速被读取到系统中，屏幕上呈现出大量的信息需要人的信息处理系统加工，人们需要快速读取这些信息并且及时作出响应。这一交互系统可以看作感知觉系统获取办公系统的信息，经过中枢神经系统的加工处理，对运动（反应）系统下达指令，做出各种操作作业。但由于屏幕尺寸有限，操纵员需要通过导航、搜索和切换画面等方式寻找所需要的信息，界面管理任务增加。在此过程中，计算机处理速度快、信息呈现多样，作业者需要及时获取任务的有效信息，此类任务脑力资源消耗很大（Di Stasi et al.，2011）。

参 考 文 献

顾力刚，2004. VDT 作业及其管理研究[D]. 武汉：华中科技大学.

田华，余青，杨玉兰，2000. VDT 作业对眼与视觉功能的影响[J]. 工业卫生与职业病，26（5）：312-314.

杨智会，许业玲，丁一，2019. 财务人员工作疲劳现状及改善对策研究[J]. 安徽农业大学学报（社会科学版），28（1）：82-87.

朱祖祥，吴剑明，1989. 视觉显示终端屏面亮度水平和对比度对视疲劳的影响[J]. 心理学报，21（1）：35-40.

Ahmed S，Babski-Reeves K，DuBien J，et al.，2016. Fatigue differences between Asian and Western populations in prolonged mentally demanding work-tasks[J]. International Journal of Industrial Ergonomics，54：103-112.

Bergqvist U，Wolgast E，Nilsson B，et al.，1995. Musculoskeletal disorders among visual display terminal workers: Individual，ergonomic，and work organizational factors[J]. Ergonomics，38（4）：763-776.

Blehm C，Vishnu S，Khattak A，et al.，2005. Computer vision syndrome: A review[J]. Survey of Ophthalmology，50（3）：253-262.

Borghini G，Astolfi L，Vecchiato G，et al.，2014. Measuring neurophysiological signals in aircraft pilots and car drivers for the assessment of mental workload，fatigue and drowsiness[J]. Neuroscience and Biobehavioral Reviews，44：58-75.

Dagenais-Desmarais V，Savoie A，2012. What is psychological well-being，really? A grassroots approach from the organizational sciences[J]. Journal of Happiness Studies, 13 (4): 659-684.

Di Stasi L L, Antolí A, Gea M, et al., 2011. A neuroergonomic approach to evaluating mental workload in hypermedia interactions[J]. International Journal of Industrial Ergonomics, 41 (3): 298-304.

Ding Y, Cao Y Q, Duffy V G, et al., 2020. It is time to have rest: How do break types affect muscular activity and perceived discomfort during prolonged sitting work[J]. Safety and Health at Work, 11 (2): 207-214.

Gao Q, Wang Y, Song F, et al., 2013. Mental workload measurement for emergency operating procedures in digital nuclear power plants[J]. Ergonomics, 56 (7): 1070-1085.

Giahi O, Shahmoradi B, Barkhordari A, et al., 2015. Visual Display Terminal use in Iranian bank tellers: Effects on job stress and insomnia[J]. Work, 52 (3): 657-662.

Gowrisankaran S, Sheedy J E, 2015. Computer vision syndrome: A review[J]. Work, 52 (2): 303-314.

Helander M G, Rupp B A, 1984. An overview of standards and guidelines for visual display terminals[J]. Applied Ergonomics, 15 (3): 185-195.

Holden R J, Brown R L, Scanlon M C, et al., 2015. Micro-and macroergonomic changes in mental workload and medication safety following the implementation of new health IT[J]. International Journal of Industrial Ergonomics, 49: 131-143.

Kubo T, Mizoue T, Ide R, et al., 2006. Visual display terminal work and sick building syndrome: The role of psychosocial distress in the relationship[J]. Journal of Occupational Health, 48 (2): 107-112.

Leccese F, Salvadori G, Rocca M, 2016. Visual ergonomics of video-display-terminal workstations: Field measurements of luminance for various display settings[J]. Displays, 42: 9-18.

Lin Y H, Chen C Y, Lu S Y, et al., 2008. Visual fatigue during VDT work: Effects of time-based and environment-based conditions[J]. Displays, 29 (5): 487-492.

Mandrick K, Chua Z, Causse M, et al., 2016. Why a comprehensive understanding of mental workload through the measurement of neurovascular coupling is a key issue for neuroergonomics? [J]. Frontiers in Human Neuroscience, 10: 250.

Marriott I A, Stuchly M A, 1986. Health aspects of work with visual display terminals[J]. Journal of Occupational Medicine, 28 (9): 833-848.

Matthews G, Reinerman-Jones L E, Barber D J, et al., 2015. The psychometrics of mental workload: Multiple measures are sensitive but divergent[J]. Human Factors, 57 (1): 125-143.

Papagiannidis S, Marikyan D, 2019. Smart Offices: A productivity and well-being perspective[J]. International Journal of Information Management, 51 (April): 102027.

Parasuraman R, Wilson G F, 2008. Putting the brain to work: Neuroergonomics past, present, and future[J]. Human Factors, 50 (3): 468-474.

Wang L J, He X L, Chen Y C, 2016. Quantitative relationship model between workload and time pressure under different flight operation tasks[J]. International Journal of Industrial Ergonomics, 54: 93-102.

Wickens C D, 2008. Multiple resources and mental workload[J]. Human Factors, 50 (3): 449-455.

Xie B, Salvendy G, 2000. Review and reappraisal of modelling and predicting mental workload in single-and multi-task environments[J]. Work & Stress, 14 (1): 74-99.

Young M S, Brookhuis K A, Wickens C D, et al., 2015. State of science: Mental workload in ergonomics[J]. Ergonomics, 58 (1): 1-17.

第 8 章　相关理论及文献综述

8.1　脑力负荷相关理论

8.1.1　脑力负荷的概念

脑力负荷（mental workload），比较相近的术语有认知负荷（cognitive workload）、心理负荷、心理努力（mental effort）等。严格意义上讲脑力负荷与以上概念有一定的区别（Paas et al.，1994）。心理负荷较脑力负荷范畴大，心理负荷不仅包括脑力负荷，还包括情绪负荷、心理压力等。研究者通常认为认知负荷与脑力负荷本质上差别不大，都是关于人在不同的工作和任务中大脑信息处理能力与所消耗的心理资源之间的关系（孙崇勇，2012）。心理努力通常作为脑力负荷的一个维度（Hart and Staveland，1988）。西方国家早在 20 世纪 70 年代就脑力负荷进行了大量的研究工作，出版了大量的学术著作，还专门组织召开了专题讨论，如 1977 年召开的"脑力负荷的理论和测量"专题学术会议，主要就脑力负荷的定义、测量方法进行了系统讨论，极大地推动了脑力负荷的研究（Moray，1979）。在这一时期，脑力负荷真正成为人因工程领域的重要研究课题（Moray，1979）。最初脑力负荷被简单地定义为完成一项工作所需要的脑力资源。脑力负荷自产生起就受到各个领域的关注，国内外关于脑力负荷的文献急剧攀升（图 8-1）。但是对于脑力负荷的定义仍然没有统一的定论（Young et al.，2015）。目前普遍认为脑力负荷是一个多维的概念（Matthews et al.，2015；Young et al.，2015），受到任务性质（characteristics of the task）、操作者特征（characteristics of the operator）和环境的影响（Young et al.，2015）。

O'Donnell 和 Eggemeier（1986）将脑力负荷定义为工作者用于完成特定任务所需要的信息处理能力，而脑力负荷测量就是对这部分信息处理能力的测量。Hart 和 Staveland（1988）认为脑力负荷是个体知觉的心理加工能力或资源与任务需求量之间的关系。Proctor 和 van Zandt（2008）将脑力负荷定义为在一定时期内完成给定任务所需的脑力工作量或努力程度。Young 等（2015）将脑力负荷定义为工作者为满足客观和主观的业绩标准而付出的注意力大小，与任务需求、个人差异、环境等因素有关。廖建桥（1995）将脑力负荷定义为人的信息加工系统进行信息加工时其资源被占用的程度，脑力负荷由两个方面的因素决定（时间压力和信息

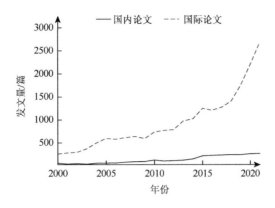

图 8-1 国内外脑力负荷为主题的发文量趋势

量),并通过一定时间内信息处理量来表示脑力负荷强弱。肖元梅(2005)认为脑力负荷一般涉及工作要求、时间要求、劳动者的能力及努力程度、行为表现和其他因素。崔凯等(2008)认为,脑力负荷是形容人在工作中的心理压力或信息处理能力的一个概念。多资源理论指出人在信息处理过程中的心理资源并不是单一的,而是一组性质类似、功能有限且容量一定的心理资源(Wickens,2008)。这一类脑力负荷的定义一般从注意资源的需求出发研究完成相关工作要求引起的注意资源变化,但是这一定义并没有考虑人们的体验、脑力负荷由于人们学习所具有的动态性以及随着年龄变化能力下降等。同样,外界任务也是多样的,并不是单一的,这种多资源和多任务特征决定了脑力负荷定义必须从多维性的角度出发(Wickens,2008;Matthews et al.,2015;Young et al.,2015)。

8.1.2 脑力负荷的理论基础

从研究者关于脑力负荷的定义可以看出,脑力负荷与人的认知资源关系密切,并且是分析操作者绩效的重要因素之一(Laughery et al.,2006)。优化脑力负荷可以避免出现超负荷或过低负荷,保证操作者资源的合理分配、避免操作失误和提高系统安全性。从前述关于脑力负荷的定义研究中可以看出,脑力负荷主要涉及认知资源的利用,包括注意、工作记忆等,因此认知资源的相关理论是定义、测量和优化脑力负荷的基础。

1. 注意资源有限理论

Kahneman(1973)提出了著名的注意资源分配模型(图 8-2),强调注意能量的有限性(attention resource-limited),注意的有限性不是过滤器作用的结果,而是受到了从事操作的有限心理资源的限制。人的认知资源（cognitive capacity）是有限的，而注意资源有限性体现了认知资源的有限性。人会将认知资源分配给操作的任务，当同时执行多项任务时，只要所需认知资源不超过人的总体认知资源，就会将认知资源分配给这些任务，并且认知资源分配根据任务重要性等存在一定的差异。一旦执行这些任务所需的认知资源超出人所具备的认知资源总量，就会发生认知负荷超载（cognitive overload），从而影响系统效率（黄希庭，1991）。同时，认知资源的总量并不是一成不变的，它受到主体唤醒水平（arousal level）的影响。

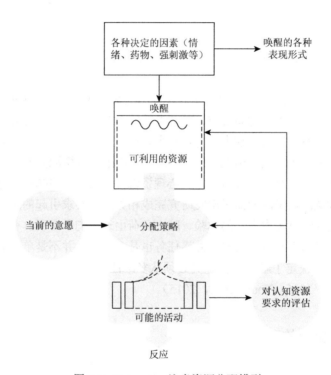

图 8-2　Kahneman 注意资源分配模型

从图 8-2 可以看出：完成某项任务时需要一定的认知资源；操作者可利用的认知资源受到多种因素的影响，如情绪、刺激强度等；多项任务可以共用认知资源，并且认知资源是有限制的；在主观意愿的控制下，认知资源根据操作者对任务要求的评估进行分配；在操作任务时，只有同时进行的几项任务所需认知资源总和不超过认知资源总量时，同时操作几项任务是可能的。

2. 多重资源理论

多重资源理论（multiple resource theory，MRT）是认知资源理论中较为代表性的理论，是由 Wickens（2008）提出的。他认为人的信息处理资源不是单一的，而是可以同时使用不同的资源。并且构建了认知资源的四维模型（图 8-3）：处理的阶段、编码、模态和通道。其中处理的阶段（stages of processing）维度表示感知和认知任务中行动选择与执行对不同资源的利用；处理的编码（codes of processing）维度表明空间活动使用资源和语言活动不同；通道维度听觉和视觉感知使用不同的资源；第四维度则是嵌套于视觉资源之中的维度，主要是中央视野与周围视野的不同处理过程。

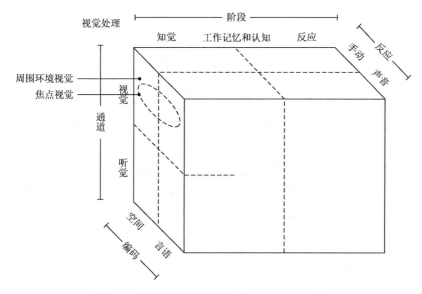

图 8-3　四维多重资源理论（Wickens，2008）

　　Wickens（2008）认为多重资源理论与脑力负荷存在一定的差异，多重资源理论模型是在认知资源需求、资源重叠、分配策略三个成分的基础上构建起来的，而脑力负荷更多地与认知资源需求相关。根据认知资源理论，脑力负荷可以简单理解为作业者的认知资源的总量与完成任务所需认知资源之间的关系。认知资源的占用受到两个因素的影响：信息处理强度和时间占有率（柯余峰，2017）。脑力负荷随着信息处理强度和时间占有率的增加而增加。脑力负荷的实验研究大都会采用控制实验任务的难度来实现脑力负荷水平的控制。

8.2　脑力负荷测量的方法

　　脑力负荷基本概念和定义的不统一也促使研究者对其测量方法进行不断探

索。脑力负荷并不能直接被测量得出，而是间接通过测量一些与之相关的变量进行评估，目前脑力负荷测量的方法主要有三类：主观测量、行为绩效测量和生理测量（柳忠起等，2003；Longo，2015；Heine et al.，2017），并且都有各自的优缺点，适用于不同环境下的不同作业。传统脑力负荷测量方法如主观测量方法 NASA-TLX（National Aeronautics and Space Administration task load index，美国国家航空航天局任务负荷指数）量表（Hart and Staveland，1988）和 SWAT（subjective workload assessment technique，主观负荷评价法）量表（Reid and Nygren，1988）等，虽然易于执行和分析，但是主要是事后测量的方式，结果有效性不容易保证（Longo，2015；Young et al.，2015）。因此更加客观的测量方法不断被提出，如行为绩效测量（主任务和辅助任务法）（Tsang and Vidulich，1986；Ryu and Myung，2005）以及生理测量方法（神经反应、眼动以及心电三大类）（Parasuraman and Wilson，2008；Borghini et al.，2014；So et al.，2017）能够弥补传统主观测量的不足。目前这些测量方法各有优缺点，如行为绩效测量方法中主任务测量是任务绩效的直接反映，适用于长时间脑力负荷的测量。但是当工作者同时进行多项任务操作时行为绩效测量方法不能有效区分它们的绩效（Longo，2015；Young et al.，2015）。生理测量方法能够实时地记录工作者相关数据，并且具有很高的测量敏感度，这种测量方式不会对工作者的工作绩效产生干扰，但是容易受外部因素的干扰，需要专门的数据采集设备，而且对数据采集者和分析者的专业技术水平要求较高。目前的脑力负荷测量方法各有优缺点并且其适用环境也不一样。

8.2.1　主观测量法

主观测量法是指作业人员根据自身主观感受对任务的脑力负荷进行事后评估的方法，是脑力负荷领域发展最早，也是最容易使用的方法。作业人员根据描述脑力负荷的语句进行自我主观体验的评估（Sheridan，1980）。脑力负荷的主观评估通常是采用量表或问卷的形式，Cooper-Harper 量表是评估脑力负荷的最早量表之一。该量表最早用来评估飞机的飞行特点和易操作性。研究者指出该量表用于脑力负荷评估是有前提的，即假定操作难度与负荷有直接的关系（Williges and Wierwille，1979）。Wewerinke（1974）已经证实了 Cooper-Harper 量表用于评估脑力负荷的有效性，并且发现主观难度评估和客观负荷水平有显著的相关性（相关系数 0.8）。刘宝善（1997）为国内较早对这一量表进行脑力负荷测量的学者之一，并且通过两型飞机驾驶员进行调查，发现该量表在脑力负荷评价中是适用的和准确的。NASA-TLX 是脑力负荷评估领域中另一个较为广泛使用的主观评估方法，该方法是 Hart 和 Staveland（1988）开发的多维度量表，主要从脑力需求（mental demand）、体力需求（physical demand）、时间需求（temporal demand）、主观绩效

（performance）、努力程度（effort）和挫败感（frustration）六个维度评估脑力负荷。被试根据任务执行中的主观感受进行打分（0～100 分），然后将六个维度两两组合分成 15 组，被试选出与脑力负荷相关度较高的维度，根据选择次数确定每个维度的权重，最后根据每个维度的权重和得分计算主观评分，加权分数总和表示脑力负荷水平。其他常用的主观评估量表还有 SWAT 量表、MRP（multiple resources questionnaire）量表（Boles and Adair，2001）。王洁等（2010）基于多资源理论从视觉、听觉、认知和运动反应四个信息处理源将操作者的行为分为 28 种要素，分别从同时进行的行为数、任务难度、同信息源冲突、同处理阶段冲突四个方面对行为序列进行评估，从而得到操作者的脑力负荷水平。除了多维量表，还有单一维度的量表，比较常用的是心理努力程度评估量表（rating scale mental effort，RSME）（Zijlstra and van Doorn，1985）。单一维度脑力负荷主观量表缺乏诊断性，多维脑力负荷主观量表则能够反映任务性质需求的相关信息（Hill et al.，1992）。

主观评估量表测量直接、便捷和低成本，一度被认为是评估脑力负荷的最佳方法（Zhang and Luximon，2005）。与其他方法相比，主观评估量表可以应用于新的场景和环境（Hill et al.，1992），并且对特殊设备和培训的需求较低（Baldwin，2003）。但是主观评估量表的时间分辨率比较差，要求操作者根据的主观感受评估负荷水平会受到很多被试意识不到的因素的影响（Svensson et al.，1997）。也有研究者表明，脑力负荷主观评估结果和任务绩效不具有相关性。脑力负荷的主观评估方法是有价值的，但是依赖这种单一的方法可能会有风险（Vidulich and Wickens，1986）。

8.2.2　任务绩效法

研究学者认为任务需求的大小可以影响脑力负荷从而影响任务绩效，随着任务需求的变化，脑力负荷和任务绩效呈现一定的关系（Hancock and Warm，1989；李文斌等，2020）。根据操作者作业绩效来评估其脑力负荷的方法称为脑力负荷的绩效测量法，目前主要包括主任务绩效测量和次任务绩效测量两种方法。其中主任务绩效测量指被试在执行分配任务时的脑力负荷水平，该方法认为随着任务难度不够或者过难，都会造成任务绩效的下降（Wilson and Rajan，1995；de Waard，1996），即脑力负荷和任务绩效呈现倒 U 形关系。如驾驶作业中常用的边缘检测任务（peripheral detection task），该任务认为视觉注意随着负荷的提升而变窄（Young et al.，2015）。在任务中，被试带着一个绑着 LED 灯的头带，每隔 3～5 秒就会亮，当被试看到灯亮的时候就用食指按下开关，然后测量被试的反应时间和没有及时反应的次数（Schaap et al.，2013）。尽管主任务绩效测量法应用广泛，但是在实践中得到的结果却不一样，有的研究认为主任务绩效测量是最好的脑力负荷测量方法之一，但有的研究却发现这一测量方法并没有用（Jordan，2010）。Rubio 等（2004）指出主任务绩效测量法用于测量复杂且高度自动化、现代化系统的脑力负荷是十分困难的。Jordan（2010）指出基于绩效的用户界面评估十分有用，但是作为脑力负荷评估的指标可能是具有挑战性的，甚至是不合适的。

由于主任务绩效测量在某些水平脑力负荷的测量上灵敏度较低，次任务绩效测量则能表现出较高的灵敏度。次任务绩效测量要求作业人员在一定时间内同时执行两项任务，是通过测量次任务的绩效来间接评估作业者的脑力负荷（廖斌等，2014）。次任务绩效测量法是基于人的信息处理资源有限理论的假设进行的（李文斌等，2020）。多资源理论认为，作业者在执行任务时需要消耗不同的资源（Wickens，2008）。因此，只有消耗与主任务相同的认知资源时（Proctor and van Zandt，2008），次任务绩效测量法才最灵敏。研究中常用的次任务有视觉选择反应、心算任务、信息辨识等（Wierwille et al.，1977；Verwey，2000）。然而次任务绩效测量也有一些缺陷，其中最主要的缺陷是次任务的高度嵌入性，因而对主任务绩效产生影响（O'Donnell and Eggemeier，1986）。

8.2.3　生理测量法

生理测量可以连续、客观地反映脑力负荷的变化情况，对于实时评估操作者的状态非常有用（Veltman and Gaillard，1998）。目前常用的脑力负荷生理测量方法主要有中枢神经系统指标（主要包括脑和眼电活动）和外周神经系统指标（Rowe et al.，1998）。脑力负荷的生理测量法认为作业者在任务执行过程中其脑力负荷的波动会诱发相应生理指标的变化，借助相应的设备采集作业者执行任务过程中实时的生理信号，如脑电、心电、呼吸、皮电、眼动以及功能性近红外光谱等。

1. 神经人因工程

神经人因工程一词最早由 Parasuraman（2003）提出，并将其界定为研究人类在技术使用、工作、休闲、运输、医疗保健及其他活动中神经功能与身体状态的科学。神经认知科学已经被广泛应用于管理科学、营销学、工业工程等领域（马庆国等，2012）。尽管对于脑力负荷的定义仍然没有一个定论，但是公认脑力负荷是作业时利用的脑力资源，而神经电生理学的发展能很好地帮助人因学研究者更好地了解脑力负荷（Mandrick et al.，2016）。目前主要用于测量脑力负荷研究的神经电生理技术包括 fNIRS 和 EEG。其中头皮脑电主要是利用电极帽（安放在头皮的电极通常按照国际 10～20 标准进行分布）采集被试头皮表面的电信号，本书基于前期对 EEG/ERP 技术的研究工作以及实验室设备限制，主要从 EEG

相关方面进行文献综述。目前脑电测量技术主要分为 EEG 和 ERP。其中 EEG
通常用五种频带指标（魏景汉等，2008），即 δ（0.5～4Hz）、θ（4～8Hz）、α（8～
13Hz）、β（13～25Hz）和 γ（>25Hz）。其中 α 和 θ 是最常用的测量脑力负荷的
脑电指标，随着脑力负荷的上升，α 和 θ 节律波能量值变大（Rugg and Dickens，
1982）。一些研究者发现，α 节律波能量值随着脑力负荷上升会变小，但是 θ 节
律波能量值变大（Brouwer et al.，2012）。So 等（2017）通过使用无线单通道
EEG 设备，提出了一种简易可行的用来评估动态脑力负荷的方法，发现前额事
件相关 θ 节律波能量值随着脑力负荷上升而变大，并构建了相应的支持向量机
模型，发现用 θ 节律波能量值预测脑力负荷准确率能够达到 65%～75%。Murata
（2005）研究发现 θ、α 和 β 节律波能量最大值出现的时间会随着任务难度的增
加推迟。

　　ERP 则是从自发电位中提取出来的脑电，原称诱发电位（evoked potentials，
EP），相关成分的电压幅值和潜伏期能够反映实验的某些事件。ERP 被定义为当
外加一种特定的刺激作用于感觉系统或脑的某一部分，在给予刺激或撤销刺激时
或（和）当某种心理因素出现时在脑区诱发所产生的电位变化（魏景汉等，2008）。
对于 ERP 的研究可以追溯到 1939 年 Davis 发表的首篇诱发电位的论文。ERP 是
测量与某种认知过程大脑活动的最有效手段（Proctor and van Zandt，2008）。P300
（P3）是一种常用于测量脑力负荷的 ERP，该正电位出现于刺激呈现后 300ms 左
右而得名，这一瞬时诱发反应通常和信息处理以及认知活动有关（O'Donnell and
Eggemeier，1986）。研究表明，P3 潜伏期随着任务难度上升而变大（Parasuraman
and Wilson，2008），其幅值随着脑力负荷升高而降低（Kida et al.，2004；Sun et al.，
2022）。其他成分如 N1、P2、N2、N3 等也都能反映脑力负荷的变化。Solís-Marcos
和 Kircher（2019）发现 N1 的潜伏期随着任务难度的上升而变大，并且 N1 波幅
随着任务难度上升而变小。Allison 和 Polich（2008）以不同难度的游戏任务为研
究对象，发现随着任务难度上升，P2、N2 和 P3 的幅值下降。也有研究者表明，
晚期正成分的幅值随着任务难度的上升而下降（Miller et al.，2011）。

　　脑电测量技术由于能直接用于评估脑力负荷而受到研究者的关注，并且脑力
负荷的变化能够定位到特定的脑内结构，因此提供了卓越的诊断能力（Baldwin，
2003）。尽管设备不太普及以及数据分析较复杂，脑电的事件相关分析和频域分析
在评估脑力负荷方面已经被证实非常有效（Baldwin，2003）。相比 fMRI 以及近
红外功能成像技术等，脑电具有较高的时间分辨率且容易使用，但是在空间分辨
率上欠缺（Parasuraman and Wilson，2008）。因此，脑电适宜于研究以毫秒水平变
化、涉及大脑网络的心理过程，可以实时获取动态信息（魏景汉等，2008）。但是，
测量操作者执行任务中的脑电信号需要戴着脑电帽，脑电帽一般连接着信号放大
器，并且需要一定的采集环境，因此并不能适用于所有任务的脑力负荷测量。除

了受到设备的限制外,脑电信号采集中还会受到其他信号的干扰,如外界电信号、受试者自身的眼电、心电、肌电等(Baldwin,2003)。研究者需要学习专门的技术来对信号进行设备调试、信号采集、数据处理及分析等。

2. 外周神经系统指标

用于测量脑力负荷的外周神经系统指标主要包括心电、皮电、呼吸、血压和眼动等。心电图(electrocardiogram,ECG)通过多个电极贴片来采集心脏的电信号。不断重复的心电信号表示心脏通过复极化和去极化来将血液泵到全身的过程。单个周期的心电图由 P-Q-R-S-T 五个波形组成,这些波形可以用来反映脑力负荷。心电中常用的用于评估脑力负荷的指标分为时域测量和频域测量(Charles and Nixon,2019)。其中时域测量相关指标主要包括 HR、R-R 间期、QRS 聚类间期、心跳间期(interbeat-interval,IBI)、N-N 间期、N-N 间期标准差等。频域方法主要应用傅里叶变换通过功率频谱密度(power spectral density,PSD)分析将心电图波定义为不同的频谱成分,主要分为 0.02~0.06Hz 的低频(low frequency,LF)、0.07~0.14Hz 的中频(mid frequency,MF)和 0.15~0.5Hz 的高频(high frequency,HF)。此外,LF/HF 比值也常用于评估脑力负荷,并且随着任务难度的上升而变大(Splawn and Miller,2013;Ding et al.,2019)。呼吸是通过测量操作者呼吸频率、呼吸气流、呼吸气体容积等来反映脑力负荷。其中呼吸频率是最常用于脑力负荷测量的指标(Ding et al.,2019)。皮电则是测量由于交感神经系统控制的汗腺活动来反映脑力负荷。研究表明随着脑力负荷或者压力的上升,皮电峰值频次和皮电幅值会变大(Reimer et al.,2009;Ding et al.,2019)。更多其他生理测量指标的研究参考 Charles 和 Nixon(2019)以及 Tao 等(2019)的综述。生理测量最大的优点是客观、实时和不受干扰,可以用于脑力负荷的在线反馈,而传统的测量方法则不能实现这一需求。当然生理测量方法也有一些局限,这一方法是基于脑力负荷与生理指标的相关性,假定脑力负荷的变化会诱发相应生理指标的变化,但是与脑力负荷无关的因素也会诱发相关生理指标的变化(Charles and Nixon,2019;Tao et al.,2019)。

8.2.4　脑力负荷测量方法的选择准则

前面已经就脑力负荷的测量方法进行了综述,并分析了其优缺点,但是在 VDT 作业脑力负荷测量方法的选择上,并没有研究者给出一个比较有效的和统一的方法,因此找出一个最好的脑力负荷测量方法是学术界的目标。但是也有研究者指出,在一个实验中找出最优的脑力负荷单一测量方法是不现实的,只能给出适合研究情景的测量方法(Sirevaag et al.,1993)。因此,一些研究者给出了脑力负荷测量方法选择的准则。如 Eggemeier 等（1991）和 Jordan（2010）提出了脑力负荷测量方法选择的七项准则。

（1）灵敏度。这一准则是文献中最常见的，指测量方法对脑力负荷/需求改变时的检测能力。测量方法应该是能有效区分不同水平的脑力需求（不是与任务复杂度相关）。此外，测量方法应该具有很好的粒度，即能很好地区分不同水平的脑力负荷。因此，应该考虑测量的精度或者测量范围。例如，Berka 等（2004）提出的 EEG 多指标脑力负荷评估模型，将脑力负荷动态地分为五个水平，但是 NASA-TLX 量表可以测得从 0～100 的脑力负荷数值。虽然 NASA-TLX 量表在精度上更好，但是 Berka 等的五水平可以提供更好的解释性。

（2）效度。即测量方法只对认知需求上的变化敏感，而不会随着体力负荷或者情感压力等其他与脑力负荷无关的变量所产生的变化而变动。当然，该准则也包括测量方法的可重复性，如 P300 被认为是脑力负荷测量重复性很高的指标。

（3）非干扰性和作业者接受程度。脑力负荷测量往往是在一个模拟的环境下开展的，被试并不能很好地沉浸在实验环境或者任务中。因此，在脑力负荷测量过程中应该尽量减少对作业者的干扰。测量方案和设备不应妨碍作业人员完成分配的任务。尽管它不直接影响作业绩效，但是一些笨重的设备会分散作业者注意或者使他们沮丧，从而降低作业者配合实验的意愿。另外，测量方案和设备应该能够被作业者接受，不应该侵犯他们的隐私，如 Jordan（2010）指出尿液测量方法会很不方便并被作业者拒绝。

（4）可解释性。即测量数据不仅能够反映脑力负荷水平的变化，还能够很好地解释结果的不同及产生的原因，根据测量结果指导实践或者设计等。例如，以往研究表明脑力负荷和任务绩效呈现倒 U 形关系（Wilson and Rajan，1995；de Waard，1996），测量结果必须能够解释哪些任务是在可接受区域，哪些任务是在负荷过载或不足的区域，从而指导工作以及设计的改进等。

（5）采用程度和共识性。即测量方法被广大研究者接受的程度，共识性则通常用文献采用方法的频率来衡量，当然在时间层面也就意味着早期被提出的测量方法在当前被采用率相对较低。选用采用程度高的方法的原因有三个：①相对流行的测量方法意味着广大研究者在众多方法中得出了相似的研究结论；②在结果报告和任务比较时，采用大家通用的语言；③如果多个研究采用了相同的测量方法，则研究结果可以在不考虑任务或者系统相似性的情况下进行比较。

（6）可操作性及成本。即测量方法是否容易学习使用、有无借助复杂的仪器和设备、采集的数据是否需要借助复杂软件进行处理以及测量所花费的时间和费用等。

（7）兼容性。即测量方法解决问题特定研究的额外需求及问题约束。基于这一准则的衡量方法的判断需要深入了解任务、环境、用户群体，以及任何特定的行业标准、法规或监管指南。

8.3　VDT 作业脑力负荷的研究

VDT 作业是随着各种视频显示终端技术发展出现的一种作业方式，尤其是随着计算机小型化和软件技术的发展，VDT 已经不仅仅是传统的办公室计算机作业，而是包括一切依靠计算机屏幕（不论大小）作为视频显示终端进行操作的作业方式。VDT 作业是利用个人计算机、计算机系统的视觉显示终端进行数据、文字、图像等信息处理工作的总称（顾力刚，2004）。最初对于 VDT 作业的研究，主要从视觉疲劳和肌肉累积性疲劳两个方面进行探索（Stewart，1979；Balci and Aghazadeh，2004；Rahman and Mohamad，2017）。长时间 VDT 作业不仅能诱发工作者眼睛疲劳和肌肉骨骼损伤等肌体疲劳症状，而且能够带来头痛和工作压力等精神方面的疲劳（Balci and Aghazadeh，2004）。Lu（1994）指出心理问题是排名前十的工作疾病和损伤。Balci 和 Aghazadeh（2004）设计了两种 VDT 作业（打字输入和认知作业），研究表明认知作业由于脑力负荷需求较高会导致作业者对头痛方面的抱怨较多。Zahabi 等（2017）研究了信息呈现方式以及体力负荷对年轻作业者认知绩效方面的影响，研究发现认知任务线索模式下触觉方式的使用能降低工作者的模式识别准确度，为 VDT 作业设计提供了研究思路。Vera 等（2017）提出了一种用于测量累积性和瞬时性脑力负荷的视觉指标，他们发现眼压随着脑力负荷上升而变大。顾力刚（2004）全面分析了 VDT 作业的特点、影响因素以及研究现状，并对其主观评价方法进行了探索，给出了 VDT 作业管理的一些方法。彭晓武等（2008）采用主观评估、主任务绩效以及生理评定的综合方法对比了 VDT 端与纸版阅读的脑力负荷差异，研究发现 VDT 端与纸版阅读脑力负荷并没有显著差异。Nuamah 等（2020）采用神经人因工程的方法探索了信息可视化中的脑力负荷评估，研究方法 α 和 θ 可以用于脑力负荷的评估。VDT 作业需要在一个有限的屏幕范围内处理大量的视觉信息，不仅会造成视觉方面的问题，而且会诱发工作者脑力方面的问题。尤其随着信息技术的发展和作业性质向知识性劳动的转变，现在 VDT 作业对工作者脑力资源的需求逐渐增加，因此亟待开展 VDT 作业脑力疲劳的相关研究，其中 VDT 作业脑力负荷影响分析、脑力负荷累积规律以及准确全面的测量是预防脑力疲劳的前提。

8.4　基于多模式测量和机器学习的脑力负荷研究

脑力负荷的测量方法在主观性、非干扰性、性价比以及事前事后等方面各有优劣（Zhou et al.，2020），脑力负荷具备多维性、动态性、主观性、模糊性等特点，因此采取多模式测量方法相结合的方式值得探索。Wilson 和 Russell（2003）基于人工神经网络算法提出了一种用于实时评估脑力负荷的多生理测量模型，并且发现对于基准作业、低难度和高难度作业的识别准确率分别为 85%、82%和 86%。卫宗敏（2020）基于贝叶斯判别分析方法建立了面向飞行任务脑力负荷的多维综合评估方法，研究发现多指标综合的评估模型可以显著提升脑力负荷的分类准确率。Novak 等（2015）采集了人机器人交互中的脑电、自主神经系统反应指标以及眼动数据，通过线性回归和随机森林算法对测量指标的识别准确率进行了对比，发现线性回归方法在三种指标上的识别准确率均优于随机森林算法，并且呼吸和皮电是比较敏感的指标。Ding 等（2019）基于机器学习算法构建了用于模拟计算机端作业的脑力负荷识别模型，发现面向多模式测量方法的综合指标可以达到 78.3%的识别精度，如果将被试的绩效数据作为指标，那么识别精度将提升到 96.4%，并且 ECG 和 EDA（electrodermal，皮肤电导，简称皮电）是脑力负荷识别中表现较好的单一指标。Zhou 等（2020）采用多指标生理数据对手术操作的脑力负荷进行了预测，发现在基本和复杂手术作业中的脑力负荷识别准确率均能达到 83.2%，显著优于单个指标的情况。随着无线生理测量技术的进步以及人工智能算法的发展，面向多模式数据的脑力负荷实时评估正在成为该领域的热点。

8.5　脑力负荷研究的趋势

8.5.1　期刊来源及发表数量分析

1. 发文趋势及类型分析

图 8-4 为 1990～2020 年 Scopus 中与脑力负荷相关的年度出版物的描述性统计。心理（38.4%）、社会科学（35.6%）、计算机科学（20.9%）、工程（15.9%）和神经科学（14.1%）是研究脑力负荷最多的五个学科。相比之下，环境科学（0.8%）、多学科（0.8%）、决策科学（0.9%）、经济学（0.9%）、商业/管理和会计（2.6%）构成了最少的五个学科。这一领域的出版物数量不断增加。

2. 发文来源地分析

发文地理分布分析表明，发文量前十的国家/地区为美国（4748）、英国（912）、德国（777）、加拿大（648）、荷兰（501）、日本（498）、澳大利亚（494）、中国（471）、法国（297）和意大利（282）。显然，美国在这一领域处于主导地

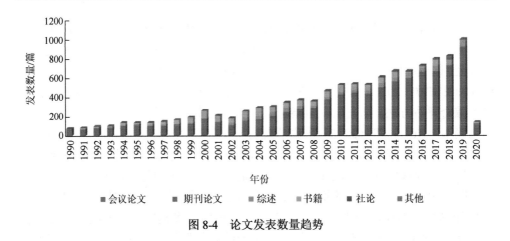

图 8-4　论文发表数量趋势

位，其出版物数量远远超过其他国家。图 8-5 显示了前十位国家的出版数量和被引次数。文献所属国家被引用分析可以显示每个国家的出版物质量。结果表明，被引前五位的国家分别是美国（159 434 次）、英国（33 772 次）、荷兰（24 442 次）、德国（20 698 次）和加拿大（14 666 次），这些国家都是脑力负荷研究领域高质量出版物的来源地。从分析结果来看，文献的地理分布实际上是很不均匀的。

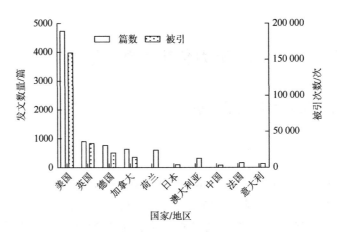

图 8-5　文献来源国家/地区及被引情况

发文机构分析结果表明，6000 多家机构开展了与脑力负荷相关的研究。图 8-6 显示了论文被引次数和发表数量最高的 15 家组织机构。来自美国乔治梅森大学（George Mason University）的文献数量最多，有 36 篇，其次是加州大学洛杉矶分校（UCLA）32 篇，中佛罗里达大学（University of Central Florida）29 篇，辛辛那提大学（Cincinnati University）26 篇，密歇根大学（University of Michigan）21 篇。机构发文的被引次数分析表明，加州大学洛杉矶分校的论文被引频次排名第一，为 4591

次。其次是新南威尔士大学（2273 次）、乔治梅森大学（1944 次）、辛辛那提大学（1273 次）、UCSB（1182 次）等，说明高质量的论文主要来自这些机构。其中，赖特-帕特森空军基地（Wright-Patterson Air Force Base）是唯一的非高等教育性研究机构。并且在这些机构中只有两家非美国机构，说明了美国在这一研究领域的绝对主导地位。

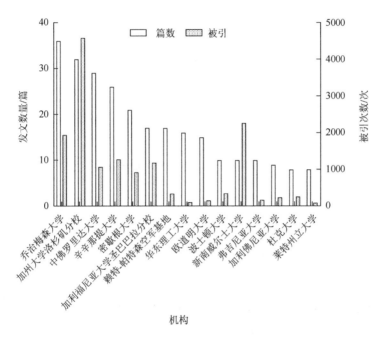

图 8-6　高发文机构及被引情况统计

　　作者对机构间的合作网络关系进行了可视化分析，在 VOSviewer 中设定了合作文献数量大于 5 的阈值。图 8-7 显示了文献发表组织机构的合作网络。有 12 个聚类，121 个点代表 121 个组织机构，点的大小代表出版物的数量，两点之间的线表示各研究所之间存在合著关系，两个圆之间的距离表示每个研究所之间的合作程度。从图中可以看出，来自不同国家的机构之间的合作很弱。其中，合作机构大多来自西方国家，这意味着在脑力负荷研究方面缺乏稳定的合作关系，尤其是在东方国家。

3. 文献来源核心期刊可视化分析

　　图 8-8 显示了期刊引文网络分析结果，在 VOSviewer 中设定一个来源期刊的最低文献数为 5 个，在 3500 个来源中，408 个达到了最低文献数。408 分代表 408 种

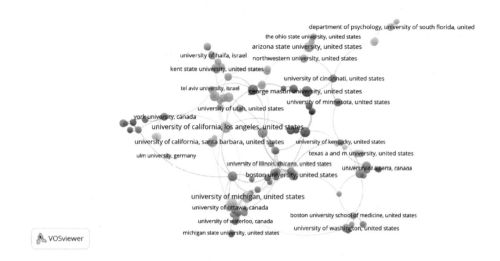

图 8-7　组织机构合作关系可视化分析

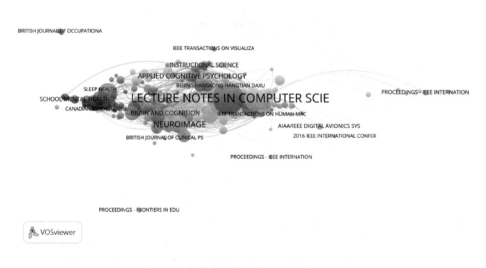

图 8-8　文献来源期刊的引文网络分析结果

期刊。点数的大小代表出版物的数量。这两点之间的联系表明这两种期刊都被一篇论文引用过。两点之间的距离与期刊之间的相近程度相反。其中，*Lecture Notes in Computer Science*（包括子系列 *Lecture Notes in Artificial Intelligence and Lecture Notesin Bioinformatics*）排名第一（338 篇），是发表计算机科学各领域最新研究进展的杰出会议论文集。*Proceedings of the Human Factors and Ergonomics Society* 排名第二（224 篇），这是人类因素与人体工程学的年度会议。*Ergonomics* 在期刊中排名第一（162 篇），是一个关注工作、学习及日常生活方面的工效学研究的期刊，发表关于人体、认知、组织和环境人机工程学高质量研究的文献。其次是 *Social Science and Medicine*（144 篇）和 *Human Factors*（138 篇）。*Social Science and Medicine* 期刊主要出版与健康有关的研究。*Human Factors* 是人机工程领域最早的期刊之一，在1958 年出版了第一期，主要发表关于人为因素/人体工程学的研究文献。

8.5.2　作者合作分析

通过 VOSviewer 进一步分析了作者的合作关系网络。从搜索结果中获得了发文量最高的前 20 位作者（基于发表次数）。图 8-9 显示了作者的合作关系网络。在 VOSviewer 中设定每位作者的最少文献数为 5 篇。结果发现，在 27 994 名作者中，达到阈值的有 249 名。图中的 249 个点代表了 249 个作者。作者被划分为不同的研究集群，点的大小表示出版物的数量，两点之间的线表示每个作者之间存在合作，两个圆之间的距离与作者之间的合作关系密切程度成反比。表 8-1 给出了发文量排名前 20 的作者。其中 Murai 是最高产的作者，共计发表了 59 篇文章，研究内容主要涉及领航员、学生、运动员等脑力负荷的生理测量。在 Murai 的合作关系网络中，Hayashi、Kitamura、Wakida、Fukushima、Mitomo 等是主要合作作者。Paas 是另一个研究集群的核心作者，主要研究认知负荷的理论与测量、心

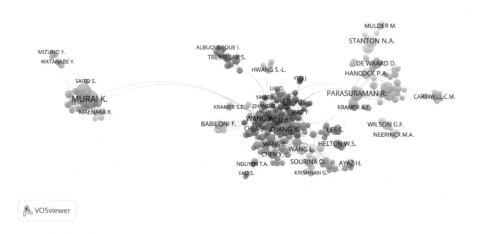

图 8-9　作者合作网络图

理努力与学生成绩的关系以及教学设计等。Parasuraman 是第三大集群的核心作者，他从心理生理测量的角度研究脑力负荷，特别是神经工效学的角度。脑力负荷的相关文献发表在 1000 多种期刊或会议上，其中作者来自 95 个国家，表明脑力负荷研究在世界范围内具有足够的普及性。当然，文献发表的数量并不能反映每个作者的影响力。此外，由于名字的缩写等导致一些作者的频次不太真实。因此，将在下一节通过被引和共引分析揭示主要作者及其工作。

表 8-1　高产作者论文发表数量统计

总出版量	作者	总出版量	作者
59	Murai K	20	Wilson G F
43	Hayashi Y	20	Zhang J
32	Paas F	19	Wickens C D
32	Parasuraman R	18	Longo L
27	Stanton N A	17	Sweller J
25	Matthews G	16	Kitamura K
25	Warm J S	16	Liu Y
24	Young M S	15	Ayaz H
21	Hancock P A.	15	Sourina O
20	Gendolla G H E.	15	Tremblay S

8.5.3　文献直接引用分析

直接引用可以反映一篇论文的影响力。表 8-2 给出了被引次数最多的 10 篇文章，表中并没给出合著者姓名。其中 Endsley 的论文位居榜首，被引用了 4023 次。Endsley（1995）基于情境意识在人类决策中的作用提出了情境意识的理论模型，探讨了情境意识与众多个体因素和环境因素之间的关系。Demerouti 等（2001）提出了工作需求-资源模型，将工作条件分为工作需求和工作资源。他们发现，工作需求主要与倦怠的疲惫成分有关，工作资源主要与脱离（disengagement）有关。Eysenck 等（2007）基于注意控制理论研究了焦虑对认知绩效的影响。Wilson（2002）评价了具身认知的六种主张，并提出离线认知是基于身体的，这可能是最好和最有力的主张。Wegner（1994）提出了心理控制的反讽过程理论，并探索了两个心理控制过程，即操作过程和监控过程。Parasuraman 和 Riley（1997）讨论了与人类使用、误用、废弃和滥用自动化技术有关的因素，并提出了设计、培训和管理自动化技术的建议。Metcalfe 和 Mischel（1999）提出了认知的 know 系统和情感的 go 系统来分析满足的延迟。Chambless 和 Ollendick（2001）综述了支持和反对实证支持治疗（empirically supported treatments）的鉴定和传播。Chandler 和 Sweller（1991）检验了分离来源和整合信息教学材料的效果。Muraven 等（1998）发现，自我调节的强度模型比自我调节的激活、启动、技能或恒定容量模型更符合数据。以上文献大都是脑力负荷的理论研究，为脑力负荷的应用研究提供了基础。

表 8-2　文献被引频次前十分析

排名	作者	频次	年份	期刊卷期页码
1	Endsley	4023	1995	*Human Factors*，37（1）：65-84.
2	Demerouti	3238	2001	*Journal of Applied Psychology*，86（3）：499.
3	Eysenck	1938	2007	*Emotion*，7（2）：336.
4	Wilson	1835	2002	*Psychonomic Bulletin & Review*，9（4）：625-636.
5	Wegner	1573	1994	*Psychological Review*，101（1）：34-52.
6	Parasuraman	1568	1997	*Human Factors*，39（2）：230-253.
7	Metcalfe	1445	1999	*Psychological Review*，106（1）：3-19.
8	Chambless	1342	2001	*Annual Review of Psychology*，52（1）：685-716.
9	Chandler	1177	1991	*Cognition and Instruction*，8（4）：293-332.
10	Muraven	1174	1998	*Journal of Personality and Social Psychology*，74（3）：774-789.

8.5.4　文献共被引分析

1973 年美国情报学家 Small 首先提出了文献共被引的概念，文献共被引是指两篇文献共同出现在第三篇施引文献的参考文献目录中，从而这两篇文献形成共被引关系。在 Scopus 数据库中共有 9177 篇文章和参考文献 363 210 篇。通过检索 Scopus 1990～2020 年的记录，分析了脑力负荷的共被引网络（图 8-10）。在 Citespace 中设置分析每年被引论文频次排名前 50 的文献，共获得 11 157 篇论文，被引频次共计 461 366 次。有效引用为 363 210 次（78.725%），其余 98 156 次引用为重复或存在不完整信息。采用时间切片的方法构建了共被引网络，并对相关文献进行了系统的梳理。Hart 和 Staveland（1988）的论文是共被引频率最高的一篇。排名第二和第三的论文分别为 Wickens 发表在 2002 年和 2008 年的论文。排名前十的文献研究内容主要如下：Hart 和 Staveland（1988）提出了 NASA-TLX 量表，最著名的脑力负荷主观量表测量方法之一。Wickens（2008）总结了多重资源理论在心理负荷方面的发现和发展。Kahneman（1973）阐述了注意资源分配模型，认为注意力资源是有限制的。Wilson（2002）验证了飞行员脑力负荷生理测量的可靠性。Parasuraman 和 Riley（1997）阐述了人类使用自动化的四个方面以及与之相关的因素。Hancock 和 Warm（1989）提出了一个压力对警惕性和执行任务影响的动态模型。Gopher 和 Braune（1984）验证了脑力负荷主观测量的有效性。Veltman 和 Gaillard（1998）在飞行模拟器中检验了脑力负荷生理测量的敏感性。Young 和 Stanton（2002）提出了可塑注意资源理论，并对驾驶支持系统的设计提出了建议和对策。表明在脑力负荷领域，以上文章普遍受到关注和认可。

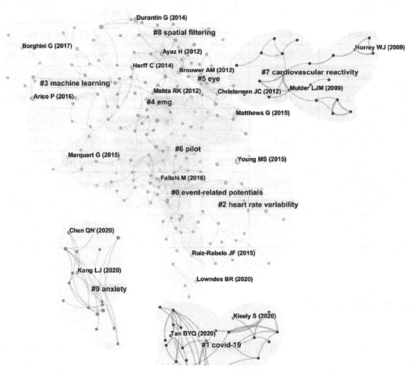

图 8-10 1990～2020 年脑力负荷领域发表文献的共被引网络分析

在得到共被引网络后，使用文献关键词聚类的方式，对共被引网络进行聚类分析，一个聚类只包含一年共被引前 50 的文献，有效的参考文献共计 461 366 篇，共得到 616 个聚类（图 8-10）。提取了前 10 个脑力负荷研究的类团，分别是#0 event-related potentials（时间相关电位）、#1 covid-19（新冠病毒）、#2 heart rate variability（心率变化率）、#3 machine learning（机器学习）、#4 EMG（electromyogram，肌电图）、#5 eye（眼动）、#6 pilot（飞行员）、#7 cardiovascular reactivity（心血管反应性）、#8 spatial filtering（空间滤波）、#9 anxiety（焦虑）。

　　从聚类体现的研究领域来看，脑力负荷的研究始终围绕负荷测量、环境和应用三个因素展开，如#0、#2、#4、#5、#7、#8 聚类均与脑力负荷的测量相关，#1和#3 与脑力负荷的环境相关，#6 和#9 与脑力负荷的应用相关。可见脑力负荷的研究始终遵循着一条原则，即在认知环境的条件下更好地测量脑力负荷。

　　从聚类的分布来看，聚类#0、#2、#3、#4、#5、#6 和聚类#8 交织在一起，组成了一个较大的团，说明在机器学习的环境下，模拟实验脑力负荷测量的研究方向是一个热点。如 Zahabi 等（2017）在研究基于生理数据对脑力负荷分类的问题时，发现新开发的集成卷积神经网络（convolutional neural network，CNN）比传统的机器学习方法更能有效地提高脑力负荷的分类性能，并且具有完全自动的特征提取和脑力负荷分类的特点；Mir 等（2020）为了更好地评估车载驾驶员的脑力负荷状态，提出了一种新的基于互信息的特征集构建方法，该方法融合了通过真实驾驶实验获得的脑电和车辆信号，并将其应用于评估驾驶员的脑力负荷，结果证明了基于互信息的新特征可以用于对车内驾驶员的脑力负荷进行分类和监测。聚类#1 是在新冠疫情暴发的大背景下，主要对一线的医护人员过劳工作时脑力负荷以及健康状况进行研究，这不仅体现了研究对象随着环境的变化而变化，也是国外研究的一种趋势。

8.5.5　研究趋势分析

1. 文献突现分析

　　突现分析用于识别当前出现的研究前沿概念。表 8-3 给出突现值排名前 20 的文献。灰色线条表示时间跨度，黑色线条表示文献突现的时间跨度。突现强度排名第一的论文是 Ryu 和 Myung（2005）的论文，文献突现从 2007 年开始。该文献采用多种生理指标对双任务的脑力负荷进行了测量，证明了生理测量的敏感性。突现强度排名第二的是 Young 等（2015）的论文，作者回顾了脑力负荷的定义、测量和应用，这也表明该综述得到了同行的高度评价。Wickens（2002）的文章排在第三位，文献于 2005 年开始突现。接着是 Brouwer 等（2012）的论文，作者以EEG 和 ERP 作为输入，验证 SVM（support vector machine，支持向量机）算法对脑力负荷分类的准确性。Wickens 和 Hollands（1999）系统地强调了人们在执行任务时如何处理信息和提出对策。Rubio 等（2004）比较了三种最常用的主观工作量评估工具（即 SWAT、NASA-TLX 和 WP）。Matthews 等（2015）测试了多模式指标对不同脑力负荷的敏感性。Berka 等（2004）探索了不同任务状态下用脑电信号持续和非干扰监测工作投入与脑力负荷的可行性。Miyake（2001）提出了一种将生理和主观参数整合为一个指标来评价脑力负荷的方法。Hogervorst 等

（2014）研究发现，在工作负荷测量方法中，脑电表现最好，其次是眼动指标和生理指标。Miller 等（2011）发现 N1、P2、P3 和晚期正成分与任务难度呈负相关。Borghini 等（2014）使用神经生理学方法检测飞机驾驶员和汽车驾驶员的精神状态。Horrey 等（2009）研究发现驾驶员在双任务条件下的绩效与其主观评估之间的分歧。Wang 等（2016）使用无线 EEG 信号和模式识别技术来识别脑力负荷。Fallahi 等（2016）在真实交通状况监测条件下使用多模式测量方法来评估操作者的脑力负荷。从以上文献可以看出，随着生理传感器技术的发展，在真实情况下使用多模式测量方法和机器学习来监测及识别人的脑力负荷水平已成为近年来的重点。

表 8-3　文献突现分析

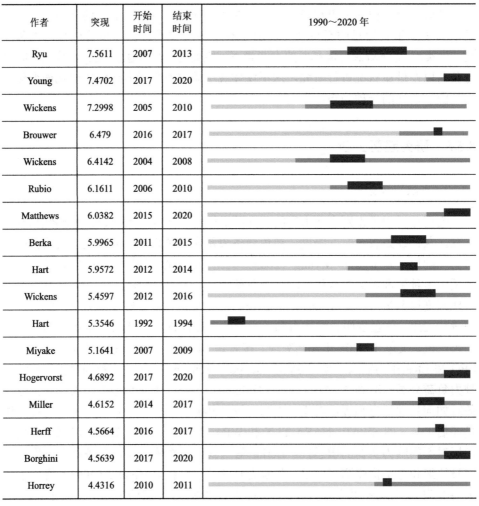

作者	突现	开始时间	结束时间	1990～2020 年
Ryu	7.5611	2007	2013	
Young	7.4702	2017	2020	
Wickens	7.2998	2005	2010	
Brouwer	6.479	2016	2017	
Wickens	6.4142	2004	2008	
Rubio	6.1611	2006	2010	
Matthews	6.0382	2015	2020	
Berka	5.9965	2011	2015	
Hart	5.9572	2012	2014	
Wickens	5.4597	2012	2016	
Hart	5.3546	1992	1994	
Miyake	5.1641	2007	2009	
Hogervorst	4.6892	2017	2020	
Miller	4.6152	2014	2017	
Herff	4.5664	2016	2017	
Borghini	4.5639	2017	2020	
Horrey	4.4316	2010	2011	

续表

作者	突现	开始时间	结束时间	1990~2020 年
Wang	4.0989	2017	2020	
Fallahi	4.0989	2017	2020	
Wilson	4.0137	2014	2015	

2. 关键词突现分析

突现词是指特定时间内出现频次较高的词汇。Citespace 利用突现词检测算法确定某一领域的研究前沿，通过统计选定领域的文献标题、摘要、关键词及标识符中的词汇频率，根据词汇频次增长来确定研究前沿术语。因此，本研究通过对突现关键词的分析了解脑力负荷研究的前沿动态，进而把握研究方向，为未来该领域的研究发展提供参考。1990~2020 年，脑力负荷领域中具有较强引用突发性的关键词见表 8-4。

表 8-4　关键词突现分析

关键词	强度	开始时间	结束时间	跨度
Heart rate	5.3179	1991	2008	18
Eye movement	5.235	2009	2013	5
Memory	5.2227	1992	2000	9
Working memory	5.0399	1998	2008	11
Task	4.7727	1992	2008	17
Classification	4.6654	2016	2020	5
Mental effort	4.6215	1995	2005	11
Performance	4.6107	1995	2004	10
Mental load	4.4364	1996	1999	4
Ergonomics	4.3784	2012	2015	4
Heart rate variability	4.33	1994	2005	12
Recognition	4.3089	2017	2018	2
Resource	4.2651	2007	2011	5
Spectral analysis	4.128	1998	2005	8
Machine learning	3.9879	2015	2018	4
Near infrared spectroscopy	3.8081	2016	2020	5
Brain	3.7495	2016	2018	3

续表

关键词	强度	开始时间	结束时间	跨度
Neuroergonomics	3.6894	2016	2020	5
Activation	3.6806	2000	2010	11
Signal	3.6214	2018	2020	3
Workload	3.6079	1998	2007	10
Oscillation	3.5714	2016	2017	2

其中，突现强度最高的 10 个关键词为心率（heart rate）、眼动（eye movement）、记忆（memory）、工作记忆（working memory）、任务（task）、分类（classification）、精神努力（mental effort）、绩效（performance）、脑力负荷（mental load）和工效学（ergonomics）。整体而言，从突现主题词的属性来看，上述突现主题词主要集中在脑力负荷的测量和识别、脑力负荷的影响因素及应用领域上。突现词中突现时间较近的有分类（classification）、近红外光谱（near infrared spectroscopy）、神经工效学（neuroergonomics）和信号（signal）。可见，近些年来研究者较多关注脑力负荷的测量及分类，尤其是神经生理信号的测量已经成为该领域的热点。

8.6　本　章　小　结

VDT 是人机交互过程中的重要环节，VDT 作业在智能制造背景下将占据更大的比重，对于这一作业形式，脑力负荷的定量化研究具有很重要的现实意义。现有文献对于 VDT 作业特征、视觉疲劳、肌肉骨骼疲劳等已经有了较多的研究，而对脑力负荷的研究还不够成熟。通过以上文献综述，发现在以下几个方面尚存在研究空间。

（1）目前对于 VDT 作业脑力负荷方面的研究还不够深入，对于 VDT 作业脑力负荷的积累规律（动态性特征）和疲劳预防及应对的内容涉及很少。

（2）虽然对于脑力负荷的测量方法研究已经取得了丰富的成果，但是由于脑力负荷具有多元性、动态性、主观性等特征，如何全面准确地定量化脑力负荷仍然是人因工程领域的一大难题。

（3）神经工效学的发展为精确刻画工作者主观感知和行为反应提供了思路。国内外已有相关学者展开了相关的研究，大都探索特殊行业的脑力疲劳评估，但是对于日益普及的 VDT 作业，其脑力负荷的神经机制研究还处于起步阶段。

针对以上问题，针对以往脑力负荷研究中忽视其多维性和动态性等特征，以及测量角度单一、结果不准确等问题，结合 VDT 作业特点，从神经工效学视角研究脑力负荷多模式测量及疲劳预警模型。首先从作业特征、作业环境、作业者自身状况等方面解析影响脑力负荷的关键因素，解析 VDT 作业疲劳的累积规律；接着从神经工效学的角度综合运用主观评价、多通道生理测量、眼动等测量方法对 VDT 作业的脑力负荷进行定量分析，研究脑力负荷测量模式的有效性，解析测量指标含义并分析不同测量指标之间的关系；最后在脑力负荷累积规律和多模式测量的基础上，构建多模式测量数据驱动的脑力疲劳预警模型，并给 VDT 作业设计提供一些建议。

参 考 文 献

崔凯，孙林岩，冯泰文，等，2008. 脑力负荷度量方法的新进展述评[J]. 工业工程，11（5）：1-5.

顾力刚，2004. VDT 作业及其管理研究[D]. 武汉：华中科技大学.

黄希庭，1991. 心理学导论[M]. 北京：人民教育出版社.

柯余峰，2017. 脑力负荷的脑电响应、识别与自适应脑—机交互技术研究[D]. 天津：天津大学.

李文斌，谢小萍，常耀明，2020. 任务绩效在脑力负荷测量中的理论基础与应用[J]. 人类工效学，26（1）：75-79.

廖斌，冯海荣，王文轲，2014. 次任务法脑力负荷度量实验的分析与改进[J]. 实验技术与管理，31（10）：176-178.

廖建桥，1995. 脑力负荷及其测量[J]. 系统工程学报，10（3）：119-123.

刘宝善，1997. "库柏-哈柏" 方法在飞行员脑力负荷评价中的应用[J]. 中华航空航天医学杂志，8（4）：234-236.

柳忠起，袁修干，刘涛，等，2003. 航空工效中的脑力负荷测量技术[J]. 人类工效学，9（2）：19-22.

马庆国，付辉建，卞军，2012. 神经工业工程：工业工程发展的新阶段[J]. 管理世界，（6）：163-168，179.

彭晓武，许振成，彭晓春，等，2008. 医学生视觉显示终端阅读与纸版阅读脑力负荷的比较[J]. 中华劳动卫生职业病杂志，26（12）：738-740.

孙崇勇，2012. 认知负荷的测量及其在多媒体学习中的应用[D]. 苏州：苏州大学.

王洁，方卫宁，李广燕，2010. 基于多资源理论的脑力负荷评价方法[J]. 北京交通大学学报，34（6）：107-110.

卫宗敏，2020. 面向复杂飞行任务的脑力负荷多维综合评估模型[J]. 北京航空航天大学学报，46（7）：1287-1295.

魏景汉，阎克乐，等，2008. 认知神经科学基础[M]. 北京：人民教育出版社.

肖元梅，2005. 脑力劳动者脑力负荷评价及其应用研究[D]. 成都：四川大学.

Allison B Z，Polich J，2008. Workload assessment of computer gaming using a single-stimulus event-related potential paradigm[J]. Biological Psychology，77（3）：277-283.

Balci R，Aghazadeh F，2004. Effects of exercise breaks on performance，muscular load，and perceived discomfort in data entry and cognitive tasks[J]. Computers & Industrial Engineering，46（3）：399-411.

Baldwin C L，2003. Neuroergonomics of mental workload: New insights from the convergence of brain and behaviour in ergonomics research[J]. Theoretical Issues in Ergonomics Science，4（1/2）：132-141.

Berka C，Levendowski D J，Cvetinovic M M，et al.，2004. Real-time analysis of EEG indexes of alertness，cognition，and memory acquired with a wireless EEG headset[J]. International Journal of Human-Computer Interaction，17（2）：151-170.

Boles D B，Adair L P，2001. The multiple resources questionnaire（MRQ）[J]. Proceedings of the Human Factors and Ergonomics Society Annual Meeting，45（25）：1790-1794.

Borghini G，Astolfi L，Vecchiato G，et al.，2014. Measuring neurophysiological signals in aircraft pilots and car drivers for the assessment of mental workload，fatigue and drowsiness[J]. Neuroscience and Biobehavioral Reviews，44：58-75.

Brouwer A M，Hogervorst M A，van Erp J B F，et al.，2012. Estimating workload using EEG spectral power and ERPs in the n-back task[J]. Journal of Neural Engineering，9（4）：045008.

Chambless D L，Ollendick T H，2001. Empirically supported psychological interventions：controversies and evidence[J]. Annual Review of Psychology，52（1）：685-716.

Chandler P，Sweller J，1991. Cognitive load theory and the format of instruction[J]. Cognition & Instruction，8（4）：293-332.

Charles R L，Nixon J，2019. Measuring mental workload using physiological measures：A systematic review[J]. Applied Ergonomics，74：221-232.

de Waard D，1996. The measurement of drivers' mental workload[D]. Talent：University of Groningen.

Demerouti E，Bakker A B，Nachreiner F，et al.，2001. The job demands-resources model of burnout[J]. Journal of Applied Psychology，86（3）：499-512.

Ding Y，Cao Y Q，Duffy V G，et al.，2020. Measurement and identification of mental workload during simulated computer tasks with multimodal methods and machine learning[J]. Ergonomics，63（7）：896-908.

Ding Y，Cao Y Q，Wang Y，2019. Physiological indicators of mental workload in visual display terminal work[M]//Goonetilleke R S，Karwowski W，eds. Advances in Intelligent Systems and Computing. Cham：Springer International Publishing：86-94.

Eggemeier FT，Wilson G F，Kramer AF，et al.，1991. General considerations concerning workload assessment in multi-task environments[M]//Damos D L，ed. Multiple Task Performance（207-216）. London：Taylor & Francis.

Endsley M R，1995. Toward a theory of situation awareness in dynamic systems[J]. Human Factors，37（1）：32-64.

Eysenck M W，Derakshan N，Santos R，et al.，2007. Anxiety and cognitive performance：attentional control theory[J]. Emotion，7（2）：336-353.

Fallahi M，Motamedzade M，Heidarimoghadam R，et al.，2016. Effects of mental workload on physiological and subjective responses during traffic density monitoring：A field study[J]. Applied Ergonomics，52：95-103.

Gopher D，Braune R，1984. On the psychophysics of workload：Why bother with subjective measures?[J]. Human Factors，26（5）：519-532.

Hancock P A，Warm J S，1989. A dynamic model of stress and sustained attention[J]. Human Factors，31（5）：519-537.

Hart S G，Staveland L E，1988. Development of NASA-TLX（task load index）：Results of empirical and theoretical research[M]//Advances in Psychology. Amsterdam：Elsevier：139-183.

Heine T，Lenis G，Reichensperger P，et al.，2017. Electrocardiographic features for the measurement of drivers' mental workload[J]. Applied Ergonomics，61：31-43.

Hill S G，Iavecchia H P，Bittner A C，et al.，1992. Comparison of four subjective workload rating scales[J]. Human Factors，34（4）：429-439.

Hogervorst M A，Brouwer A M，van Erp J B F，2014. Combining and comparing EEG，peripheral physiology and eye-related measures for the assessment of mental workload[J]. Frontiers in Neuroscience，8：322.

Horrey W J，Lesch M F，Garabet A，2009. Dissociation between driving performance and drivers' subjective estimates of performance and workload in dual-task conditions[J]. Journal of Safety Research，40（1）：7-12.

Jordan J S，2010. Assessing mental workload and situation awareness in the evaluation of real-time，critical user interfaces[D]. Corvallis：Oregon State University.

Kahneman D，1973. Attention and effort[M]. Engelwood Cliffs，NJ：Prentice Hall.

Kida T，Nishihira Y，Hatta A，et al.，2004. Resource allocation and somatosensory P300 amplitude during dual task：Effects of tracking speed and predictability of tracking direction[J]. Clinical Neurophysiology，115（11）：2616-2628.

Laughery K R，Lebiere C，Archer S，2006. Modeling human performance in complex systems[M]. New York：John Wiley & Sons，Ltd.

Longo L，2015. A defeasible reasoning framework for human mental workload representation and assessment[J]. Behaviour & Information Technology，34（8）：758-786.

Lu H，1994. Modeling of VDT workstation system risk factors [D]. Baton Rouge：Louisiana State University.

Mandrick K，Chua Z，Causse M，et al.，2016. Why a comprehensive understanding of mental workload through the measurement of neurovascular coupling is a key issue for neuroergonomics？[J]. Frontiers in Human Neuroscience，10：250.

Matthews G，Reinerman-Jones L，Wohleber R，et al.，2015. Workload is multidimensional，not unitary：What now？[C]// International Conference on Augmented Cognition. Cham：Springer：44-55.

Metcalfe J，Mischel W，1999. A hot/cool-system analysis of delay of gratification：Dynamics of willpower[J]. Psychological Review，106（1）：3-19.

Miller M W，Rietschel J C，McDonald C G，et al.，2011. A novel approach to the physiological measurement of mental workload[J]. International Journal of Psychophysiology，80（1）：75-78.

Mir R I，Shaibal B，Mobyen U A，et al.，2020. A novel mutual information based feature set for drivers' mental workload evaluation using machine learning[J]. Brain Sciences，10（8）：1-23.

Miyake S，2001. Multivariate workload evaluation combining physiological and subjective measures[J]. International Journal of Psychophysiology，40（3）：233-238.

Moray N，1979. Mental workload：Its theory and measurement[M]. New York：Plenum Press.

Murata A，2005. An attempt to evaluate mental workload using wavelet transform of EEG[J]. Human Factors，47（3）：498-508.

Muraven M，Tice D M，Baumeister R F，1998. Self-control as limited resource：Regulatory depletion patterns [J]. Journal of Personality & Social Psychology，74（3）：774.

Novak D，Beyeler B，Omlin X，et al.，2015. Workload estimation in physical human–robot interaction using physiological measurements[J]. Interacting with Computers，27（6）：616-629.

Nuamah J K，Seong Y，Jiang S，et al.，2020. Evaluating effectiveness of information visualizations using cognitive fit theory：A neuroergonomics approach[J]. Applied Ergonomics，88：103173.

O'Donnell R D，Eggemeier F T，1986. Workload assessment methodology[M]// Boff K R，Kaufman L，Thomas J P，eds. Handbook of Perception and Human Performance，vol. 2：Cognitive processes and performance. （41-1-42-49）. New York：Wiley.

Paas F G，van Merriënboer J J，Adam J J，1994. Measurement of cognitive load in instructional research[J]. Perceptual and Motor Skills，79（1 Pt 2）：419-430.

Parasuraman R，2003. Neuroergonomics：Research and practice[J]. Theoretical Issues in Ergonomics Science，4（1/2）：5-20.

Parasuraman R，Riley V，1997. Humans and automation：Use，misuse，disuse，abuse[J]. Human Factors，39（2）：230-253.

Parasuraman R，Wilson G F，2008. Putting the brain to work：Neuroergonomics past，present，and future[J]. Human Factors，50（3）：468-474.

Proctor R W，van Zandt T，2008. Human factors in simple and complex systems[M]. New York：CRC Press.

Rahman M N A，Mohamad S S，2017. Review on pen-and-paper-based observational methods for assessing ergonomic risk factors of computer work[J]. Work，57（1）：69-77.

Reid G B, Nygren T E, 1988. The subjective workload assessment technique: A scaling procedure for measuring mental workload[M]//Advances in Psychology. Amsterdam: Elsevier: 185-218.

Reimer B, Mehler B, Coughlin J F, et al., 2009. An on-road assessment of the impact of cognitive workload on physiological arousal in young adult drivers[C]//Proceedings of the 1st International Conference on Automotive User Interfaces and Interactive Vehicular Applications. September 21-22, 2009. Essen, Germany. ACM: 115-118.

Rowe D W, Sibert J, Irwin D, 1998. Heart rate variability: indicator of user state as an aid to human-computer interaction[C]//Proceedings of the SIGCHI Conference on Human Factors in Computing Systems-CHI '98. April 18-23, 1998. Los Angeles, California, USA. ACM.

Rubio S, Díaz E, Martín J, et al., 2004. Evaluation of subjective mental workload: A comparison of SWAT, NASA-TLX, and workload profile methods[J]. Applied Psychology, 53 (1): 61-86.

Rugg M D, Dickens A M J, 1982. Dissociation of alpha and theta activity as a function of verbal and visuospatial tasks[J]. Electroencephalography and Clinical Neurophysiology, 53 (2): 201-207.

Ryu K, Myung R, 2005. Evaluation of mental workload with a combined measure based on physiological indices during a dual task of tracking and mental arithmetic[J]. International Journal of Industrial Ergonomics, 35 (11): 991-1009.

Schaap T W, van der Horst R A, van Arem B, et al., 2013. The relationship between driver distraction and mental workload[M]// Regan M A, Lee J D, Viktor T W, eds. Driver Distraction and Inattention: Advances in Research and Countermeasures, Volume 1: 63-80. Farnham: Ashgate.

Sheridan T B, 1980. Mental workload-What is it? Why bother with it? [J]. Human Factors Society Bulletin, 231-232.

Sirevaag E J, Kramer A F, Wickens C D, et al., 1993. Assessment of pilot performance and mental workload in rotary wing aircraft[J]. Ergonomics, 36 (9): 1121-1140.

So W K Y, Wong S W H, Mak J N, et al., 2017. An evaluation of mental workload with frontal EEG[J]. PLoS One, 12 (4): e0174949.

Solís-Marcos I, Kircher K, 2019. Event-related potentials as indices of mental workload while using an in-vehicle information system[J]. Cognition, Technology & Work, 21 (1): 55-67.

Splawn J M, Miller M E, 2013. Prediction of perceived workload from task performance and heart rate measures[J]. Proceedings of the Human Factors and Ergonomics Society Annual Meeting, 57 (1): 778-782.

Stewart T F M, 1979. Eyestrain and visual display units: A review[J]. Displays, 1 (1): 17-24.

Sun Y, Ding Y, Jiang J Y, et al., 2022. Measuring mental workload using ERPs based on FIR, ICA, and MARA[J]. Computer Systems Science and Engineering, 41 (2): 781-794.

Svensson E, Angelborg-Thanderz M, Sjoberg L, et al., 1997. Information complexity: Mental workload and performance in combat aircraft[J]. Ergonomics, 40 (3): 362-380.

Tao D, Tan H B, Wang H L, et al., 2019. A systematic review of physiological measures of mental workload[J]. International Journal of Environmental Research and Public Health, 16 (15): 2716.

Tsang P S, Vidulich M A, 1986. Mental workload and situation awareness [M]//Handbook of Human Factors and Ergonomics (3rd ed.) . NJ: John Wiley & Sons: 243-268.

Veltman J A, Gaillard A W, 1998. Physiological workload reactions to increasing levels of task difficulty[J]. Ergonomics, 41 (5): 656-669.

Vera J, Jiménez R, García J A, et al., 2017. Intraocular pressure is sensitive to cumulative and instantaneous mental workload[J]. Applied Ergonomics, 60: 313-319.

Verwey W B, 2000. On-line driver workload estimation: Effects of road situation and age on secondary task measures[J]. Ergonomics, 43 (2): 187-209.

Vidulich M A，Wickens C D，1986. Causes of dissociation between subjective workload measures and performance[J]. Applied Ergonomics，17（4）：291-296.

Wang S，Gwizdka J，Chaovalitwongse W A，2016. Using wireless EEG signals to assess memory workload in the n-back task[J]. IEEE Transactions on Human-Machine Systems，46（3）：1-12.

Wegner D M，1994. Ironic processes of mental control [J]. Psychological Review，101（1）：34-52.

Wewerinke P H，1974. Human operator workload for various control conditions[J]. Proceedings of the 10th Annual NASA Conference on Manual Control，Wright-Patterson AFB，Ohio：167-192.

Wicken Y Y Y C D，1984. The dissociation of subjective measures of mental workload and performance[J]. Human Factors，30（1）：111-120.

Wickens C D，2002. Multiple resources and performance prediction[J]. Theoretical Issues in Ergonomics Science，3（2）：159-177.

Wickens C D，2008. Multiple resources and mental workload[J]. Human Factors，50（3）：449-455.

Wickens C D，Hollands J G，1999. Engineering psychology and human performance [M]. 3rd edition. London：Pearson Education.

Wierwille W W，Gutmann J C，Hicks T G，et al.，1977. Secondary task measurement of workload as a function of simulated vehicle dynamics and driving conditions[J]. Human Factors，19（6）：557-565.

Williges R C，Wierwille W W，1979. Behavioral measures of aircrew mental workload[J]. Human Factors，21（5）：549-574.

Wilson G F，2002. An analysis of mental workload in pilots during flight using multiple psychophysiological measures[J]. The International Journal of Aviation Psychology，12（1）：3-18.

Wilson G F，Russell C A，2003. Real-time assessment of mental workload using psychophysiological measures and artificial neural networks[J]. Human Factors，45（4）：635-643.

Wilson J R，Rajan J A，1995. Human-machine interfaces for systems control[M]// Wilson J R，Corlett E N，eds. Evaluation of Human Work：A Practical Ergonomics Methodology：357-405. London：Taylor & Francis.

Wilson M，2002. Theoretical and review articles six views of embodied cognition[J]. Psychonomic Bulletin & Review，9（4）：625-636.

Young M S，Brookhuis K A，Wickens C D，et al.，2015. State of science：Mental workload in ergonomics[J]. Ergonomics，58（1）：1-17.

Young M S，Stanton N A，2002. Malleable attentional resources theory：A new explanation for the effects of mental underload on performance[J]. Human Factors，44（3）：365-375.

Zahabi M，Zhang W J，Pankok C，et al.，2017. Effect of physical workload and modality of information presentation on pattern recognition and navigation task performance by high-fit young males[J]. Ergonomics，60（11）：1516-1527.

ZhangY，Luximon A，2005. Subjective mental workload measures[J]. Ergonomia IJE & HF，27（3）：199-206.

Zhou T，Cha J S，Gonzalez G，et al.，2020. Multimodal physiological signals for workload prediction in robot-assisted surgery[J]. ACM Transactions on Human-Robot Interaction，9（2）：12.

Zijlstra F，van Doorn L，1985. The construction of a scale to measure perceived effort[M]. University of Technology.

第9章　脑力负荷EEG测量——以VDT模拟作业为例

随着VDT在生活和工作中的普及，操作人员也将面临一系列职业疾病的挑战。长时间使用视觉显示终端进行作业，不仅会导致视觉疲劳和肌肉骨骼劳损，还会引起失眠、病态建筑综合征等心理方面的疾病（陈成明等，2014；Kubo et al.，2006）。因此，在作业中实时监测视觉显示终端作业者认知能力的同时，对作业者脑力负荷进行准确评估和预测，并根据预测结果及时调整作业者的工作任务，对预防脑力疲劳与职业疾病的发生，改善作业者的工作绩效，具有重要意义。然而，以往对于脑力负荷的测量和识别研究主要集中在汽车驾驶、飞行操控和医疗服务等行业（Abd Rahman et al.，2020；Mansikka et al.，2019），对于日常生活和工作中的视觉显示终端作业却涉及较少。因此，本章以VDT模拟作业为研究对象，探索脑力负荷的测量和识别方法，以及在不同状态下作业者脑内信息处理神经机制的差异。

准确实时的脑力负荷测量是有效进行作业管理的基础。针对脑力负荷的主观、多元和动态性等特征，目前研究常以主观评价、工作绩效、生理指标这三类数据进行度量。主观评价因其简单且便捷而被大量研究所采用，主要有NASA-TLX和SWAT等。Abd Rahman等（2020）对脑力负荷的主观评价研究结果显示，随着驾驶负荷的增加，NASA-TLX评分出现了显著上升。在工作测量方面，Soenandi等（2019）发现高水平的脑力负荷会增加员工数据输入错误的概率。然而，上述量化指标和数据的收集难以在VDT作业中实时进行。因此，基于无创和实时监测手段的生理电信号被广泛运用于脑力负荷的测量。崔凯等（2008）考察了心率变异性在不同脑力负荷下的变化规律；Karavidas等（2010）的研究表明呼吸系统与任务负荷有着紧密联系。同样，基于时频分析的脑电信号对脑力负荷的变化也非常敏感（Mansikka et al.，2019；Abd Rahman et al.，2020）。因此，通过生理指标研究VDT作业者脑力负荷的累积规律具有重要的意义。

EEG测量是一种通过分布在头部特定位置的电极来记录脑细胞自发电位变化的方法。相较于其他生理指标，EEG具有较高的时间分辨率，且对任务变量更加敏感。尽管基于时频分析的脑电信号被证明是识别脑力负荷的有效手段，但是其无法反映不同负荷下作业者大脑的功能连接情况。实际上，人类大脑在结构和功能上均可以被认为是一个典型的复杂网络，使用连接性算法测量大脑各区域的功能连接强度,通过图论和复杂网络理论探讨脑功能网络的拓扑结构与特征参数,可以帮助研究人员更好地了解作业者对输入信息的处理能力(Qi et al.,2019)。Sciaraffa 等(2017)在计算机认知操作任务中发现工作负荷与脑网络的聚类系数呈负相关。Shaw等(2019)在不同条件下比较了作业者执行任务时 EEG 的功能连接,结果显示在高认知需求条件下作业者 α 频带的功能连接显著降低。Chen 等(2019)对驾驶操作的 EEG 研究表明,疲劳状态在导致操作者额叶和顶叶的 α 频带功能连接强度降低的同时,网络的平均聚类系数显著下降,特征路径长度明显上升。然而,VDT作业人员如何调节大脑功能连接和网络结构来应对日常工作中的脑力负荷,脑功能网络与脑力负荷间的关系能否被定量化测量,目前仍然缺少关键性的证据。

为了寻找脑力负荷的有效度量指标,探索脑力负荷对大脑皮层功能连接与网络的影响并构建脑力负荷的生理识别模型,本研究设计了不同难度的心算任务以模拟日常 VDT 作业。心算,是一种典型的需要高度脑力资源的作业任务,不同难度与不同时间限制的心算任务能够给予被试不同程度的心理压力(Kazui et al.,2000;Al-Shargie et al.,2016);作业者认知状态与心算复杂度的改变也已被发现会增强或抑制 α 和 θ 频带的能量值(Kazui et al.,2000);此外,使用 fMRI 与 fNIRS等脑成像技术,证明了心算能够激活额叶等与记忆、情绪和注意力高度相关的脑区(Al-Shargie et al.,2017)。因此,本章提出如下假设:不同脑力负荷下的视觉显示终端心算作业会影响操作人员脑区间的功能连接强度,进而引起脑网络拓扑结构的显著变化;并且某些特定频率范围内的网络特征参数对脑力负荷的变化非常敏感,可以作为脑力负荷识别模型的分类指标。

本章主要采用了定性与定量相结合的研究方法对 VDT 作业者的脑力负荷进行了综合分析,首先,通过 NASA-TLX 量表(Hart and Staveland,1988)对被试的工作负荷进行主观评定;其次,提取心算的正确率与反应时间进行绩效分析;而在生理评估方面,记录下被试在心算过程中的 EEG 信号,依据功能连接算法计算不同脑区间的功能连接强度,根据计算结果构建加权邻接矩阵并二值化以建立脑网络,然后使用图论算法计算脑网络在不同阈值下的度量指标,并最终提取了其中对脑力负荷敏感的网络特征参数,构建 VDT 作业的脑力负荷生理识别模型,以寻找 VDT 作业的脑力负荷测量分类生理指标,揭示脑力负荷的神经变化机制。

9.1　实　验　设　计

9.1.1　实验被试

被试来自安徽工程大学的 18 位在校大学生(男 9 人,女 9 人,平均年龄:21.7 岁,标准差：1.22；范围：19～24 岁）。被试身体心理健康，视力或矫正视力正常；无神经或精神病史，无心理疾患及器质性疾病史，无脑部和脊髓手术史。所有被试在此之前未做过类似实验，且均为自愿参加实验并在实验前签署了书面同意书。实验结束后给予被试一定报酬作为奖励。

9.1.2　实验任务

为了模拟日常 VDT 作业，研究通过 E-Prime3.0 软件设计了两种不同难度的心算任务（图 9-1）。为了确保被试掌握实验操作的规则和步骤，被试在正式实验开始前均进行了讲解和练习。每位被试在经过 10min 的低难度心算任务后休息 10min，再进行 10min 的高难度心算任务，以确保脑力负荷的差异仅由任务工作量引起。

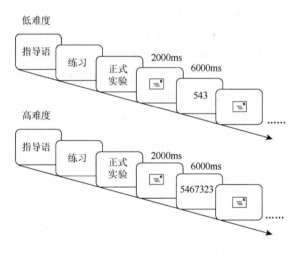

图 9-1　VDT 心算任务实验流程

在低难度任务下，计算机显示屏中心的白色窗口内会呈现出一组三个黑色个位数，被试需要判断这三个数字的和是否在[10, 20]区间内。在高难度任务中，计算机显示屏中心的白色窗口将呈现出一组七个黑色个位数，被试需要对这七个数字进行加减混合计算，并判断其结果是否在[-4, 6]区间内。每组数字的呈现时间均为 6000ms，而在每一组数字显示之前，一个呈现时间为 2000ms 的红色十字注视点会出现在屏幕中央以提醒被试集中注意力。以上任务中，如果计算结果落入了预定的区间范围内，被试需要尽快单击鼠标来进行反馈。如果计算结果在范围之外，被试则被要求右击鼠标进行反馈。

9.1.3 实验环境

整个实验于安徽工程大学语言认知研究所的电磁屏蔽室内完成。依据正常的作息制度，实验时间安排在上午 8 点~11 点和下午 2 点~5 点。一块 23.8in（54.66cm×40.51cm）的 LCD 显示屏（N246v，Hewlett Packard）放置在被试双眼前 70cm 距离处。实验时严格控制屏蔽室温度为 24±1℃，光照强度为 150±3lux，声压级为 15±5dB，各项环境参数均保持在人体舒适的范围内。

9.1.4 主观脑力负荷评估

NASA-TLX 是一种用于收集人机系统中操作者主观评定信息的脑力负荷评估工具。其包含了不同感知方面的六个子量表：脑力需求、体力需求、时间需求、业绩水平、努力程度和挫折水平。每个子量表的评价范围在 1~20，通过加权运算得到 NASA-TLX 的总分范围则在 0~100 分。在每次心算任务结束后，立刻收集被试的加权信息和六个子量表的评分，评级分数越高表示被试在该条件下感知到的工作负荷量越大。

为了反映被试在当前任务难度下的工作绩效，通过实验软件 E-Prime3.0 记录被试在每一次心算中从数字出现到按下鼠标进行反馈的时间的同时，记录下被试每一次心算的正误情况。

9.1.5 脑电记录与预处理

脑电数据通过 ActiCHamp Amplifier（Brain Products，Germany）放大后，再通过 BrainVision Recorder software（Brain Products，Germany）记录并保存。信号的初始采样频率为 1000Hz，初始带宽为 0.05~70Hz。依据国际 10~20 定位系统，24 个 Ag/AgCl 电极（Fp1、Fp2、F3、F4、C3、C4、P3、P4、O1、O2、F7、F8、T7、T8、P7、P8、TP9、TP10、Fpz、Fz、FCz、Cz、Pz 和 Oz）被放置在相应的脑区表层。选取 FCz 为参考电极，Fpz 为接地电极。为了消除 EEG 中的眨眼伪迹，使用 Fp1 电极记录垂直眼电信号（VEOG），通过放置在被试眼角外侧 1cm 处的电极采集了水平眼电信号（HEOG）。以上所有电极的阻抗均保持在 5kΩ 以下。

离线数据处理。通过 MATLAB（MathWorks，Natick，USA）中的 EEGLAB v2019.0 工具箱，将每次心算任务的连续数据分割成五段 10s 长度的脑电信号，分别对应实验开始后的 2min，4min，6min，8min，10min。将参考电极转换为双侧乳突（TP9，TP10），降低信号的采样率至 256Hz，然后使用 FIR（finite impulse response，有限长单位冲激响应）滤波器对信号进行 1～30Hz 的数字带通滤波，以降低信号漂移和电路噪声。为了去除眼部和肌肉伪影，使用独立成分分析算法 AMICA 将分割后的脑电信号分解为独立分量，然后通过一个高效的分类器（multiple artifact rejection algorithms，MARA）以半自动化的方式剔除了包含伪迹的分量。此外，以 dB20 为母波，通过 7 层小波包变换（wavelet packet transform，WPT）将脑电信号分解至不同频带，并最终重组为 σ（1～4Hz）、θ（4～8Hz）、α（8～13Hz）和 β（13～30Hz）四个常见的子频带。

9.1.6　脑功能网络

脑皮质区域间的神经生理活动与时间序列的相关性称为功能连接，相位同步是功能连接的一个重要表现。因此，多种基于相位的连通性算法被广泛用于衡量 EEG 信号间的同步关系。

加权相位滞后指数（weighted phase-lag index，WPLI）能够计算两个通道间的相位角差在复数平面上分布的不对称性，并依据相位角差与原点间距离的大小来进行加权。它已被证明能够最小化容积传导和噪声对连接性分析干扰的风险。EEG 信号的相位同步性越强，相位角差的分布越不对称，WPLI 的值就越大。在数学上，WPLI 的表达式被定义为

$$\text{WPLI}=\frac{\left|E\left\{\left|\Im(X)\right|\operatorname{sgn}\left(\Im(X)\right)\right\}\right|}{E\left\{\left|\Im(X)\right|\right\}} \tag{9-1}$$

其中，$\Im(X)$ 表示电极间交叉谱的虚数部分，sgn 表示符号函数，$E\{\}$ 表示期望值运算符。

对于每位被试，计算两两电极间 EEG 信号的 WPLI，并将其按照电极顺序排列为一个二维邻接矩阵，即功能连接矩阵（20 通道×20 通道），矩阵的每个元素对应两个电极间的 WPLI 值。将该心算难度下每个子频带中五段数据的功能连接矩阵平均后，计算矩阵中 20 个电极 WPLI 的平均值，作为该被试的全脑平均 WPLI。

功能连接矩阵是构建脑功能网络的前提，而网络结构则对矩阵阈值 T 非常敏感。因此，选择阈值范围为 0.2～0.6，步长为 0.01，将四个子频带下的功能连接矩阵转化为二值邻接矩阵。最后，以邻接矩阵中的所有电极为网络的节点，矩阵的元素 a_{ij} 为连接节点 i 和节点 j 的边，构建起每个被试在不同状态下的二值脑功能网络。

典型的网络系统是由节点和连接节点的边所组成的。为了进一步探索脑功能网络的拓扑属性，本研究计算了常见的网络度量指标与特征参数（Rubinov and

Sporns，2010），其中包括节点度、平均节点度、平均聚类系数、全局效率和局部效率。

一个节点的度（k_i）被定义为网络中该节点的连接边的数量，而平均节点度（K）是网络中所有节点的度的平均数，由下列方程式计算：

$$K = \frac{1}{n} \sum_{i,j \in N} a_{ij} \tag{9-2}$$

其中，a_{ij} 表示二值邻接矩阵中第 i 行第 j 列的元素，N 表示网络中所有节点的集合，n 表示节点的总数量。

聚类系数（C_i）是节点 i 邻居节点间的实际连接数量与最大连接数量的比值。平均聚类系数（C）被定义为网络中所有节点的聚类系数的均值并计算为

$$C = \frac{1}{n} \sum_{i \in N} \frac{2t_i}{k_i(k_i - 1)} \tag{9-3}$$

其中，k_i 表示节点 i 所有邻居节点的总数量，t_i 表示与节点 i 相邻的 k_i 个邻居节点间的实际连接边数。

特征路径长度（L）是所有节点对之间的最短路径长度的均值并计算为

$$L = \frac{1}{n} \sum_{i \in N} \frac{\sum_{j \in N, j \neq i} d_{ij}}{n - 1} \tag{9-4}$$

其中，d_{ij} 表示网络中节点 i 与节点 j 之间的最短路径长度。由于孤立节点的存在会导致网络的特征路径长度无法计算，因此研究人员提出通过节点对最短路径长度的倒数来计算网络的全局效率（E_{glo}），其被定义为

$$E_{glo} = \frac{1}{n} \sum_{i \in N} \frac{\sum_{j \in N, j \neq i} d_{ij}^{-1}}{n - 1} \tag{9-5}$$

局部效率（E_{loc}）是一个在聚类系数的基础上经过改进的网络度量指标，被定义为

$$E_{loc} = \frac{1}{n} \sum_{i \in N} \frac{\sum_{j,h \in N, j \neq i} a_{ij} a_{ih} \left[d_{jh}(N_i) \right]^{-1}}{k_i(k_i - 1)} \tag{9-6}$$

其中，$d_{jh}(N_i)$ 表示节点 j 与节点 h 之间通过节点 i 的最短路径长度。

本研究还计算了网络参数的曲线下面积（area under curve，AUC），其对网络拓扑属性的变化非常敏感，能够表征整个阈值范围内网络参数的整体水平。以上数据均通过 SPSS 进行了重复测量方差分析，设置显著性水平为 0.05；为了避免假阳性错误，使用 Bonferroni 校正调节置信区间。

9.2　实　验　结　果

9.2.1　主观评价结果

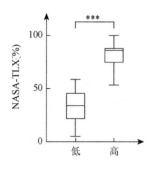

图 9-2　NASA-TLX 的中位值
与分布（***表示 $p < 0.001$）

　　图 9-2 的箱线图显示了被试者在不同难度 VDT 任务中 NASA-TLX 的分布情况。随着 VDT 心算难度的增加，被试的 NASA-TLX 出现了显著上升，说明被试在脑力负荷的主观感受上有很大差异。

　　为了体现任务难度改变对被试的脑力负荷与主观意识的具体影响，对 NASA-TLX 的六个子量表进行统计分析，结果如图 9-3 所示。VDT 模拟任务难度的增加主要导致了被试的脑力需求（MD）、时间需求（TD）、业绩水平（OP）与挫折水平（FR）显著上升，体力需求（PD）和努力程度（EF）则没有出现显著变化。

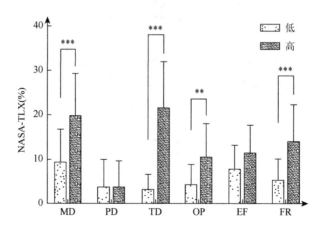

图 9-3　NASA-TLX 子量表的负荷值（**表示 $p < 0.01$；***表示 $p < 0.001$）

9.2.2　工作绩效

　　绩效分析结果如表 9-1 所示，VDT 任务难度对被试的正确率和反应时间均有显著影响。具体来说，随着实验难度的增加，被试心算正确率出现了显著下降，反应时间则出现了明显上升。工作绩效的显著降低证明了不同难度的心算任务对于诱导不同水平的 VDT 作业人员脑力负荷的有效性。

表 9-1　工作测量结果（$\bar{x} \pm s$）

工作测量	低难度	高难度	p
正确率	0.968 ± 0.023	0.650 ± 0.117	< 0.001
反应时间/s	1.67 ± 0.29	5.86 ± 1.08	< 0.001

9.2.3　脑功能连接

图 9-4 展示了将所有被试的功能连接矩阵进行平均后得到的全脑同步性邻接矩阵，矩阵的每个元素即为两两通道间 EEG 信号的 WPLI。可以看出，从低难度任务到高难度任务，被试不同频带 EEG 信号的相位同步性整体呈现下降趋势。

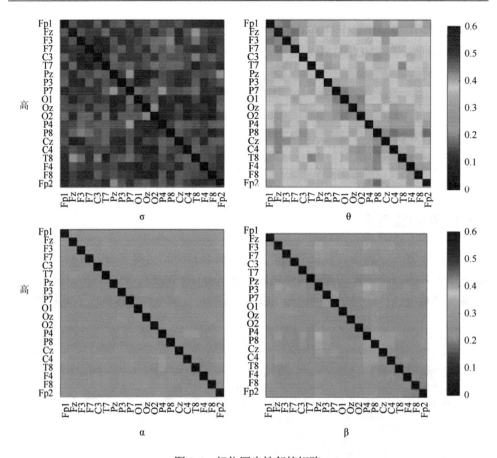

图 9-4　相位同步性邻接矩阵

进一步对所有被试在不同状态下的全脑平均 WPLI 进行统计分析。如图 9-5 所示，在执行 VDT 心算任务时，与低难度任务组相比，高难度任务组被试的全脑 WPLI 均值呈现下降趋势，并且在 α 频带上出现了显著差异。监测结果提示被试在高难度的 VDT 任务中，α 频带的 EEG 信号的相位同步性出现了显著减弱。

9.2.4　脑功能网络

为了确定脑功能网络的拓扑结构，根据图 9-4 的相位同步性邻接矩阵，在阈值 $T = 0.29$ 的条件下构建了二值脑功能网络。如图 9-6 所示，在高难度任务的 α 频带中，被试脑区间的连接边数显著减少，网络的整体连接性出现减弱。

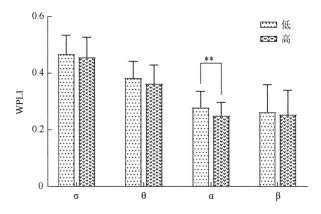

图 9-5　不同难度下所有电极的 WPLI 均值（**表示 $p<0.01$）

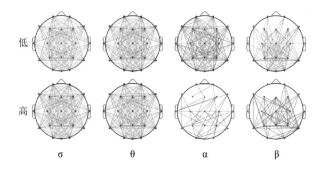

图 9-6　阈值 $T=0.29$ 的二值脑功能网络

　　进一步对整个阈值范围内的网络拓扑属性进行定量分析，计算网络在 0.2～0.6 阈值范围内的特征参数 K、C、E_{glo} 和 E_{loc}（ *$p<0.05$）。如图 9-7 所示，随着阈值 T 的增加，二值网络的各类参数单调递减；并且，与低难度 VDT 任务相比，高难度 VDT 任务下脑网络的 K、C、E_{glo} 和 E_{loc} 在四个频带内均出现了减小的趋势。特别地，在 α 频带的大部分阈值范围内，高难度 VDT 任务中二值脑网络的 K、C、E_{glo} 和 E_{loc} 相较于低难度 VDT 任务均出现了显著降低。而在 δ、θ 和 β 频带中，仅有 δ 频带脑网络的平均聚类系数在极个别阈值中（$T=0.54$）出现了显著差异，除此以外的所有网络参数在整个阈值范围内相较于任务难度的改变均没有出现显著变化。分别计算图 9-7 中所有参数的曲线下面积，检验结果显示高难度组 α 频带的平均节点度[$F（1，17）=11.32$，$p=0.004$，$\eta^2=0.40$]，聚类系数[$F（1，17）=16.92$，$p=0.001$，$\eta^2=0.50$]，全局效率[$F（1，17）=11.35$，$p=0.004$，$\eta^2=0.40$]和局部效率[$F（1，17）=14.01$，$p=0.002$，$\eta^2=0.45$]的 AUC 值相较于低难度任务出现了显著下降。

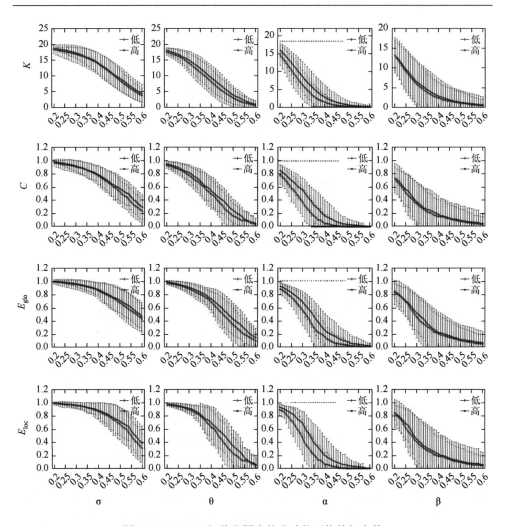

图 9-7　0.2～0.6 阈值范围内的脑功能网络特征参数

表 9-2 给出了不同难度在各个电极的 AUC 值及对比检验结果。

表 9-2　α 频带脑网络节点度的 AUC 值

通道电极	低难度	高难度	p
Fp1	1.89±0.85	1.28±0.83	0.030*
Fp2	1.76±1.01	1.33±0.73	0.022*
Fz	1.65±0.89	1.29±0.75	0.049*
F3	1.79±0.97	1.36±0.94	0.043*

续表

通道电极	低难度	高难度	p
F4	1.68±0.98	1.33±0.86	0.061
F7	2.04±1.08	1.39±0.91	0.024*
F8	1.79±0.97	1.38±0.74	0.025*
Cz	2.03±1.13	1.43±0.91	0.013*
C3	1.99±1.19	1.38±0.83	0.016*
C4	2.02±1.30	1.54±1.15	0.020*
T7	1.89±1.15	1.49±1.03	0.118
T8	1.68±0.97	1.43±0.78	0.225
Pz	2.05±1.07	1.36±0.81	0.003**
P3	2.25±1.24	1.47±0.95	0.002**
P4	2.09±1.30	1.57±0.91	0.012*
P7	2.09±1.12	1.49±0.86	0.029*
P8	2.07±1.31	1.44±0.79	0.031*
Oz	1.93±1.35	1.49±0.86	0.053
O1	1.99±1.18	1.43±1.06	0.014*
O2	1.84±1.33	1.46±0.89	0.079

**. $p < 0.005$；*. $p < 0.05$

9.3　脑力负荷的识别

支持向量机（SVM）是一种基于统计学习理论的机器学习算法，其能够在保证最大化样本分类间隔的同时，使分类误差率最小。本节将低难度任务和高难度任务下被试 α 频带脑网络的平均节点度、聚类系数、全局效率和局部效率的 AUC 值作为脑力负荷的分类特征和 SVM 分类器的输入值；同时，以径向基函数（radial basis function，RBF）为核函数，采用 9 重交叉验证法，将 36 个样本数据分为不相交的 9 组，每次取其中的 8 组训练分类器，余下的一组作为测试集，对 SVM 惩罚因子 C 和核函数的参数 γ 进行参数寻优，共重复 9 次；最终计算这 9 个模型分类正确率的平均值并将其作为脑力负荷 SVM 分类器的性能评价指标。结果如图 9-8 所示，SVM 分类器的准确率达到了 88.0%，高难度任务的分类精确率达到了 85.5%，召回率达到了 91.4%，能够较为准确地判别被试当前脑力负荷的状态水平。

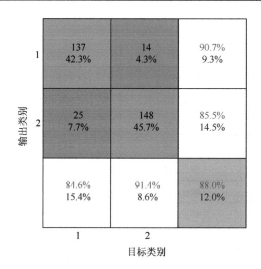

图 9-8　脑力负荷分类结果的混淆矩阵

9.4　讨　　论

基于主观评价和工作测量的结果显示，作业者的 NASA-TLX 均值与工作绩效在不同难度的任务之间有显著差异。具体来说，高难度 VDT 任务中作业者的脑力需求、时间需求、业绩水平、挫折水平和反应时长出现了显著上升，而心算正确率则出现了明显下降。Abd Rahman 等（2020）的研究结果表明高水平脑力负荷下作业者的主观评价显著增加；Soenandi 等（2019）则在复杂任务的测量中观察到了错误率和响应时间的显著上升，其与本章的研究结果趋同。因此，尽管使用主观评价和工作绩效对 VDT 作业者脑力负荷进行评价时会受制于实时测量和任务类型等条件的限制，但是其结果能够有效证明，实验设计的 VDT 任务在脑力负荷上存在显著差异。

基于 EEG 信号的功能连接分析结果显示，VDT 作业者所有频带的相位同步性在高难度任务中普遍出现了下降，并且在 α 频带表现出了显著差异。这与 Shaw 等（2019）的研究结果趋于一致。高难度任务会导致注意力和工作记忆负荷的增加，引起作业者认知需求的上升。连接性分析能够有效地反映出作业者中枢神经系统的工作状态。因此功能连接性的降低表明，VDT 作业者在高脑力负荷条件下认知功能和大脑功能出现了下降，没有为维持必要的思维和认知活动而去激活更多的脑区。

通过脑功能网络，研究人员已经注意到了作业者认知功能的改变和疲劳的积累对于网络结构的影响。因此，对作业者脑功能网络拓扑属性进行定量化测量主要依据是基于图论的网络特征参数。节点度与平均节点度作为复杂网络中最基本的度量指标，反映了网络的规模大小以及连接情况。特征路径长度与全局效率是探索网络整合能力的有效参数，可以表征网络处理和传递信息的效率。聚类系数和局部效率则是度量网络局部信息传递能力和分化程度的指标，能够反映网络中各节点和各连接边的集群程度。

对 VDT 作业者脑功能网络的拓扑结构和特征参数进行进一步比较。与 Chen 等（2019）测量不同工作负荷下脑网络结构与参数的结果趋于一致，在高难度任务中，α 频带脑网络在结构稀疏的同时，其整体连接性和集群性出现了减弱，脑区间信息传递的最短路径长度出现增长，脑区内部的信息加工能力明显下降，作业者中枢神经系统对信息的整合分离效率以及传输能力显著降低。因此，作业者 α 频带脑网络的连接边数显著减少，并且额叶、中央区和顶叶等电极点的节点度以及网络的平均节点度、平均聚类系数、全局效率和局部效率的 AUC 值均出现了显著降低。

为了通过生理信号区分作业者的脑力负荷水平，研究人员采用了包括人工神经网络、线性判别分析、SVM 等在内的多种机器学习算法来进行分类与识别，并取得了较好的分类结果。SVM 对非线性的数据集具有良好的识别准确率，而 EEG 信号则包含了大量的非线性成分。因此在经过参数寻优后，本章以 VDT 作业者 α 频带脑功能网络特征参数的 AUC 值作为输入值，通过 SVM 分类器对 VDT 作业者的脑力负荷进行二分类识别，并使用 9 重交叉验证提升了识别的精确度。结果证明了通过脑网络参数的 AUC 值能够全面、客观、有效地识别和预测不同难度下 VDT 作业者的脑力负荷水平。

9.5　本　章　小　结

通过两种不同难度的 VDT 模拟作业测量实验，收集了 VDT 作业者的主观、绩效和 EEG 生理信号，在此基础上通过功能连接分析和复杂网络分析对作业者的 EEG 信号进行特征提取，并构建了一种识别脑力负荷的机器学习模型。为探究 VDT 作业者信息处理的神经机制以及脑力负荷的预测模型奠定了方法和理论基础，为后续智能办公监测系统的设计以及决策支持系统提供前期的数据支持和理论探索，同时也为 VDT 工作设计提供实践指导。

参 考 文 献

陈成明，虞丽娟，李俊，等，2014. LCD 和 OLED 平板计算机引起的视觉疲劳测量对比实验研究[J]. 工业工程与管理，19（2）：100-106.

崔凯，孙林岩，孙林辉，2008. 心率变异性度量脑力负荷的有效性[J]. 工业工程与管理，13（3）：56-58，63.

Abd Rahman N I, Md Dawal S Z, Yusoff N, 2020. Driving mental workload and performance of ageing drivers[J].

Transportation Research Part F: Traffic Psychology and Behaviour, 69: 265-285.

Al-Shargie F, Kiguchi M, Badruddin N, et al., 2016. Mental stress assessment using simultaneous measurement of EEG and fNIRS[J]. Biomedical Optics Express, 7 (10): 3882-3898.

Al-Shargie F, Tang T B, Kiguchi M, 2017. Assessment of mental stress effects on prefrontal cortical activities using canonical correlation analysis: An fNIRS-EEG study[J]. Biomedical Optics Express, 8 (5): 2583-2598.

Chen J, Wang H, Wang Q, et al., 2019. Exploring the fatigue affecting electroencephalography based functional brain networks during real driving in young males[J]. Neuropsychologia, 129: 200-211.

Hart S G, Staveland L E, 1988. Development of *NASA*-TLX (task load index): Results of empirical and theoretical research[M]//Advances in Psychology. Amsterdam: Elsevier: 139-183.

Karavidas M K, Lehrer P M, Lu S E, et al., 2010. The effects of workload on respiratory variables in simulated flight: A preliminary study[J]. Biological Psychology, 84 (1): 157-160.

Kazui H, Kitagaki H, Mori E, 2000. Cortical activation during retrieval of arithmetical facts and actual calculation: A functional magnetic resonance imaging study[J]. Psychiatry and Clinical Neurosciences, 54 (4): 479-485.

Kubo T, Mizoue T, Ide R, et al., 2006. Visual display terminal work and sick building syndrome-the role of psychosocial distress in the relationship[J]. Journal of Occupational Health, 48 (2): 107-112.

Mansikka H, Virtanen K, Harris D, 2019. Comparison of NASA-TLX scale, modified Cooper-Harper scale and mean inter-beat interval as measures of pilot mental workload during simulated flight tasks[J]. Ergonomics, 62 (2): 246-254.

Qi P, Ru H, Gao L Y, et al., 2019. Neural mechanisms of mental fatigue revisited: New insights from the brain connectome[J]. Engineering, 5 (2): 276-286.

Rubinov M, Sporns O, 2010. Complex network measures of brain connectivity: Uses and interpretations[J]. NeuroImage, 52 (3): 1059-1069.

Sciaraffa N, Borghini G, Aricò P, et al., 2017. Brain interaction during cooperation: Evaluating local properties of multiple-brain network[J]. Brain Sciences, 7 (7): 90.

Shaw E P, Rietschel J C, Shuggi I M, et al., 2019. Cerebral cortical networking for mental workload assessment under various demands during dual-task walking[J]. Experimental Brain Research, 237 (9): 2279-2295.

Soenandi I A, Christy L, Ginting M, 2019. Work performance measurement of data entry employees in E-Commerce industry based on mental workload value[J]. ComTech: Computer, Mathematics and Engineering Applications, 10 (2): 67-73.

第 10 章　脑力负荷的多模式测量研究

自诞生以来，脑力负荷就成了人机工程学、心理学、安全、人机交互和组织行为相关研究领域的热门话题（Young et al.，2015；Akca and Mübeyyen，2020）。20 世纪 80 年代，Hancock 和 Meshkati（1988）以及 Moray（1989）的两篇论文正式开启了人因工程领域关于脑力负荷的研究。最初关于脑力负荷（也有称为认知负荷和脑力劳动）的研究是基于 Baddeley 的工作记忆模型。基于此理论以及有限资源理论（Kahneman，1973），脑力负荷可以定义为操作者对信息的处理速度以及做决策的速度和难度。研究者在认知负荷理论（Paas et al.，1994）以及多资源模型（Wickens，2008）的基础上提出了很多脑力负荷的定义。随着智能时代的到来，大量的信息展示在电子设备上，工作的性质发生了巨大变化，从体力需求转向了脑力需求（Young et al.，2015；Bommer and Fendley，2018；Hancock and Matthews，2019）。信息化的不断深入，使得人们在工作中要处理的信息量越来越大，信息的复杂性越来越高，必然会增加系统中工作人员的工作量以及脑力负荷，而脑力负荷过载将会影响系统中工作者的工作绩效，进而影响系统整体效率的发挥。因此，脑力负荷成了人因工效学领域最为关注的课题之一。

目前测量脑力负荷常用的方法主要有绩效测量法、生理测量法和主观评定测量法，生理测量法因其非侵入性、敏感性和客观性等优势逐渐获得了广泛的应用。反映脑力负荷常用的生理参数主要有脑电、心电、皮电、呼吸及其组合（Charles and Nixon，2019）。基于心电信号对作业人员进行脑力负荷测量的常用指标有心率（HR）和心率变异性（HRV），如 Borghini 等（2014）在模拟飞行实验中发现，HRV 随任务难度的增加而减少，HR 不仅随任务难度的增加而增加，还受紧张和疲劳等其他因素的影响；在应用心电信号的研究中，心跳间期（IBI）是报告最多的时域指标，其次是相邻 RR 间期之差的平均值与心动间隔的标准差；低频与高频的比值（LF/HF）是频域指标中应用最广泛的，如 Hwang 等（2008）在模拟实验中发现，LF/HF 随负荷水平的增大而增大（Tao et al.，2019）。呼吸信号中的呼吸率与呼吸幅度常用于评价脑力负荷水平，如 Ding 等（2020）在多模式的脑力负荷识别任务中发现，呼吸率随任务难度的增加而显著增加；Zhang 等（2021）在研究生理反应实验中发现，呼吸幅度随着脑力负荷环境的升高而升高。

上述的各种生理指标在评估脑力负荷时受应用情景的影响，不同的任务需求和人员差异产生的负荷也不相同，表明单一指标评估的不稳定性和不确定性。现有的对脑力负荷评估的研究多采用生理测量法或主观评定法或生理测量与主观评定相结合的方法，运用统计方法来调查脑力负荷的情况；而机器学习的分类模型以多模态数据为基础，有监督地进行机器学习，从而给出更准确的评估与预测信息（Holzinger et al.，2018）。分类树、线性判别分析（linear discriminant analysis，LDA）、K 最近邻（K nearest neighbor，KNN）、SVM 和人工神经网络（artificial neural networks，ANN）等是目前在脑力负荷评估中常用的机器学习算法，在数据分类中得到了广泛的应用。现有的研究是根据生理参数对脑力负荷进行分类，但多采用单一模态的生理数据，不能有效评估脑力负荷分类模型的准确率，如 Koenig 等（2015）基于心电信号在驾驶任务间的分类准确率仅有 68%。尽管使用多模态组合指标对脑力负荷进行分类，但不同指标评估脑力负荷的能力以及不同组合指标提高分类准确率能力的研究仍较为缺乏，Jimenez-Molina 等（2018）使用多种生理特征作为输入，通过结合皮肤电活动、EEG 和光体积描记（photoplethysmography，PPG），获得了 93.7%的准确性；Yin 和 Zhang（2014）基于脑电和心电双模态指标数据，利用支持向量机构建脑力负荷评估模型。此外，机器学习算法以二分类模型为主，而脑力负荷的量化指标是一个较为连续的过程，与二分类相比，多分类感知脑力负荷的变化能更敏感，因此，多分类模型对脑力负荷的准确评估和预测更有意义。

　　针对上述问题，本章基于 VDT 模拟作业开展研究，对不同难度的作业任务所产生的脑力负荷进行分类，以不同模态生理指标及其组合作为模型输入构建三分类脑力负荷评估模型，系统地评估各模态生理指标在脑力负荷评估中的有效性。

10.1　实　验　设　计

10.1.1　实验被试

　　本实验旨在探讨使用无创可穿戴传感器测量计算机工作时的心理负荷。我们招募了 18 名视力正常或矫正至正常的健康右利手。平均年龄 20.1±0.94 岁，体重 67.6±11.7kg，身高 177±4.1cm，体质指数（body mass index，BMI）为 21.5±3.3。这些参与者没有神经或精神疾病史，也没有心脏相关和皮肤病等器质性疾病史。没有参与者对实验中使用的电极过敏。使用 DSSQ（dundee stress state questionnaire）量表来获取参与者对压力、紧张和情绪的自我报告。回答的分数从"肯定"到"一点也不"分别对应 4 到 1 分。所有的参与者中没有一个人在实验前感到压力、紧张或有较低的负面情绪。每个参与者在实验前都提供了知情同意书，并获得了经济补偿。

10.1.2　实验材料

所有刺激均显示在分辨率为 1920 像素×1080 像素的 Acer P229HQL 屏幕上。实验由 E-Prime 2.0（Psychology Software Tools，Inc.，Pittsburgh，PA）控制。参与者坐在一个光线正常、安静的房间里，与屏幕保持大约 60cm 的距离，没有下巴支撑。使用无创可穿戴心电图（ECG）、皮电（EDA）、肌电图（EMG）和呼吸传感器进行生理信号采集。信号记录和分析在 ErgoLAB 人机环境测试云平台（北京津发科技股份有限公司）上进行。在左侧锁骨（阴性）、右侧锁骨（接地）和左侧肋软骨（阳性）下方分别放置三个电极记录心电图原始数据。采集手指伸肌和斜方肌肌电信号，采集左手食指和中指肌 EDA 信号。使用保湿霜和棉签来减少皮肤阻抗。呼吸活动通过将呼吸测量模块用松紧带固定在受试者的胸部来记录。三个康人®预凝胶一次性 AgCl 电极，活性面积为 $6.15mm^2$（类型：CH3236TD）放置在右手手指伸肌的上下肌肉腹部。肌电信号采样率为 1024Hz，带通滤波器为 5～500Hz，噪声电平为 $1.6\mu V$。信号的均方根（root mean square，RMS）用 120ms 的时间常数来确定。EDA 的采样率为 32Hz，心电图的采样率为 1024Hz，噪声电平为 $1.6\mu V$。实验过程中，所有电极阻抗均保持在 $5k\Omega$ 以下。

10.1.3　实验过程

以不同难度的心算任务为模拟任务，采用计算机模拟的方法，研究不同难度的心算任务对心理负荷、任务表现和生理参数的影响。参与者被要求在实验前一晚休息好，不要喝含咖啡因的饮料。在任务开始前，参与者被要求玩一个刺激任务的训练版本，直到他们熟悉了规则和控制。然后，参与者被训练使用 NASA-TLX 量表，在完成每项任务后，NASA-TLX 量表被用来收集感知心理负荷的主观评分。参与者完成三个任务，在两个任务之间休息 10min。

一种有三种难度的心算任务被设计来引出不同程度的心理负荷。在简单阶段，参与者被要求在 15min 内完成一个由三个数字（即 a + b + c）组成的心算任务。每个心算过程持续 6s，是随机产生的。如果答案在 10 到 20 之间，参与者被要求尽快回答，右击鼠标，否则单击鼠标。然后，在中等难度阶段，参与者被要求在 15min 内完成一个由 5 个数字组成的心算任务（即 a + b–c + d–e）。每个心算操作持续 6s，是随机产生的。如果答案在–5～5，参与者被要求尽快回答，右击鼠标，否则单击鼠标。在困难阶段，参与者被要求在 15min 内完成一个包含 7 个数字的心算任务（即 a + b–c + d–e + f–g）。心算操作是随机产生的，持续 6s。如果答案在 –4～6，参与者被要求尽快回答，右击鼠标，否则单击鼠标。使用 E-Prime 专业软件编写并呈现任务。根据三个难度等级不同的任务，可以得到六个任务顺序。18 名参与者被随机平均分成 6 组。最后，三个参与者被分配到每个任务顺序。正式实验前，参与者练习 1min，在这个过程中并不要求参与者的准确性达到一定程度。

同时采用柔和光（170±3lux）控制环境条件，以消除光对任务绩效的影响。小气候环境设置为舒适水平，温度为 23.6±0.9℃，相对湿度为 36.2±1.5%。一些关于心理负荷测量或预测的生理测量对温度很敏感，如湿度、年龄、性别、一天的时间和季节。因此，实验过程中的环境条件保持不变，尽可能消除任务环境的影响。

10.1.4　数据处理与分析

研究分析了行为数据（即从计算机上显示的任务到单击鼠标的反应时间）和每个任务级别的准确性、主观感知的心理负荷评分和生理反应。首先，通过 ErgoLAB（北京津发科技股份有限公司）对生理信号进行预处理。数据清洗采用小波去噪和高通、低通、均方根滤波。由于信号在不同的尺度上，并且一些处理后的数据不服从近似正态分布，因此使用归一化过程对数据进行转换。这里，将 z-score 标准化应用于某个指数的当前值（x 的标准化为（$x_{current}-x_{average}$）/原始数据的 SD）。每个任务水平下的信号被分为 8 个时间节点（实验前 2min、2min、4min、6min、8min、10min、12min、14min）。然后，采用单因素重复测量方差分析（analysis of variance，ANOVA），考察心理需求水平（易、中、难）的变化对主观评价、任务表现和生理参数的影响。用 Greenhouse-Geisser 校正处理了违反球形检验的结果，并对所有的方差分析报告了效应量（η^2）。成对 t 检验用于分析成对比较。数据分析采用 SPSS 24.0 版本（IBM 公司，Armonk，NY，USA）进行。所有检验的统计学意义设为 $p < 0.05$。

分类器的性能指标是分类准确率、召回率和精度，计算它们来比较本研究中分类器的性能。分类精度被定义为正确分类正负结果的能力，如式（10-1）所示。

$$\text{Accuracy} = \frac{\text{TP} + \text{TN}}{P + N} \times 100 \tag{10-1}$$

其中，TP 为正确标注为相应水平高心理负荷的真阳性，TN 为正确标注为非相应水平高心理负荷的真阴性，P 和 N 为正负数。Precision 被定义为准确预测的比例，Recall 被定义为准确预测的实例的比例，分别如式（10-2）和式（10-3）所示。

$$\text{Precision} = \frac{\text{TP}}{\text{TN} + \text{FP}} \times 100 \tag{10-2}$$

$$Recall = \frac{TP}{TP + FN} \times 100 \qquad (10\text{-}3)$$

其中，FN 为假阴性，表示错误标注为对应水平高心理负荷的数据点；FP 为假阳性，表示错误标注为对应水平非高心理负荷的数据点。

10.2　实　验　结　果

10.2.1　主观评估结果

使用 NASA-TLX 量表，包括六个维度，收集参与者的主观反应来评估心理负荷。心理负荷主观评分分别为 40.14（SD = 12.64）、51.91（SD = 14.55）和 62.79（SD = 14.75）。统计分析显示，任务难度有主要影响 $[F(2, 34) = 32.559, p < 0.001, \eta^2 = 0.657]$。此外，配对 t 检验显示简单和中等难度任务之间有显著差异（$t = -6.07$, $p < 0.001$），简单和困难的任务之间存在显著差异（$t = -6.93$, $p < 0.001$），中等难度和困难的任务之间存在显著差异（$t = -3.82$, $p = 0.001$）。图 10-1 显示了 NASA-TLX 子量表值不同难度级别任务之间的比较。对心理负荷的主观评价结果显示，不同难度任务在体力需求和挫折水平方面没有差异。

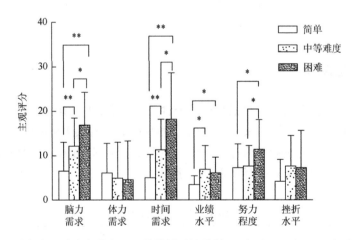

图 10-1　三种任务下脑力负荷主观评估结果对比分析（*表示 $p < 0.05$；**表示 $p < 0.01$）

10.2.2　任务绩效

在实验过程中还收集了准确率和反应时间（即从刺激呈现到被试单击鼠标的时间）。简单、中等难度、困难水平任务的准确率分别为 0.97（SD = 0.02）、0.84

（SD＝0.10）、0.65（SD＝0.12）。简单、中等难度和困难水平任务的反应时间分别为1.67s（SD＝0.31）、3.76s（SD＝0.60）和5.86s（SD＝1.11）。统计分析表明，任务难度对准确率和反应时间有主要影响[$F_{(2, 34)}＝397.074$，$p＜0.001$，$\eta^2＝0.959$；$F_{(1.51, 25.72)}＝83.484$，$p＜0.001$，$\eta^2＝0.831$]。从图10-2可以看出，被试在简单水平任务中比在中等难度水平任务中更准确、反应更快，在中等难度水平任务中比在困难水平任务中反应更快。

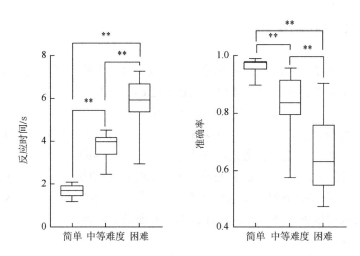

图10-2　三种任务下的任务绩效对比（**表示$p＜0.01$）

10.2.3　生理测量结果

记录并分析生理信号，包括平均每分钟心跳次数、LF/HF比值、平均皮肤电导（SC）和呼吸频率。同时采集肌电信号振幅RMS（Y_{RMS}）和中位数频率，以确定不同任务间的体力负荷是否存在差异。生理指标根据Charles和Nixon（2019）的研究选取，生理指标及解释如表10-1所示。

表10-1　生理指标及解释

指标	单位	描述
AVHR	bpm	每分钟的心跳次数
LF/HF	—	心率变异性的一种指标，指低频与高频心电功率频谱密度的比值
Y_{RMS}	μV	指肌电幅值的均方根
MF	%	指肌电的中位数频率
SC Mean	μS	指皮肤阻抗均值
Respiration	r/min	指每分钟的呼吸次数

生理指标的描述性统计分析见表 10-2。然后，对这些生理特征进行方差分析，以寻找不同条件下的激活差异，并分析这些生理特征与心理负荷评估的相关性。

表 10-2　生理指标的描述性统计分析

任务 指标	简单水平任务		中等难度水平任务		困难水平任务	
	均值	标准差（SD）	均值	标准差（SD）	均值	标准差（SD）
AVHR	82.5	8.5	84.5	9.4	84.3	8.5
LF/HF	8.24	3.86	7.98	4.37	11.22	7.12
Y_{RMS}	32.68	19.53	31.43	17.47	30.15	13.76
MF	20.08	2.56	20.36	1.78	20.53	1.78
SC Mean	12.01	7.51	13.38	7.17	13.78	7.94
Respiration	18.60	2.58	20.00	2.70	20.85	2.83

1. 皮肤电数据

EDA 信号通过 ErgoLAB 人机环境测试云平台（北京津发科技股份有限公司）以 0.05～500Hz 的频率进行带通滤波，并以 64Hz 的频率进行数字化。采用带阻滤波器来消除 50Hz 的工频干扰。使用移动均方根滤波器消除噪声，窗口大小为 125ms。在实验过程中，有两名被试的数据因信号缺失而被删除。最后，实验分析了 16 名受试者（18～21 岁，平均年龄 20.0 岁，SD = 0.97）的 EDA 数据。重复测量的方差分析结果表明，任务主效应显著 [$F(30) = 7.586$，$p = 0.002$，$\eta^2 = 0.336$]；且配对 t 检验结果表明，相对于中等难度水平任务和简单水平任务，困难水平任务能够诱发较高的 SC 值 [$t(15) = -4.955$，$p < 0.001$ 和 $t(15) = -5.262$，$p < 0.001$]。SC 均值在中等难度水平任务条件下大于简单水平任务 [$t(15) = -2.212$，$p < 0.043$]。此外，比较结果表明在任务前的 SC 均值无显著性差异（$p_s > 0.05$）。不同任务下平均 SC 值随时间的变化如图 10-3 所示。

2. 心电数据

心电测量指标通常分为时域和频域两类，其中心率变异性（HRV）和心率是较为常用的两个测量指标（Charles and Nixon，2019）。本研究对心电数据处理采用中等强度小波去噪去除白噪声。然后以 0.5～20Hz 的频率对信号进行带通滤波，并以 1024Hz 的频率进行数字化，采用带阻滤波器消除 50Hz 工频干扰。获取时域和频域指标（HR 和 LF/HF）。HR 重复测量方差分析结果显示，任务水平的主效应不显著 [$F(2, 34) = 2.645$，$p = 0.086$，$\eta^2 = 0.135$]。配对 t 检验结果显示，

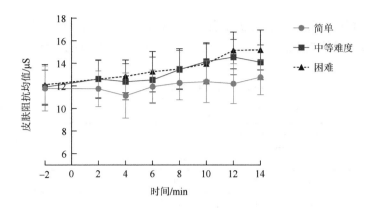

图 10-3　皮电数据动态变化情况

在中等难度水平和困难水平诱发的 HR 高于简单水平并且统计结果接近显著性 [$t(17) = -2.071$（$p = 0.054$）和 $t(17) = -1.965$（$p = 0.066$）]。中等难度水平和困难水平之间无显著性差异 [$t(17) = 0.127$，$p = 0.900$]。此外，比较结果显示，在任务前的 HR 无显著性差异（$p_s > 0.05$）。不同任务下 HR 随时间的变化如图 10-4 所示。

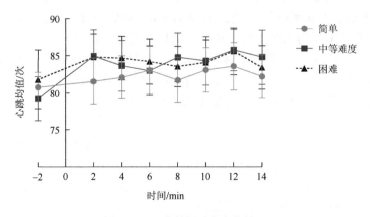

图 10-4　心率数据动态变化情况

LF/HF 的重复测量方差分析结果显示，任务水平存在显著的主效应 [$F(2, 34) = 5.6$，$p = 0.008$，$\eta^2 = 0.248$]。配对 t 检验表明，与简单和中等难度水平任务相比，困难水平任务能够诱发较高的 LF/HF 比值 [$t(17) = -2.641$，$p = 0.017$ 和 $t(17) = -2.411$，$p = 0.027$]。但简单和中等难度水平任务相比没有明显区别 [$t(17) = 0.410$，$p = 0.687$]。此外，比较结果表明，任务前的 LF/HF 比值并无显著性差异（$p_s > 0.05$）。不同任务下的 LF/HF 随时间的变化如图 10-5 所示。

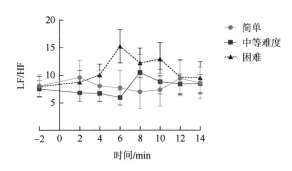

图 10-5　LF/HF 数据动态变化情况

3. 呼吸数据

呼吸信号处理采用中等强度小波去噪去除白噪声，然后对呼吸信号进行 0.5～20Hz 的带通滤波，并以 64Hz 的频率进行数字化处理。采用带阻滤波器消除 50Hz 工频干扰，基线噪声以 0.5Hz 的截止频率进行滤波。重复测量方差分析结果显示，任务水平的主效应显著$[F(2, 34) = 17.624，p < 0.001，\eta^2 = 0.509]$。配对 t 检验表明，与中等难度和困难水平任务相比，简单水平任务能够诱发较低的呼吸频率$[t(17) = -4.639，p < 0.001；t(17) = -4.879，p < 0.001]$。且中等难度水平任务条件下的呼吸频率比值低于困难水平任务$[t(17) = -2.299，p = 0.034]$。比较结果显示，任务前并没有表现出明显差异（$p_s > 0.05$）。不同任务下的呼吸频率随时间的变化如图 10-6 所示。

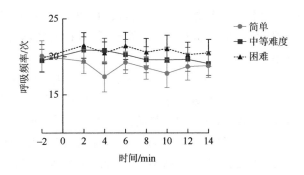

图 10-6　呼吸频率数据动态变化情况

4. 肌电数据

在实验过程中还记录了肌电活动，以确定不同任务之间的体力负荷是否存在显著差异。在源端对肌电信号进行预放大，带通滤波为 5～500Hz；使用 125ms 的时间常数来确定肌肉振幅的 RMS；并采用带阻滤波器消除 50Hz 工频干扰。肌电研究中最常用的指标是振幅和 MF。随着体力负荷的增加，肌肉振幅增大，MF 减小。Y_{RMS} 和 MF 的重复测量方差分析结果显示，任务水平间无显著主效应[F(2, 34) = 0.412，p = 0.666，η^2 = 0.024 和 F(2, 34) = 0.294，p = 0.747，η^2 = 0.017]。结果证实，不同任务间的体力负荷无显著差异。

10.2.4　脑力负荷识别

在此基础上进行特征选择，提高分类效率和时间开销。从方差分析结果可以看出，共有四个特征在三个困难等级中有显著不同的分布。这表明，这些任务对应于不同的难度水平，并显示了这些特征对以后三项任务分类的兴趣。所有这些生理指标和性能数据都作为分类器的输入。以不同难度的任务作为输出。共从 18 名参与者的 7 个时间节点中提取了 378 个数据点（54×7）。采用前馈-反向传播神经网络（back propagation neural network，BPNN）对三个任务层次进行分类。生理指标数据作为模型的输入，并使用 10 个节点的隐藏层，有 3 个输出节点：低难度、中难度、高难度。80%的数据是随机选择的训练集，剩下的 20%被用作测试数据，基于十折交叉验证以观测模型的泛化能力。研究发现人工神经网络缺乏透明度和难以解释（Fong et al.，2010）。LDA、SVM、分类树、KNN 等常用于建立适合生理指标的预测非线性模型。采用 LDA 是因为样本数量较少，这有时会增加奇异协方差矩阵的问题（Jang et al.，2015）。不同分类模型的比较如表 10-3 所示。这些标准（即准确率、召回率和精确率）被用来评估不同分类器的分类性能（Tjolleng et al.，2017）。利用 MATLAB 2018b 的分类学习工具箱编程实现了 BPNN 和分类模型（数据及资料等见 https://share.weiyun.com/5Ed0GpT）。

表 10-3 给出了使用不同指标作为输入的前五个分类器模型的准确性。采用 BPNN 和立方 SVM 作为所有参数的输入，可以达到约 78%的最佳性能。此外，使用所有类型的数据作为输入的完整模型达到了 96.4%的准确率。将分类学习器工具箱中的分类器方法与 BPNN 进行比较，在所有生理指标作为输入的情况下，加权 KNN 算法的准确率达到 77%，SVM 算法的准确率达到 77.6%。其他算法的分类精度较低。当只设置一个生理指标作为输入时，分类的准确率明显下降，即准确率低于 48%。LDA 在心理负荷识别中准确率最低。此外，两两比较检验表明，当所有生理指标作为输入时，LDA 模型的性能低于其他模型（p<0.01）。当使用组合信号作为输入时，与单一生理指标作为输入相比，识别精度可提高约 30%。此外，在三种生理指标中，EDA 和 ECG 表现相近（p>0.05），且准确度高于呼吸输入（p<0.05）。此外，两两比较检验结果显示，以生理和任务表现指标作为输入时，分类准确率显著提高（p<0.01）。

表 10-3　不同机器算法的分类精度对比

指标	分类方法	准确率（%）	召回率（%）	精确率（%）
所有指标	BPNN	96.40	96.37	96.50
	Cubic SVM	96.30	96.33	96.33
	Weighted KNN	95.20	95.00	95.33
	Medium Tree	93.40	93.33	93.67
	LDA	90.70	90.67	91.00
所有生理指标	BPNN	78.30	77.40	77.80
	Weighted KNN	77.00	76.33	75.67
	Quadratic SVM	76.70	75.67	76.33
	Fine Tree	74.90	74.33	73.33
	LDA	61.90	60.67	61.00
心电 + 皮电	BPNN	58.50	58.47	58.47
	Bagged Tree	56.90	56.67	57.00
	Weighted KNN	55.60	55.67	55.33
	Fine Gaussian SVM	55.00	56.30	55.00
	LDA	40.00	40.30	39.67
心电 + 呼吸	BPNN	50.50	52.70	51.47
	Weighted KNN	50.00	50.33	50.00
	Fine Gaussian SVM	49.50	49.33	45.67
	Bagged Tree	46.30	46.00	46.70
	LDA	42.90	35.16	55.56
皮电 + 呼吸	BPNN	48.90	48.97	48.70
	RUSBoosted Trees	47.60	48.33	48.00
	Medium Gaussian SVM	47.40	47.33	47.33
	Weighted KNN	46.80	47.33	47.00
	LDA	45.80	46.00	45.67
皮电	BPNN	47.40	56.33	49.73
	Coarse Gaussian SVM	46.80	47.00	46.30
	Cubic KNN	46.60	46.67	46.00
	Boosted Trees	45.20	45.33	45.00
	LDA	36.80	37.00	36.67
心电	BPNN	46.00	47.43	45.47
	Bagged Tree	46.00	45.66	46.00
	Weighted KNN	45.00	45.00	44.31
	Fine Gaussian SVM	44.70	53.63	44.67
	LDA	40.50	40.30	42.67

指标	分类方法	准确率（%）	召回率（%）	精确率（%）
	BPNN	43.90	43.90	43.53
	Linear SVM	42.60	42.33	41.00
呼吸	LDA	42.60	42.00	40.00
	Coarse Tree	41.80	42.00	35.00
	Subspace KNN	39.20	42.67	39.00

10.3　讨　　论

本章探讨了计算机模拟任务中脑力负荷的多模式测量方法，并基于机器学习识别了不同难度任务对脑力负荷的影响。通过采集和处理四类外周生理信号，并将基于方差分析的选取特征指标作为机器学习模型的输入。此外，还考察了不同测量指标在评估脑力负荷方面的效果。

研究结果表明，主观评分随着任务难度的变化而显著变化，而成绩随着任务难度的增加而下降。必须指出的是，尽管 NASA-TLX 量表的总分显示出显著的差异，但在实际需求和挫折维度上没有观察到差异。一种可能的解释是，某些维度可能对任务要求不太敏感，因为它们是主观的，并且它们将脑力负荷作为一个整体进行评估，具有回顾性和非动态的概念（Shuggi et al., 2017; Jafari et al., 2020）。此外，实验中体力需求差异的缺失也降低了肌肉活动对认知注意的影响（Stephenson et al., 2020）。在动态多任务处理过程中，不同的脑力负荷指标对应不同的认知需求资源（de Waard and Lewis-Evans, 2014）。脑力负荷与任务绩效或主观评价之间的曲线关系也可能造成了这一实验结果（Mallat et al., 2020）。实验结果发现不同任务间的肌肉活动没有显著差异，证实了体力负荷对脑力负荷的影响是相同的。

本章的主要发现是，随着任务难度的增加，EDA 和呼吸指标有显著的增加。与预期相反，任务水平对心电图指标没有主要影响。不同任务之间的 HR 和 LF/HF 没有显著差异，这与之前的研究结果不一致（Veltman and Gaillard, 1998; de Rivecourt et al., 2008; Orlandi and Brooks, 2018; van Acker et al., 2018）。此外，随着任务难度的增加，呼吸频率也增加。另外，以不同指标为输入的心理负荷分类结果表明，以所有生理指标为输入的分类模型，最佳的 BPNN 分类精度可达 78.3%。以反应时间为输入，结合生理指标，准确率提高到 96.4%。许多研究者指出，大量研究表明，本研究中使用的多模态方法可以提供不同的视角，并在心理负荷评估中相互补充（Ryu and Myung, 2005; Jafari et al., 2020）。此外，较高的分类精度表明，机器学习方法在预测任务和文化水平方面有很大的潜力，可用于开发心理负荷的情境感知识别系统，甚至嵌入式自适应人机交互平台。

10.4　本 章 小 结

本章测量了随着任务难度的变化，生理活动的变化，并试图验证估计心理负荷的指标。在任务期间还记录了肌肉活动，以确保任务之间的体力负荷水平相同。心理负荷被视为对任务负荷的主观反应。身体负荷也会在一定程度上影响参与者的主观感受，而这种额外的负荷在以往的研究中很少被考虑。因此，本章采用多种测量方法对心理负荷进行全面而精确的测量，并将 BPNN 的分类性能与最常用的以多种测量方法为输入的模型进行比较。

参 考 文 献

Akca M, Mübeyyen T K, 2020. Relationships between mental workload, burnout, and job performance: A research among academicians[M]//Arturo R-V et al. Eds. Evaluating Mental Workload for Improved Workplace Performance, Hershey, PA: IGI Global: 49-68.

Bommer S C, Fendley M, 2018. A theoretical framework for evaluating mental workload resources in human systems design for manufacturing operations[J]. International Journal of Industrial Ergonomics, 63: 7-17.

Borghini G, Astolfi L, Vecchiato G, et al., 2014. Measuring neurophysiological signals in aircraft pilots and car drivers for the assessment of mental workload, fatigue and drowsiness[J]. Neuroscience and Biobehavioral Reviews, 44: 58-75.

Charles R L, Nixon J, 2019. Measuring mental workload using physiological measures: A systematic review[J]. Applied Ergonomics, 74: 221-232.

de Rivecourt M, Kuperus M N, Post W J, et al., 2008. Cardiovascular and eye activity measures as indices for momentary changes in mental effort during simulated flight[J]. Ergonomics, 51 (9): 1295-1319.

de Waard D, Lewis-Evans B, 2014. Self-report scales alone cannot capture mental workload[J]. Cognition, Technology & Work, 16 (3): 303-305.

Ding Y, Cao Y Q, Duffy V G, et al., 2020. Measurement and identification of mental workload during simulated computer tasks with multimodal methods and machine learning[J]. Ergonomics, 63 (7): 896-908.

Fong A, Sibley C, Cole A, et al., 2010. A comparison of artificial neural networks, logistic regressions, and classification trees for modeling mental workload in real-time[J]. Proceedings of the Human Factors and Ergonomics Society Annual Meeting, 54 (19): 1709-1712.

Hancock P A, Matthews G, 2019. Workload and performance: associations, insensitivities, and dissociations[J]. Human Factors, 61 (3): 374-392.

Hancock P A, Meshkati N, 1988. Human mental workload[M]. Amsterdam: North-Holland.

Holzinger A, Kieseberg P, Weippl E, et al., 2018. Current advances, trends and challenges of machine learning and knowledge extraction: From machine learning to explainable AI[C]//International Cross-Domain Conference for Machine Learning and Knowledge Extraction. Cham: Springer: 1-8.

Hwang S L, Yau Y J, Lin Y T, et al., 2008. Predicting work performance in nuclear power plants[J]. Safety Science,

46（7）：1115-1124.

Jafari M J，Zaeri F，Jafari A H，et al.，2020. Assessment and monitoring of mental workload in subway train operations using physiological，subjective，and performance measures[J]. Human Factors and Ergonomics in Manufacturing & Service Industries，30（3）：165-175.

Jang E H，Park B J，Park M S，et al.，2015. Analysis of physiological signals for recognition of boredom，pain，and surprise emotions[J]. Journal of Physiological Anthropology，34（1）：25.

Jimenez-Molina A，Retamal C，Lira H，2018. Using psychophysiological sensors to assess mental workload during web browsing[J]. Sensors，18（2）：458.

Kahneman D，1973. Attention and effort[M]. Englewood Cliffs，NJ：Prentice-Hall.

Koenig A，Rehg T，Rasshofer R，2015. Statistical sensor fusion of ECG data using automotive-grade sensors[J]. Advances in Radio Science，13：197-202.

Mallat C，Cegarra J，Calmettes C，et al.，2020. A curvilinear effect of mental workload on mental effort and behavioral adaptability：An approach with the pre-ejection period[J]. Human Factors，62（6）：928-939.

Moray N，1989. Mental workload since 1979[M]//Oborne D. Ed. International Reviews of Ergonomics，1989，2：123-150.

Orlandi L，Brooks B，2018. Measuring mental workload and physiological reactions in marine pilots：Building bridges towards redlines of performance[J]. Applied Ergonomics，69：74-92.

Paas F G，van Merriënboer J J，Adam J J，1994. Measurement of cognitive load in instructional research[J]. Perceptual and Motor Skills，79（1 Pt 2）：419-430.

Ryu K，Myung R，2005. Evaluation of mental workload with a combined measure based on physiological indices during a dual task of tracking and mental arithmetic[J]. International Journal of Industrial Ergonomics，35（11）：991-1009.

Shuggi I M，Oh H，Shewokis P A，et al.，2017. Mental workload and motor performance dynamics during practice of reaching movements under various levels of task difficulty[J]. Neuroscience，360：166-179.

Stephenson M L，Ostrander A G，Norasi H，et al.，2020. Shoulder muscular fatigue from static posture concurrently reduces cognitive attentional resources[J]. Human Factors，62（4）：589-602.

Tao D，Tan H B，Wang H L，et al.，2019. A systematic review of physiological measures of mental workload[J]. International Journal of Environmental Research and Public Health，16（15）：2716.

Tjolleng A，Jung K，Hong W，et al.，2017. Classification of a driver's cognitive workload levels using artificial neural network on ECG signals[J]. Applied Ergonomics，59（Pt A）：326-332.

van Acker B B，Parmentier D D，Vlerick P，et al.，2018. Understanding mental workload：From a clarifying concept analysis toward an implementable framework[J]. Cognition，Technology & Work，20（3）：351-365.

Veltman J A，Gaillard A W，1998. Physiological workload reactions to increasing levels of task difficulty[J]. Ergonomics，41（5）：656-669.

Wickens C D，2008. Multiple resources and mental workload[J]. Human Factors，50（3）：449-455.

Yin Z，Zhang J H，2014. Operator functional state classification using least-square support vector machine based recursive feature elimination technique[J]. Computer Methods and Programs in Biomedicine，113（1）：101-115.

Young M S，Brookhuis K A，Wickens C D，et al.，2015. State of science: mental workload in ergonomics[J]. Ergonomics，58（1）：1-17.

Zhang J，Cao X D，Wang X，et al.，2021. Physiological responses to elevated carbon dioxide concentration and mental workload during performing MATB tasks[J]. Building and Environment，195：107752.

第 11 章　工作负荷的干预策略研究

随着信息技术的普及，工作的性质发生了巨大的变化，从满足身体需求的工作转变为满足认知需求的工作，导致了工作场所久坐时间的增加，尤其是在办公室环境中（Ciccarelli et al.，2013）。研究发现，根据职业的不同，人们在工作日中有 50%～86%的时间都在做久坐的工作（Jans et al.，2007；Katzmarzyk et al.，2009；Toomingas et al.，2012）。很多研究结果支持久坐工作与不良健康后果风险之间的关联（Dickerson et al.，2018；Korshøj et al.，2018）。研究从高体力要求的工作扩展到久坐工作（Coenen et al.，2018；Straker and Mathiassen，2009），久坐工作已成为公共卫生研究和政策的焦点。最近，已经为雇主提供了减少工作场所久坐行为的指导（Dunstan et al.，2011），但如何将此类指导转化为持续的行为改变仍然是研究人员、雇主和决策者面临的挑战。

久坐工作通常指任何坐姿或斜倚姿势，其特征是能量消耗 $\leqslant 1.5$MET（metabolic equivalent，代谢当量）（Tremblay et al.，2017），而职业坐姿是白领每天久坐时间的主要因素（Wallmann-Sperlich et al.，2014）。长期久坐已被证明对工人的健康有潜在危害，包括背痛、认知功能下降，以及糖尿病、心血管疾病发病率和死亡率上升等（Wilmot et al.，2013；Chau et al.，2013；Falck et al.，2017；Triglav et al.，2019）。久坐时间的增加也与工作投入（Triglav et al.，2019）和绩效（Schaufeli et al.，2008）呈负相关。尽管长时间坐着工作的特点是肌肉负荷低（Choobineh et al.，2011），但肌肉骨骼疾病是办公室工作人员或长时间坐的人最常见的问题（Maakip et al.，2016）。因此，探索如何减轻这些风险将使大量劳动力受益。

EMG 是研究肌肉力量产生与疲劳状态之间关系的有效可靠工具（Luttmann et al.，1996），如斜方肌、上肢和下肢中的 EMG。EMG 振幅和频谱参数是评估肌肉状态的两个指标（Luttmann et al.，1996；Kelson et al.，2019）。通常这两种指标被研究者单独考虑和分析。研究者指出以往单独考虑时域和频域指标存在一些不足，开发了一种考虑振幅和频率的联合分析方法（joint analysis of spectral and amplitude，JASA）（Luttmann et al.，1996）。JASA 被认为是一种真实的工作情况，适用于工作周期或重复任务（Mahdavi et al.，2018）。关于测量计算机工作或久坐工作的肌肉活动的研究很多，但评估 EMG 变化以确定干预时间并调查休息类型的有效性的研究较少（Karlqvist et al.，1994；Kleine et al.，1999；Delisle et al.，

2006；Ciccarelli et al.，2013）。如何消除肌肉疲劳或不适的职业风险仍然是未来的挑战之一（Arezes and Serranheira，2017）。目前，建议休息以缓解不良姿势久坐的不良影响的方法可以是被动的也可以是主动的（Nakphet et al.，2014；Waongenngarm et al.，2018）。然而，什么是有效的休息方式，以及工人应该如何减轻肌肉症状的风险，这些仍然值得研究。

据我们所知，这些问题尚未得到充分调查。尽管许多研究人员调查了 EMG 对肌肉活动的评估，但关于哪里发生了变化以及发生了什么变化的结论仍然不清楚。此外，很少有文章评估休息对上班族腰痛、不适和工作效率的有效性，需要更多的证据来验证休息的有效性（Waongenngarm et al.，2018）。因此，本章旨在调查上班族肌肉不适的患病率，探讨这些身体肌肉中肌电活动的变化，并比较不同休息类型的有效性。根据肌电活动的变化确定干预时间点。然后，对不同类型的休息进行了推广和比较，工人可以很容易地获得休息。研究可以为久坐族提出合理化的作息建议，从而改善工作疲劳，降低久坐给人体带来的危害，提高工作效率。

11.1 实 验 设 计

11.1.1 前期调查

采用网络调查问卷，在 SNQ（social network questionnaire，社交网络问卷）调查（de Barros and Alexandre，2003）的基础上，收集上肢、下肢、颈部和背部的肌骨骼症状自报情况。SNQ 问卷具有较高的信度和效度（Kappa 值：0.83～1.0）（de Barros and Alexandre，2003）。问卷调查对象为 430 名坐姿作业人员，问卷的答复率为 87%。在 120s 以下的完成时间和通过箱线图（Cao et al.，2019）删除了数据异常的部分调查问卷。最后抽取 375 名办公室工作人员（216 名女性和 159 名男性，年龄 20～45 岁，平均年龄为 25.9 岁，SD = 5.8），并于 2018 年 4 月 10 日至 5 月 7 日进行调查。基于本调查，进行了 EMG 测量实验和活动休息。

调查对象的一般特征见表 11-1。结果显示，70.5%的久坐人员在一个位置上坐 1～2h，会感到不适。因此，实验时间安排为 2h。调查结果显示，半数坐着的工人每天保持 5～8h 的坐姿。此外，颈部、肩部和下背部是最常见的疼痛或不适部位（图 11-1）。因此，选择上斜方肌和背阔肌记录长时间坐姿时肌电活动。结果表明，男女无显著差异。

表 11-1　被试基本信息

特征	分类项	n	%
身高	$M \pm SD$		168.6±8.69cm
体重	$M \pm SD$		61.8±12.78kg
体质指数（BMI）	$<18.5\text{kg/m}^2$		13.8%
	$[18.5, 25)\text{ kg/m}^2$		68.8%
	$\geqslant 25\text{kg/m}^2$		17.4%
职业	办公人员	141	37.5%
	信息技术人员	75	20%
	学术研究人员	70	18.75%
	其他	89	23.75%
感到不舒服时的久坐时长	<30min	33	8.9%
	30~60min	55	14.75%
	60~90min	126	33.61%
	90~120min	138	36.89%
	>120min	23	5.85%
每天坐姿保持时间	<3h	9	2.4%
	3~5h	56	14.93%
	5~8h	208	55.47%
	>8h	102	27.2%

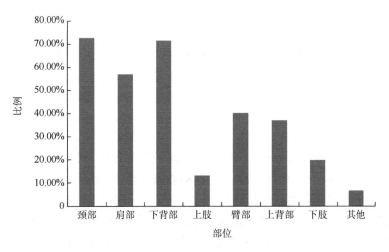

图 11-1　调查人群肌肉骨骼症统计

11.1.2　实验被试

在初步调查中，我们询问了受访者是否愿意参加 2h 的实验。最后，我们招募了24名受试者（一半男性，20～25岁，平均年龄为23.7岁，SD = 1.01）参与肌电活动测量实验，研究肌电变化以确定休息的干预时间。参与者的身高和体重平均（±标准差）为166.7（±8.3）cm和59.75（±11.5）kg。

48名受试者（男性一半，19～24岁，平均年龄为22.8岁，SD = 1.1）参加干预实验，无一人参加肌电活动测量实验。他们被随机分为六组（表11-2），每组将采取一种休息方式来比较休息的效果。

表11-2　干预组被试基本信息

组别	年龄（均值±SD）	身高（m）	体重（kg）	BMI（均值±SD）
PB5	20.3±0.5	1.71±0.08	62.3±12.61	21.2±2.4
PB10	20±0.6	1.68±0.08	58±9.70	20.4±1.89
AB5	20.7±0.5	1.71±0.08	61±13.05	20.6±2.65
AB10	20.5±0.55	1.67±0.08	57.3±11.18	20.5±2.05
SS5	20.2±0.75	1.71±0.07	62.2±14.72	20.9±2.87
SS10	20.5±0.54	1.70±0.07	61.6±12.01	20.8±2.25

注：PB = 被动休息；AB = 主动休息；SS = 站立伸展。

72个科目是办公室工作人员（其中一半是来自实验室的大学生，在这项研究中做类似的工作任务），并且通常在工作日中长时间坐着。他们都是右撇子，视力正常或矫正到正常的健康人，没有肌肉骨骼、神经或血管问题的病史，这些问题阻碍了2h以上的久坐工作。没有一个参与者对实验中使用的电极过敏。实验前他们都休息得很好，没有剧烈运动。所有参与者在实验前提供书面知情同意书，并因参与研究而获得经济补偿。

11.1.3　实验过程

首先，参与者被要求坐在一个安静的房间，光线正常。然后将电极放在被试者的皮肤上，并将实验介绍给受试者。他们被要求进行计算机工作，包括打800字，找到十篇关于肌肉骨骼症状的研究文章，将论文的标题和摘要复制到文字上，并制作PowerPoint专题介绍。在肌电测量实验中，24名受试者在两小时长时间的计算机工作中不需要发生实质性的身体晃动。每10min用Borg CR-10量表（Moshou et al.，2005）测量参与者的肌肉不适。参与者在笔记本电脑上工作并评估他们的主观不适（HP ZHAN99 G1，屏幕1920像素×1080像素）。

干预实验中，48名受试者在休息干预实验中，在两小时内完成任务。基于研究的两种中断类型（即被动或主动中断）分离工作时间。被动休息包括在扶手椅上停留所需时间（5min或10min，标记为PB5和PB10）。活动性休息包括两项活动：①改变姿势，步行 5min 或 10min（标记为 AB5 和 AB10）；②在干预时间节点站立和伸展身体 5min 或 10min（标记为 SS5 和 SS10）（图 11-2）。休息后，用 Borg CR-10 量表每隔 10min 测量一次受试者的肌肉不适程度。实验前将信号分为 0～5min、0～10min、10～20min、…、110～120min，标记 T0、T1、T2、…、T12。根据干预任务中的 EMG 变化分析，设置了 rest 中断时间节点。实验于 2019 年 5 月至 7 月进行。

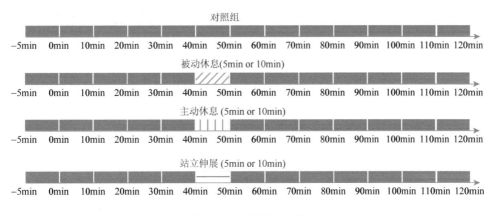

图 11-2　实验详细过程

11.1.4　肌电数据采集和分析

采用 ErgoLAB 人机环境测试云平台（北京津发科技股份有限公司）记录肌电信号。在初步调查的基础上，采用无创可穿戴式传感器从背阔肌和斜方肌采集肌电信号。将活性面积为 6.15mm^2 的预凝胶一次性氯化银电极（型号：CH3236TD）放置在左右上斜方肌上，中间电极中心与两侧（活性）电极中心之间的距离为 20mm。沿背阔肌肌纤维方向放置三个电极。参考电极放置在两个活性电极的中心。肌电信号的采样率为 1024Hz，带通滤波设置为 5～500Hz，噪声级为 1.6μV。使用 125ms 的时间常数来确定肌肉振幅的 RMS；并采用带阻滤波器消除 50Hz 工频干扰。所有电极阻抗保持在 5kΩ 以下。在实验过程之前，使用磨砂膏和棉签清理皮肤来降低阻抗。实验过程中，实验前 5min 稳定连续的肌电信号作为基准数据。

11.1.5　JASA 分析方法

根据 Luttmann 等（1996）的研究，肌电图振幅的增加同时和 MF 的减少意味着肌肉疲劳或出现风险。Luttmann 等（1996）将该方法命名为 JASA，并使用该方法区分肌电图中疲劳引起的和力相关的变化。JASA 方法基于这样一个假设，即只有静态肌肉收缩才会发生。在 JASA 图中，x 轴和 y 轴分别代表肌电振幅和频谱参数的时间变化（Luttmann et al.，1996）。在标记的工作时间计算 MF 和 Y_{RMS} 的变化值。在该方法中，根据 MF 和 Y_{RMS} 变化值获得四个象限（图 11-3）：①MF 和 Y_{RMS} 同时增加为力量增加（右上象限）；②MF 增加和 Y_{RMS} 减少为肌肉疲劳恢复（左上象限）；③MF 下降伴随 Y_{RMS} 减少为力量减少（左下象限）；④Y_{RMS} 增加同时 MF 下降可视为肌肉疲劳（右下象限）。可计算连续短时间（如 5s 或 10s）的 MF 和 Y_{RMS} 的平均值，并通过回归分析总结 MF 和 Y_{RMS} 的时间序列。

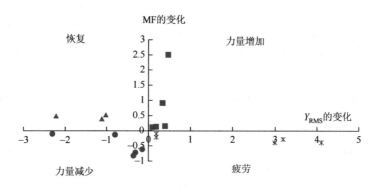

图 11-3　JASA 分析图示

最后，应用时间序列模型分析了在 2h 的计算机静坐任务中，Y_{RMS} 和 MF 变化的回归系数。根据 JASA 方法，计算了 Y_{RMS} 和 MF 的回归系数。然后，在 JASA 图中将 Y_{RMS} 和 MF 的每一对值表示为一个点。采用 JASA 对干预的有效性进行分析。

11.2　实 验 结 果

11.2.1　干预时间的确定

在肌电图测量研究中，要求被试完成几组计算机操作任务，实验任务并没有显著的肌肉力量消耗。数据分析过程中，根据 JASA 法来确定干预时间，其中水平坐标表示每分钟的 Y_{RMS} 变化，垂直坐标表示每分钟的 MF 变化。图 11-4 和图 11-5 分别显示了斜方肌和背阔肌的 JASA 图。结果表明，40～50min 内肌肉最易疲劳，故以 40min 为干预时间节点进行休息实验。

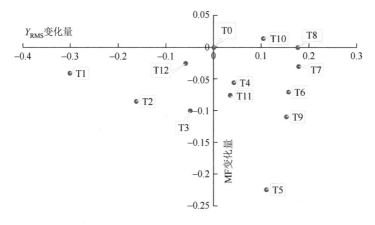

图 11-4　斜方肌的 JASA 分析

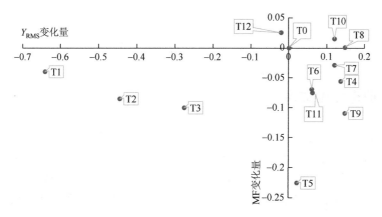

图 11-5　背阔肌的 JASA 分析

11.2.2　工作负荷的主观评估

我们还收集了每 10min 感觉不适的主观评分。此外，结果显示，在所有六种情况下，久坐任务持续，总体不适感增加。在每个条件下，数据的拟合分析遵循名义上相同的趋势。从图 11-6 可以看出，从久坐作业开始直到 40min，被试的不适感呈上升趋势，而在 40min 采取干预措施后，被试的不舒适感明显降低。然后，受试者离开座位休息 5min 或 10min，结果显示，在接下来的时间内，主观不适评分下降。最坏的休息类型是 PB5，在这种情况下，受试者只是坐着，停止工作。回到久坐的任务后，所有情况下，都会观察到持续增加的不适感觉。在 30min 后，感觉不适恢复到干预前水平，但在 AB10 状态下，在 30min 的休息后，感觉不适感高于其他组。独立样本 t 检验显示，对照组与 SS5 在 T8 时点 $[t(22) = 2.551$，

$p = 0.018$]之间有显著性差异，但对照组与其他组比较无显著性差异（$p > 0.05$）。AB10 组的不适感高于对照组和其他组，但 T8 后无显著性差异。

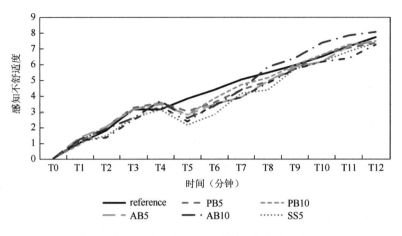

图 11-6　工作负荷主观评估结果的拟合分析

11.2.3　肌电测量结果

首先，分析了实验前肌肉活动的差异。独立样本 t 检验结果显示，两组患者的年平均数和平均眼压无显著性差异（$p_s > 0.05$）。因此，实验前受试者的肌肉状态对随后的肌电图测量没有影响。使用 JASA 方法比较了中断类型的有效性（图 11-7 和图 11-8）。斜方肌和背阔肌的 Y_{RMS} 和 MF 的回归系数成对值主要分布

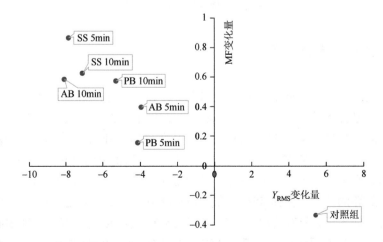

图 11-7　斜方肌在不同休息方式下的 JASA 分析对比

在第二象限，表明斜方肌和背阔肌处于恢复状态（Luttmann et al.，1996），干预也能有效改变肌肉的状态。此外，对照组的 Y_{RMS} 和 MF 的配对值分布在第四象限，这意味着肌肉处于疲劳状态（Luttmann et al.，1996）。图 11-7 和图 11-8 显示，所有成对值都分布在第二象限（即恢复状态），因此与对照组相比，所有的休息方式都是有效的。然而，在以前的研究（Luttmann et al.，1996）中，没有关于不同类型休息之间比较的调查。

此外，根据曲线拟合模型可以计算肌肉恢复到干预前状态的时间（即 JASA 图中分布在第四象限的点）。表 11-3 给出了肌肉恢复到休息前状态所需的时间。结果表明，SS5 是最有效的休息方式，能使肌肉保持 30min 左右的非疲劳状态。但 PB 和 AB 的有效性无显著性差异，这两种休息方式可使肌肉保持 20min 左右（最多 28min）的非疲劳状态。

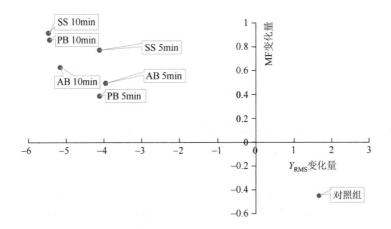

图 11-8　背阔肌在不同休息方式下的 JASA 分析对比

表 11-3　不同部位肌肉恢复到休息前状态所需的时间

休息方式	斜方肌/min	背阔肌/min
PB5	59.29	68.13
PB10	61.45	63.80
AB5	61.43	58.53
AB10	63.89	59.03
SS5	71.19	85.12
SS10	66.78	74.46

注：PB 表示被动休息；AB 表示主动休息；SS 表示站立拉伸。

11.3　讨　　论

首先，初步调查的结果与先前关于长时间坐姿时肌肉不适的研究结果一致。Vos 等（2016）探索了 2005～2015 年的全球分析报告，下背部和颈部疾病明显增加。Waongenngarm 等（2018）研究发现，人们在持续坐姿时主要感觉到颈部和背部的不适。研究结果为研究长时间坐姿与肌肉骨骼症状之间的关系提供了进一步的支持。

其次，结果表明，在 40～50min 的静坐工作后，根据 JASA 图（图 11-4 和图 11-5），斜方肌和背阔肌被确定为疲劳。迄今为止，对于何时、如何休息，仍缺乏共识。Baker 等（2018）发现，在坐 120min 后，背部下不适有临床意义的增加。在他们的研究中，参与者对所承担的任务具有自主性，因此，姿势或动作可能有差异（例如，使用鼠标或键盘打字）。在我们的研究中，参与者需要完成大量的计算机工作，并保持一个姿势，以消除身体运动的影响。此外，大多数研究每隔 30min（Mclean et al.，2001；Sheahan et al.，2016）、20min 或 40min（Balci and Aghazadeh，2004）或 60min（Henning et al.，1997）设定一次中断，但这些研究中没有理由设定中断时间。

最后，建议不同的休息类型，以减轻姿势不良的长时间坐的不良影响，可以是被动的或主动的（Nakphet et al.，2014）。结果表明，所有六次干预实验后都能在随后的 10min 内将肌肉状态转变为非疲劳状态（见图 11-7 和图 11-8 的 JASA 图）。结果表明，AB5 是最有效的干预类型，其次是 SS10，可以使肌肉保持在 30° 左右的非疲劳状态 45min（图 11-6 和表 11-3）。目前很少有文章能确定哪种干预类型比其他类型更有效。研究结果与长期驾驶舒适性研究相一致，这也表明主动制动比被动驾驶更有效（Henning et al.，1997）。我们的结果与 Nakphet 等（2014）进行的研究不一致。他们调查了不同类型的休息干预对视频显示单元工作人员颈部和肩部肌肉活动、不适和表现的影响。工人执行打字任务 60min，每工作 20min 就休息 3min。他们发现，在颈部和肩部肌肉活动、肌肉不适或生产力的干预活动类型之间没有显著差异。任务特征、中断类型和中断时间的差异可能导致这种差异。两项研究都表明，干预对肌肉不适的恢复有积极的影响。此外，Waongenngarm 等（2018）的研究支持了我们的研究结果，即主动性的姿势改变，特别是伸展运动是最有效的。

结果还显示，一个人的不适感与他们休息的有效性有关（图 11-6）。在 T8 时，SS5 组的不适感明显低于对照组，但在干预后的第二时间内无显著性差异。不适主观评价与肌电图分析一致。SS5 组肌电活动恢复到干预前的水平为 71～85min。此外，主观不适评定与肌电活动之间存在显著相关性。

11.4　本　章　小　结

随着长期坐着工作的日益普遍，上班族的健康风险越来越受到社会和工业界的关注。本研究旨在探讨长时间坐着时肌电活动的变化，并比较不同休息类型的效能。

本章研究存在一定的局限性。本研究是在实验室中进行的，其优点是精心控制实验条件。然而，这是一个限制，即不能将过程和结论推断为职业环境。此外，应包括来自不同背景（如工作资历和性别）的参与者。另外，还应研究不同类型的现实工作负载，从姿态、心脏或神经信号中获取的其他信息也有帮助。此外，Moshou 等（2005）指出 JASA 方法存在一定的局限性。例如，有时点定位在 x/y 轴上，或相对围绕 x/y 轴对齐，并且仅象限的位置是关键的，而不是点的距离。最后，但并非最不重要的是，如何促进有效干预，减少肌肉不适，同时保持人们的工作绩效，是两个关键问题。未来，智能办公将能够自动测量和识别人们的生理状态，然后为休息提供建议。

总之，本章研究了人日常久坐行为中肌肉的变化，并比较了不同类型的肌肉干预对不适和肌肉激活的影响。本研究为应用于上班族提供了可能，为早期肌肉疲劳检测系统提供了初步的数据支持和理论探索，其在现实世界的实施将对企业职工的健康和效率产生巨大的有益影响。

参 考 文 献

Arezes P，Serranheira F，2017. New approaches and interventions to prevent Work Related Musculoskeletal Disorders[J]. International Journal of Industrial Ergonomics，60：1-2.

Baker R，Coenen P，Howie E，et al.，2018. The short term musculoskeletal and cognitive effects of prolonged sitting during office computer work[J]. International Journal of Environmental Research and Public Health，15（8）：1678.

Balci R，Aghazadeh F，2004. Effects of exercise breaks on performance，muscular load，and perceived discomfort in data entry and cognitive tasks[J]. Computers & Industrial Engineering，46（3）：399-411.

Cao Y Q，Qu Q X，Duffy V G，et al.，2019. Attention for web directory advertisements：A top-down or bottom-up process？[J]. International Journal of Human-Computer Interaction，35（1）：89-98.

Chau J Y，Grunseit A C，Chey T，et al.，2013. Daily sitting time and all-cause mortality：A meta-analysis[J]. PLoS One，8（11）：e80000.

Choobineh A，Motamedzade M，Kazemi M，et al.，2011. The impact of ergonomics intervention on psychosocial factors and musculoskeletal symptoms among office workers[J]. International Journal of Industrial Ergonomics，41（6）：671-676.

Ciccarelli M，Straker L，Mathiassen S E，et al.，2013. Variation in muscle activity among office workers when using different information technologies at work and away from work[J]. Human Factors，55（5）：911-923.

Coenen P，Healy G N，Winkler E A H，et al.，2018. Associations of office workers' objectively assessed occupational sitting, standing and stepping time with musculoskeletal symptoms[J]. Ergonomics, 61 (9): 1187-1195.

de Barros E N C, Alexandre N M C, 2003. Cross-cultural adaptation of the Nordic musculoskeletal questionnaire[J]. International Nursing Review, 50 (2): 101-108.

Delisle A, Larivière C, Plamondon A, et al., 2006. Comparison of three computer office workstations offering forearm support: Impact on upper limb posture and muscle activation[J]. Ergonomics, 49 (2): 139-160.

Dickerson C R, Alenabi T, Martin B J, et al., 2018. Shoulder muscular activity in individuals with low back pain and spinal cord injury during seated manual load transfer tasks[J]. Ergonomics, 61 (8): 1094-1101.

Dunstan D W, Thorp A A, Healy G N, 2011. Prolonged sitting: Is it a distinct coronary heart disease risk factor? [J]. Current Opinion in Cardiology, 26 (5): 412-419.

Falck R S, Davis J C, Liu-Ambrose T, 2017. What is the association between sedentary behaviour and cognitive function? A systematic review[J]. British Journal of Sports Medicine, 51 (10): 800-811.

Henning R A, Jacques P, Kissel G V, et al., 1997. Frequent short rest breaks from computer work: Effects on productivity and well-being at two field sites[J]. Ergonomics, 40 (1): 78-91.

Jans M P, Proper K I, Hildebrandt V H, 2007. Sedentary behavior in Dutch workers: Differences between occupations and business sectors[J]. American Journal of Preventive Medicine, 33 (6): 450-454.

Karlqvist L, Hagberg M, Selin K, 1994. Variation in upper limb posture and movement during word processing with and without mouse use[J]. Ergonomics, 37 (7): 1261-1267.

Katzmarzyk P T, Church T S, Craig C L, et al., 2009. Sitting time and mortality from all causes, cardiovascular disease, and cancer[J]. Medicine and Science in Sports and Exercise, 41 (5): 998-1005.

Kelson D M, Mathiassen S E, Srinivasan D, 2019. Trapezius muscle activity variation during computer work performed by individuals with and without neck-shoulder pain[J]. Applied Ergonomics, 81: 102908.

Kleine B U, Schumann N P, Bradl I, et al., 1999. Surface EMG of shoulder and back muscles and posture analysis in secretaries typing at visual display units[J]. International Archives of Occupational and Environmental Health, 72 (6): 387-394.

Korshøj M, Jørgensen M B, Hallman D M, et al., 2018. Prolonged sitting at work is associated with a favorable time course of low-back pain among blue-collar workers: A prospective study in the DPhacto cohort[J]. Scandinavian Journal of Work, Environment & Health, 44 (5): 530-538.

Luttmann A, Jäger M, Sökeland J, et al., 1996. Electromyographical study on surgeons in urology. II. Determination of muscular fatigue[J]. Ergonomics, 39 (2): 298-313.

Maakip I, Keegel T, Oakman J, 2016. Prevalence and predictors for musculoskeletal discomfort in Malaysian office workers: Investigating explanatory factors for a developing country[J]. Applied Ergonomics, 53 Pt A: 252-257.

Mahdavi N, Motamedzade M, Jamshidi A A, et al., 2018. Upper trapezius fatigue in carpet weaving: The impact of a repetitive task cycle[J]. International Journal of Occupational Safety and Ergonomics, 24 (1): 41-51.

McLean L, Tingley M, Scott R N, et al., 2001. Computer terminal work and the benefit of microbreaks[J]. Applied Ergonomics, 32 (3): 225-237.

Moshou D, Hostens I, Papaioannou G, et al., 2005. Dynamic muscle fatigue detection using self-organizing maps[J]. Applied Soft Computing, 5 (4): 391-398.

Nakphet N, Chaikumarn M, Janwantanakul P, 2014. Effect of different types of rest-break interventions on neck and shoulder muscle activity, perceived discomfort and productivity in symptomatic VDU operators: A randomized controlled trial[J]. International Journal of Occupational Safety and Ergonomics, 20 (2): 339-353.

Schaufeli W B, Taris T W, van Rhenen W, 2008. Workaholism, burnout, and work engagement: Three of a kind or three different kinds of employee well-being? [J]. Applied Psychology, 57 (2): 173-203.

Sheahan P J, Diesbourg T L, Fischer S L, 2016. The effect of rest break schedule on acute low back pain development in pain and non-pain developers during seated work[J]. Applied Ergonomics, 53 Pt A: 64-70.

Straker L, Mathiassen S E, 2009. Increased physical work loads in modern work: A necessity for better health and performance? [J]. Ergonomics, 52 (10): 1215-1225.

Toomingas A, Forsman M, Mathiassen S E, et al., 2012. Variation between seated and standing/walking postures among male and female call centre operators[J]. BMC Public Health, 12: 154.

Tremblay M S, Aubert S, Barnes J D, et al., 2017. Sedentary behavior research network (SBRN)-terminology consensus project process and outcome[J]. The International Journal of Behavioral Nutrition and Physical Activity, 14 (1): 75.

Triglav J, Howe E, Cheema J, et al., 2019. Physiological and cognitive measures during prolonged sitting: Comparisons between a standard and multi-axial office chair[J]. Applied Ergonomics, 78: 176-183.

Vos T, Allen C, Arora M, et al., 2016. Global, regional, and national incidence, prevalence, and years lived with disability for 310 diseases and injuries, 1990-2015: A systematic analysis for the Global Burden of Disease Study 2015[J]. Lancet, 388 (10053): 1545-1602.

Wallmann-Sperlich B, Bucksch J, Schneider S, et al., 2014. Socio-demographic, behavioural and cognitive correlates of work-related sitting time in German men and women[J]. BMC Public Health, 14: 1259.

Waongenngarm P, Areerak K, Janwantanakul P, 2018. The effects of breaks on low back pain, discomfort, and work productivity in office workers: A systematic review of randomized and non-randomized controlled trials[J]. Applied Ergonomics, 68: 230-239.

Wilmot E G, Edwardson C L, Achana F A, et al., 2013. Erratum to: Sedentary time in adults and the association with diabetes, cardiovascular disease and death: Systematic review and meta-analysis[J]. Diabetologia, 56 (4): 942-943.

第四篇　基于神经人因工程的网站注意力研究

第 12 章　基于神经人因工程的网站注意力研究概述

根据全球互联网数据实时汇总网站（Internet live stats）[①]的数据，目前在万维网上有超过 18 亿个网站。面对如此多的可供选择网站，以及各种网站之间的激烈竞争，网站开发者、运营商和研究人员需要了解如何吸引用户。根据注意力经济理论，人的注意力在网络环境中是一种稀缺资源（Davenport and Beck，2001）。因此，在信息过载的互联网环境中，用户不太可能对网站上呈现的信息进行审慎评估后才决定是否使用网站（Huang et al.，2015）。研究表明，用户通常会在 50ms 时间内对网页进行快速评估（Lindgaard et al.，2006）。也就是说，用户对网站优劣的判断通常在毫秒内发起，在数秒内完成（King et al.，2020）。因此，如何理解用户对网站的注意机制成为注意研究领域面临的挑战。

近年来，神经人因工程的发展为注意机制研究提供了新的理论、方法和工具。越来越多的研究人员开始使用神经人因工程的方法来研究用户对网站的视觉注意。本章首先介绍了网站及网站用户界面的基本概念，其次回顾了网站注意力研究现状，总结了网站注意力研究的范式、方法和工具，最后，给出了网站注意力研究的理论框架。

12.1　网站及网站用户界面概述

12.1.1　网站概述

1. 网站的概念

网站的基本元素是网页（又称 Web 页面），它是把文字、图形、声音及动画等多媒体信息相互连接起来而构成的信息的一种表达方式。网站是在因特网上通过超链接将相关网页连接而形成的一个有机整体。人们可以通过浏览器来访问网站，以获得自己需要的资源和享受网络提供的服务。运行在 PC（personal computer，个人计算机）端设备上的网站称为 PC 端网站，运行在移动终端（mobile terminal）设备上的网站称为移动端网站。

---

① https://www.internetlivestats.com/total-number-of-websites/.

2. 网站的分类

不同类型的网站在内容、架构、界面设计方面都有不同的需求，因此，了解网站的分类，是进行网站设计的前提条件之一。根据不同的分类方法，网站可以分成不同的类型。常见的分类方式包括按照网站主体性质进行分类和按照网站的用途进行分类。

1）按照网站主体性质分类

按照网站主体性质，网站可以分为政府网站、教育科学研究机构网站、企业网站、商业网站、个人网站、非营利机构网站以及其他类型等。①政府网站是指各级政府机构建立的网站，主要目的是使政府工作人员、企业和公民等人员能够快速便捷地了解政府部门的政务信息，使用政务相关的业务应用。②教育科学研究机构网站是指从事教育科学研究的相关机构建立的网站，主要目的是使教学科学研究工作人员、学生、教学科研辅助人员能够快速便捷地了解教育科学研究相关部门的信息、使用教学科研相关的业务应用。③企业网站是企业建立的网站，主要目的是在互联网上进行网络营销和形象宣传，同时，企业的员工、客户等可以从网站上获取企业以及产品的相关信息，企业相关人员能够使用企业资讯发布、企业日常管理、客户关系管理等业务应用。④商业网站是指商业企业以营利为目的建立的网站。商业网站将传统的线下交易机制转移到网站上，一般具有产品信息管理、产品订购管理、客户关系管理等功能。⑤个人网站是指个人为了某种目的建立的网站。个人网站一般依据建站目的的不同而设置不同的功能，大多数个人网站用来展示个人的作品或者提供某种服务信息。⑥非营利机构网站是指非营利性组织建立的网站。非营利机构建立网站的主要目的是更好地展示工作、发布信息并让参与者的参与和交流更加便利。一般具有信息发布管理、志愿者登记管理等功能。

2）按照网站的用途分类

按照网站用途，网站可以分为门户网站（综合网站）、行业网站、社交网站、交易类网站、娱乐类网站、分类信息网站、论坛网站、功能性网站等。①门户网站是指提供某类综合性互联网信息资源如新闻、财经、科技、体育、娱乐、教育等并提供有关信息服务的应用系统。②行业网站是指提供某一个行业内容为主题的网站，包括行业产品信息、行业企业信息等。③社交网站是一种帮助人们建立社会性网络的互联网应用服务。④交易类网站是指以产品销售为目的建立的网站，常见的交易类网站类型有 B2B（business-to- business，企业对企业）、B2C（business to customer，企业对用户）、C2C（customer to customer，用户对用户）等。⑤娱乐类网站是指提供娱乐信息和内容的网站，包括视频、音乐、游戏、体育等。⑥分类信息网站是指提供房产、招聘、求职、二手物品买卖、交友等分类信息的网站。⑦论坛网站是指一种给网络用户提供交流机会的平台，主要包括信息发布和回帖等功能。⑧功能性网站能够提供一种或者几种特殊功能，如物流信息查询、车票查询与购买等。

12.1.2　网站用户界面概述

1. 网站用户界面基本概念

网站用户界面（user interface，UI）的概念是从传统人机界面的概念演化而来的，人机界面即人与机相互作用的"面"，人和"机"在这个面上完成信息交流（郭伏和钱省三，2018）。

根据"机"的不同，传统人机界面概念又可以分为广义的人机界面和狭义的人机界面。广义的人机界面（human-machine interface）中的"机"是人所操作和使用的一切对象的总称，广义的人机界面即人与所操作和使用的对象相互作用的"面"。狭义的人机界面（human-computer interface）中的"机"是指计算机，狭义的人机界面是人与计算机系统相互作用的"面"，通常又称人机接口（man-machine interface）、人机交互（human-computer interaction）或用户界面（user interface）（操雅琴，2014）。

20 世纪 80 年代以来，随着计算机技术的发展，人机界面设计已经成为一个独立的、重要的研究领域（陈启安，2004）。人机界面设计既涉及硬件人机界面设计，也涉及软件人机界面设计。硬件人机界面设计主要针对的是交互过程中的硬件产品界面，这些硬件产品界面与人直接接触，如触摸板、鼠标、键盘等（周苏，2007）。软件人机界面设计主要针对的是人机之间的信息界面，如 Windows 视窗界面、网站界面、手机界面等。

按照人机界面的定义，网站界面可以定义为人与网站相互作用的"面"，是用户与网站交流的媒介。世界上第一个网站（http://info.cern.ch）由蒂姆·伯纳斯·李（Tim Berners-Lee）创建，该网站于 1991 年 8 月 6 日上线，它解释了什么是万维网（World Wide Web）、如何使用浏览器浏览网站以及网络是如何诞生的等问题（图 12-1）。由图 12-1 可见，该网站界面非常简单，仅由文字和超链接构成。

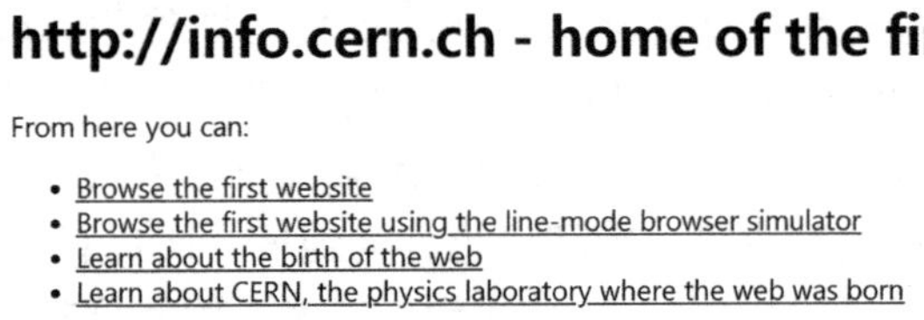

http://info.cern.ch - home of the first website

From here you can:

- Browse the first website
- Browse the first website using the line-mode browser simulator
- Learn about the birth of the web
- Learn about CERN, the physics laboratory where the web was born

图 12-1　世界上第一个网站首页

自从第一个网站出现之后，网站强大的功能引起了各行各业人们的重视，各种类型和功能的网站逐渐被开发出来，网站用户界面设计也越来越复杂。随着移动互联网的发展，越来越多的用户使用移动端设备浏览网站，移动端网站用户界面的概念也应运而生，即移动端网站用户与移动端网站相互作用的"面"。与 PC 端设备相比，移动终端设备屏幕具有更小的尺寸，移动端的运行速度远远小于桌面 PC 端的运行速度，如何设计一个更友好的移动端网站界面逐渐引起了网站设计者和学者的广泛关注。

2. 网站用户界面基本设计要素

网站用户界面设计五大基本元素包括文字、图片、色彩、布局和交互方式。

（1）文字：网站最基本的功能是呈现可供用户阅读的信息。文字的设计是网站用户界面设计的重要内容之一。移动端网站文字设计要考虑文字的字体（font）、字体大小（font size）、字形（font style）、字色（font color）、字间距（font space）。字体是指某套具有同样样式、尺寸的字形，如华文黑体、思源宋体、冬青字体等。字体大小指的是文字的大小，一般用字号（如小初、一号、四号）或者磅值（如36 磅、26 磅、14 磅）来表示，字号和磅值具有一一对应关系。字形指的是字体的风格，如斜体、加粗等。

（2）图片：虽然文字是网站不可或缺的设计元素，但图片在信息传递中也具有十分重要的作用。"一图胜千言"，巧妙地在网页中使用与网页内容和风格相符的图片，能够起到"画龙点睛"的作用，不仅能让网站更加绚丽多彩，还能让网站用户赏心悦目地阅读。网站图片设计要考虑图片的尺寸、像素、分辨率、容量、色彩和位置等。其中，尺寸是指图片的物理尺寸，如长和宽，一般用厘米或者英寸表示。像素是将图片用数字序列来表示时图片中的一个最小单位，图片的像素一般指图片长和宽像素点的乘积，单位是像素。分辨率则是指图片单位长度中包含的像素点的数量，一般用像素/厘米或者像素/英寸来表示。容量指的是图片文件的存储空间，即图片文件的大小，一般用千字节（KB）和兆字节（MB）来表示。

（3）色彩：作为网站设计中最基本的一种设计元素，色彩可以影响用户对网站的认知和体验（郭杰，2011）。除了网站上基本设计元素如文字、图片等的色彩设计，网站色彩设计还需要考虑网站背景色彩以及与网站上其他设计元素的配色设计。色彩的设计主要是对色彩三属性的设计，即色相（hue）、明度（brightness）和饱和度（saturation）。色相也称为色调，即色彩的相貌，如红色、黄色、绿色等，是色彩的首要特征，在较好的光照条件下，人眼大约能分辨出180 种色相；明度指色彩的明暗程度，饱和度也称为纯度，即色彩的鲜艳程度，指的是色彩中所含彩色和灰色的比例，混合的颜色越多，饱和度越低（郭伏和钱省三，2018）。

（4）布局：网页布局可以从两个角度来理解：设计视角和前端视角。从设计视角来看，网页布局指的是网页上文字、图片、图标以及视频等设计元素的排版。常见的网页布局有上下布局、左右布局、T 字形布局和国字形布局。从前端视角来看，网页布局指的是实现页面的各种 CSS（cascading style sheets，层叠样式表）布局方式，常见的有静态布局（static layout）、流式布局（liquid layout）、自适应布局（adaptive layout）、响应式布局（responsive layout）、弹性布局（rem/em layout）。如果专门设计移动端网站，弹性布局是最好的选择。如果设计 PC 端和移动端兼容的网站，则最好选择响应式布局。

（5）交互方式：网站用户界面是一种交互界面，常用于向网站输入信息或者进行在线操作，以及向用户提供相应的信息。在用户与移动端网站交互的过程中，涉及用户界面中交互方式的设计，常见的交互方式有按钮单击、对话框输入、跳转、弹出、悬浮、筛选、语音等。除了上述基本元素，根据网站用途的不同，网站用户界面设计时还要考虑视频、声音、动画、页面长短等其他元素。

3. 网站用户界面功能设计要素

按照在网站中所起作用的不同，网站用户界面设计的元素可以划分为网站标识（logo）、导航栏、网络广告、图标（icon）和按钮（button）等。

（1）网站标识：也称为 Website Logo，是网站用作识别的一种图像，其作用是使人看见它就能联想到该网站。作为网站品牌的象征，网站标识设计除了要考虑标识的形状、大小、色彩和位置之外，还要能够一目了然地给网站用户传达网站品牌文化，体现网站的品牌特点和形象。

（2）导航栏：提供网站页面与页面之间的链接，其主要作用是帮助用户找到自己想要访问的页面，在网站浏览过程中不会出现"迷路"现象。网站导航设计时主要考虑导航的深度、宽度、位置以及导航的视觉设计等。导航深度指导航所拥有的层级结构的数量；导航宽度指的是在同一个层级上可选导航项目的数量；导航位置指的是导航栏在网站页面中所放置的位置（操雅琴等，2015）。导航栏的视觉设计包括文字设计、是否使用动态效果、色彩设计等（胡名彩等，2016）。

（3）网络广告：即在互联网上刊登或发布的广告。与传统的四大传播媒体（报纸、杂志、电视、广播）广告相比，网络广告具有互动性、针对性强，可以进行即时效果监测等显著优点，很多企业选择利用网站来展示不同的网络广告，网络广告也成为网站营利的一种重要手段。网站上的广告按设计形式划分，可以分为横幅广告（又称旗帜广告）、竖幅广告、文本链接广告、按钮广告、浮动广告、弹出式广告、富媒体广告等。

（4）图标：计算机系统中表示数据或过程的一种图形化的符号，主要用于基于图形界面的操作系统（Gittins，1986）。图标不仅能够赋予某种含义，还能起到装饰、增加页面层次感从而吸引用户注意的作用，因此，图标被广泛应用在网站界面中。针对图标设计，iOS 和 Android 系统都有相应的设计规范。一般来讲，网站图标设计时除了要考虑基本的设计要素如图标尺寸、形状、边界、色彩、背景等，还要考虑图标数量、图标之间的间距以及图标隐喻等。

（5）按钮：概念来源于现实生活中的"按钮"概念，《辞海》中将按钮与电气连接起来，是一种能够闭合或断开某种装置的开关。网页中的按钮被单击之后，同样会触发某种操作，如实现页面跳转或者数据传输等。按钮作为用户和网站交互的重要桥梁，是网页最重要的设计元素之一。按钮设计首先要让用户辨别出它是一个按钮，其次要让用户理解这个按钮所包含的功能。按钮的视觉设计主要包括按钮的形状、大小、色彩、位置等的设计。

除了上述功能元素，根据网站用途的不同，网站用户界面设计时还要考虑文本标签、页面切换、进度条等设计元素。

12.1.3　网站用户界面设计应考虑的主要因素

PC 端网站用户两大主要需求为办公和娱乐，移动端用户需求具有多样化的特点；PC 端设备具有高性能、大存储、大屏幕的特点，一般采用键盘和鼠标操作，移动端设备具有相对低的性能和较小的存储能力，更多采用手指触控操作；PC 端硬件种类相对固定，移动端硬件更加多样化。网站用户界面设计时需要考虑网站用户的特点、网站运行设备的特点，在此基础上，根据不同的网站类型设计相应的用户界面。

1. 网站用户

用户对网站的重要性毋庸置疑，网站用户界面要想能很快吸引用户的眼球，提供给用户很好的视觉和操作体验，首先需要了解用户，包括用户需求、用户视觉注意机制、用户使用场景等。

1）用户需求

根据美国心理学家马斯洛（Maslow）的需求层次理论，人类的需求由低到高分成五个层次，即生理需求、安全需求、社交需求、尊重需求和自我实现需求。①生理需求指的是人类生存最基本的需要，如衣食住行及生理平衡。网站用户界面设计要满足用户基本的视觉特性、触觉特性等生理特性。例如，网页上文字太小导致用户无法辨认，用户可能就会马上离开该网站。②安全需求指追求一种安全的机制，网站用户界面设计需要关注用户的信息安全。③社交需求其实是一种情感和归属的需求，网站用户界面设计时要能够带给用户良好的体验。

例如，注册界面设计如果不符合用户心智模型，可能导致用户在注册过程中出现沮丧情绪，最终放弃注册。④尊重需求分为内部尊重和外部尊重。内部尊重是指个人希望自己能够独立自主地胜任一件事情。外部尊重则是指个人希望受到他人的尊重和高度评价。网站用户界面设计时既要满足用户内部尊重的需求，也要满足用户外部尊重的需求。网站用户界面不仅要简单易用，使用户能够独立在网站上完成相关操作，还要能够及时提供恰当的反馈。⑤自我实现需求是最高层次的需求，指的是真善美至高人生境界获得的需求。网站用户界面设计要满足用户自我实现需求，则要能够提供符合用户美学需求的界面和非常流畅的交互流程。

当资源和条件限制时，网站用户界面可能无法满足用户的所有需求。因此，需要对多样化的用户需求进行排序。东京理工大学狩野纪昭（Noriaki Kano）教授提出的卡诺（KANO）模型是用户需求分类和排序的有用工具。根据不同需求与用户满意度之间的关系，卡诺模型将用户的需求分为五类，即基本型需求、期望型需求、兴奋型需求、无差异型需求和反向型需求。①基本型需求即网站界面设计必须满足的用户需求。当该需求满足不充足时，用户很不满意；当该需求满足充足时，用户充其量是满意。例如，操作流程的简单性，如果网页操作流程太复杂，用户会不满意，当操作流程很简单时，用户充其量表示出满意。②期望型需求指的是会对用户满意度产生线性影响的网站界面设计需求。这类需求越得到满足，用户满意度越高，反之，用户满意度则越低。例如，登录方式的多样性，如果登录方式越多，用户满意度越高，登录方式越低，用户满意度越低。③兴奋型需求指的是一种完全出乎用户意料的移动端网站界面属性或功能，如果提供此需求，用户会体验到惊喜，满意度会大幅提升，但如果不提供此需求，满意度也不会降低。例如，个性化的界面设置，如果用户能够根据自己的喜好调整用户界面设计，用户满意度会大幅提升，但如果不提供此需求，用户满意度也不会降低。④无差异型需求指的是无论满足与否，用户满意度都不会受该因素影响，如网站界面上的网站自我介绍等。⑤反向型需求指的是用户没有此需求，提供该需求后满意度适得其反，如网站界面上的浮动广告。因此，在网页用户界面设计之前，就需要做好用户研究，尽量避免无差异型需求和反向型需求，保证基本型需求，做好期望型需求，努力挖掘兴奋型需求（孙军华等，2014）。

2）用户视觉注意机制

在用户与网站界面交互过程中，80%的信息是通过视觉系统传输给大脑的（Jacobson and Bender，1996）。大脑通过控制人的眼动来关注感兴趣的信息，这一过程称为视觉感知（何明芮等，2012）。在用户对网站设计元素视觉感知过程中，并不是所有的设计元素都是同等重要的，对于不同的网站、任务类型以及用户特征，用户的视觉注意模式是不同的，某些设计元素会更多地吸引用户视觉注意。因此，网站用户界面设计时，要考虑用户的视觉注意机制（visual attention mechanism）（王宁等，2016）。

注意指的是"心理活动或意识对一定信息的对象的指向与集中"。根据注意的功能，注意可以分为选择性注意、持续性注意和分配性注意。选择性注意指对优先加工复杂环境中的少量信息的认知过程。视觉选择性注意指的是选择性地将视觉信息处理资源集中到环境中的某个部分而忽略其余部分的过程（孙晓帅和姚鸿勋，2014）。按照是否发生外显的眼动（即注视方向是否发生改变），可将视觉选择性注意分为外显注意（overt attention）和内隐注意（cover attention），外显注意伴随着眼动发生，内显注意不伴随眼动发生，且发生在眼动之前（Carrasco，2011；Nakayama and Martini，2011）。例如，在与网站用户界面交互时，把注视方向从导航菜单转移到搜索框为外显注意，注视方向仍在导航菜单，但注意到弹出的网络广告便是内显注意。选择性注意研究的核心问题是注意选择的是什么以及注意如何选择（黄玲等，2019）。

根据注意选择的方向，选择性注意一般分为两种，自下而上（bottom-up）的注意和自上而下（top-down）的注意。自下而上的注意一般由外界刺激驱动（stimulus-driven），如果一个对象的刺激信息与周围信息有很大不同，注意机制就会将注意力转向这个对象，如在网页界面中一大片绿叶背景中有一朵鲜艳的红花，注意力往往会首先注意这朵鲜艳的红花，因此，这种无意识的不需要主动干预且与任务无关的注意又常常称为基于显著性注意（saliency-based attention）、瞬时注意（transient attention）或外源性注意（exogenous attention）。自上而下的注意一般是主动有意识地将注意力聚焦于某一对象上，如有目的地去某个购物网站上购买某件商品，这种聚焦通常与任务有关或者由于目标驱动（goal-directed mechanism），这种注意也称为持续性注意（sustained attention）或内源性注意（endogenous attention）（Cao et al.，2019；Theeuwes，2010）。

根据注意选择的目标或对象，选择性注意一般分为三种：基于空间的注意（location-based attention）、基于特征的注意（feature-based attention）和基于客体的注意（objective-based attention）（Anton-Erxleben and Carrasco，2013；Chun et al.，2011）。

基于空间的选择性注意假设同一时刻只能注意到有限的空间区域，空间位置在选择信息上起到了特殊作用（Yantis and Serences，2003；Duncan，1984）。Treisman的聚光灯模型（spotlight model）形象地说明了空间位置的作用。该模型假设被"聚光灯照射到的地方"（注意到的视野里的一个连续区域里）的信息会优先加工或激活。在此模型的指导下，很多学者针对聚光灯的大小、形状、边界以及转移速度等进行了大量的研究，在对探照灯模型修正的基础上，提出了如放大镜模型（zoom lens）和渐变理论（gradient theory）等模型。放大镜模型认为空间区域大小会影响加工效率，随着空间区域增大，加工效率会减小。渐变理论认为空间区域位置会影响注意资源数量的分配，距离中心位置越远，所分配的注意资源会越少（Duncan，1984；陈文锋和焦书兰，2005；胡荣荣和丁锦红，2007）。在网站交互界面上，界面元素在网页上的位置同样会对用户的选择性注意产生影响。例如，放在首屏上的信息通常最先被用户注意。

虽然基于空间的注意理论在相当长的时间内占主导地位，但是，在日常生活中，常常在不知道客体的具体空间位置时寻找具有某种特征的客体（如客体的形状、颜色等）。基于特征的选择认为注意可独立于空间位置而选择特定的视觉特征（黄玲等，2019；Liu et al.，2003）。在网站交互界面上，界面元素设计特征同样会对用户的选择性注意产生影响。例如，网页上广泛使用的图标，一般通过本身的不同设计特征如形状、大小、颜色、文字、图片等来吸引用户的注意。

但是，在某些条件下，注意的选择既不是基于空间位置，也不是基于客体特征，而是基于客体本身。基于客体的注意假设同一时刻只能将注意资源分配到有限的客体数目上，客体表征是注意选择的依据（Liu et al.，2003）。在用户与网站界面交互时，很多设计元素的组合通常被视为一个整体，如导航栏，虽然可能由不同的设计元素如颜色、文字或者图片组成，但用户一般将其视为一个客体即导航栏。

3）用户使用场景

场景（scenarios）一般指戏剧和影视中的场面。1999 年，卡洛尔（Carroll）最早将"场景"一词引入交互设计领域，提出基于场景设计（scenario-based design）这一设计思想。在交互设计中，场景指的是对用户任务和活动的描述。基于场景的设计思想强调在设计过程中尽早明确地预见并记录典型和重要的用户活动（Carrol，1999，2000）。

场景的三要素包括用户、环境和时间。即用户是谁？用户有什么样的特点？在什么样的环境下与产品交互？在什么时候与产品进行交互？从年龄上来看，用户群体包括老年人、中年人、青年人、儿童甚至幼儿，从工作性质来看，用户群体包括体力劳动者和脑力劳动者；使用环境可能是办公室、家中、路上或者休闲场所等；使用时间可能是工作、途中、休息、运动等时候。

根据交互设计所处的不同阶段，场景可以分为现实场景、目标场景、使用场景和检验场景。①现实场景，又称客观场景，是对现实中的某一生活场景的客观描述。②目标场景是期望能够解决现实场景中用户相关需求的场景。按照表达形式的不同，目标场景又可分为行为场景和交互场景。行为场景是依据客观场景，分析和描述用户行为流程的场景，常用的工具有故事板。交互场景描述用户使用过程中的场景，常用的工具有使用流程故事板、信息流程图、低保真页面流程图等。通过目标场景的描述，能够确定产品的设计框架。③使用场景描述产品如何实现具体功能。④检验场景描述如何检测使用场景的有效性。与 PC 端相对固定的使用场景相比，移动端网站用户使用场景呈现多元化和碎片化特征，多元化的用户使用场景对移动端网站用户界面的设计提出了新的要求。

2. 网站运行终端

不同网站运行终端在硬件形式、屏幕尺寸以及操作方式上都有独有的特征，在网站用户界面设计时，只有充分考虑网站运行终端特征，才能给用户带来更好的体验。

（1）硬件形式：终端设备硬件形式多样，很多设备具有重力传感器、光线传感器、加速度传感器、指纹传感器、陀螺仪传感器、磁场传感器（MagneTIsm Sensor）、GPS（global positioning system，全球定位系统）位置传感器、气压传感器、温度传感器、霍尔传感器、紫外线传感器、心率传感器、血氧传感器等。不同的传感器具有不同的功能，如重力传感器可以用来实现更丰富的交互控制，心率传感器则可用来测算用户的心率。在设计网站用户界面时，可以基于这些硬件特点，开发一些更加新颖的功能和交互方式来满足用户个性化需求。

（2）屏幕尺寸：不同品牌和型号的终端设备屏幕尺寸大小不一。例如，移动端设备屏幕尺寸无论长度还是宽度都比 PC 端设备屏幕尺寸更短更窄，因此，移动端网站用户界面显示内容有限。在移动端网站用户界面设计时，若直接采用 PC 端的用户界面设计方案，则会导致界面文字和图片偏小、界面布局不合理等，从而增加用户与网站信息交互的难度，提高交互过程中的认知负荷。

（3）操作方式：不同设备终端操作方式有明显差别。PC 端使用鼠标、键盘操作，操作形式包含滚动、单击、右击、双击以及键盘输入。移动端主要使用手指操作，常见的操作形式有单击、双击、滑动、双指放大、双指缩小、五指收缩，此外，苹果推出新一代多点触控技术 3Dtouch，轻点、轻按及重按这三种压力触摸会产生不同的交互效果。很多移动端设备具有丰富多样的传感器，还可以配合传感器完成摇一摇、陀螺仪 360°全方位感应等操作。移动端网页界面设计时可以通过这些丰富的操作设计更加有趣的交互方式。

3. 网站用户界面设计的三大原则

考虑网站用户特征和网站运行终端，网站用户界面设计需遵循以下三大原则。

（1）权衡页面的简洁度和复杂度。网站复杂度（Website complexity）是网站页面设计时需要考虑的重要因素。网站复杂度一般用来衡量网站中的信息和设计元素的密度以及差异性（Deng and Poole，2010）。在一个网站页面上，信息和设计元素密度越大、差异性越大，网页的复杂度越高。已有研究表明，PC 端网站复杂度会影响用户的情感体验、认知以及对网站的态度和行为（Liu et al.，2019）。

网站复杂度对用户的影响受到网页类型、任务类型、用户特征等的影响。Deng 和 Poole（2010）针对购物网站进行的实验研究表明，网站视觉复杂度会影响用户的情感体验，继而影响用户对网站的行为意图。此外，网站视觉复杂度对用户愉悦感的影响与用户的动机有关。Wang（2014）针对儿童网站的实验研究表明，视觉复杂度为中等水平的网站更受孩子喜欢。此外，网站视觉复杂度对用户偏好的影响与性别有关。男孩更喜欢视觉复杂度高的网站，女孩更喜欢视觉复杂度中或低的网站。Wang 等（2014a）考察了网站视觉复杂度和任务难度对用户视觉注意与行为的影响。结果表明任务难度可以调节网站复杂度对用户视觉注意和行为的影响。当用户完成简单任务时，高复杂度的网站会导致最多的注视次数和任务完成时间，当用户完成复杂任务时，中复杂度的网站会导致最多的注视次数、注视持续时间和任务完成时间。Liu 等（2019）调查了网站复杂度和旗帜动画（banner animation）广告对用户注意和记忆绩效的影响。结果表明，与高复杂度的网页相比，低复杂度网页上的旗帜动画广告更容易吸引用户早期的以及更频繁的注意，从而带来更好的记忆绩效。少数学者探讨了移动端网站复杂度的影响。Sohn（2016）开展了两个实证研究，研究结果表明，感知的网站复杂度（perceived Website complexity）会对移动网上商店的用户满意度产生负面影响。感知的网站复杂度的增加会增大用户的感知困惑，进而会影响用户访问网上商店的意图以及忠诚度。因此，针对不同的网站，应该权衡页面的简洁度和复杂度，力争带给用户最好的体验。

（2）布局合理。布局设计指的是网站上文字、图片以及视频等的安排。PC 端网站布局形式多样，常见的有框架型、拐角型、T 字型等布局。①框架型布局一般分成上下框架型布局和左右框架型布局。上下框架型布局将网页分成上下两页的框架，一般上面是网站导航，下面即网站的主要内容，最常使用的是高校网站。左右框架型布局将网页分成左右两页的框架，一般左边是网站导航，右面是网站的主要内容，最常使用的是论坛网站。这种类型布局的优点是结构清晰明了。②拐角型布局一般页面上方是网站标题和广告，左侧是网址导航。③T 字型布局一般顶部是网站的标题、横幅广告条，下方左面是网址导航，右面是主要内容。已有研究表明，PC 端网站布局对用户情感体验、搜索绩效、态度和意图都会产生影响（Wu et al.，2013）。石金富等（2008）利用眼动追踪的方法，研究了 T 型布局、口型布局、对称型布局和 POP（point of purchase，购买点）型布局对视觉搜索绩效的影响，结果发现 T 型网页布局的绩效优于其他类型的网页布局。操雅琴（2014）比较了上下型网页布局和左拐角型网页布局对用户情感体验的影响，结果表明上下型网页布局能够诱发更积极的情感体验。刘玮琳（2017）研究了上下型、凹字型和拐角型三种网页布局对用户美学感知的影响，结果表明上下型布局的美学感知质量明显高于其他两种布局。便携性的要求限制了移动终端设备屏幕尺寸的大小，在有限的屏幕展示区，每次只能显示有限的内容。用户必须滑动屏幕或者单击相应的菜单按钮才能浏览更多的内容。因此，移动端网站设计者需要在有限的区域内，合理地布局文字、图片、视频等网站内容，从而减少用户浏览网站时的认知努力（Zhou，2011）。移动端网页界面常用的布局有竖排列表布局、横排方框布局、九宫格布局、Tab 布局、多面板布局、手风琴布局、弹出框布局、抽屉/侧边栏布局、标签布局。Pelet 和 Taieb（2017）比较了紧密布局（dense layout）和稀疏布局（airy layout）对移动网站用户行为意图的影响，结果表明这两种布局对用户行为意图没有显著影响。

　　（3）信息呈现方式高效。网页的信息呈现方式涉及信息本身的设计特征、信息呈现的密度、信息的组织方式等。信息本身的设计特征包括文字字体、字号、颜色等，图片的像素、大小和位置等，视频的品质、长宽比例、位置、画面更新比例等。其中，颜色的影响受到研究者的广泛关注。Ling 和 van Schaik（2002）研究了网站导航的颜色设计对视觉搜索绩效和主观偏好的影响。结果表明文本和背景高度对比的颜色能够提高搜索绩效，更受用户欢迎。Humar 等（2008）研究了网页文字和背景颜色的不同组合对易读性的影响，并指出最佳颜色组合的前六位是：黄底黑字、蓝底黑字、白字蓝底、黑字黄底、白字黑底和绿字黑底。Pelet 和 Taieb（2018）考察了移动端网站颜色对比与用户体验之间的关系。结果表明颜色对比对用户的行为意图产生显著影响。此外，Fitzsimmons（2017）研究了网页中的超链接（hyperlinks）对阅读的影响，结果表明，在网页中放入超链接会影响用户的阅读精度和阅读方式。网页信息呈现的密度主要指的是信息之间的行间距、信息的数量和杂乱度等（李方，2013）。针对 PC 端网站的研究结果表明，网页信息呈现的密度会影响网页视觉搜索效率和用户偏好。Weller（2004）指出，被试不喜欢密度高的网页信息呈现形式。Grahame 等（2004）认为，网页链接字体大、数量少、杂乱程度低、目标链接在屏幕左边的设计能够改善用户绩效。Ling 和 van Schaik（2007）研究了网页文本信息呈现方式对任务绩效的影响。结果表明较宽的行间距能够带来更好的准确性和更快的反应时间，左对齐能带来更好的绩效。李静等（2010）研究了网页字符显示密度与识别效率、识别可靠性之间的关系。研究结果表明，行列距控制的信息显示密度和搜索效率之间呈近似的倒 U 形曲线关系。在字符尺寸固定的情况下，行距 0.7 倍、列距 0.3 倍时的识别效率最高。网页信息的组织方式指的是网页信息之间的关系。文字和图片是构成网页信息的重要因素，文字和图片的合理搭配是网页信息呈现需要考虑的重要内容。谭征宇等（2016）研究了 PC 端网页图版率（页面中图片面积的占比）对用户体验的影响，指出当网页图版率在 60%～80%时，网页的用户体验最佳。当网站内容较多时，网页页面之间的关系也是网页设计的一个重要内容。其中，导航的设计和页面的跳转方式是网页设计者必须考虑的两个关键因素。操雅琴等（2015）研究了电子商务网站导航设计对用户认知以及绩效的影响。结果表明，导航的深度和宽度对绩效有显著影响。一层的导航深度和七个项目的导航宽度有助于提高导航的绩效。李方（2013）研究了页码翻页、下拉翻页、填写翻页和上页下页翻页四种页面跳转方式对用户使用绩效和主观满意度的影响。结果表明，多页呈现方式优于单页呈现方式，页码翻页的方式操作绩效最佳、主观评价最好。

12.2　基于神经人因工程的网站注意力研究可视化分析

12.2.1　数据来源与分析方法

选用文献计量分析中使用最广泛的摘要和引文数据库 Web of Science 和 Scopus（Guo et al.，2019）获取文献数据。根据研究主题确定了以下关键词，包括与研究领域相关的术语：神经科学（neuroscience）、神经工效学（neuroergonomics）、认知工效学（cognitive ergonomics）、神经心理学（neuropsychology）和生理学（physiological）。与神经科学相关的术语包括：脑电图（EEG）、功能性磁共振成像（fMRI）、眼动跟踪（eye tracking）、心电图（ECG）、激素（hormone）、事件相关电位（ERP）、皮电（EDA）、皮肤电反应（galvanic skin response，GSR）、肌电图（EMG）、心率（HR）、心率变异性（HRV）、脑磁图（MEG）、经颅磁刺激（transcranial magnetic stimulation，TMS）、正电子发射断层显像（PET）和功能性经颅多普勒超声（functional transcranial Doppler，FTCD）。还使用了注意（attention）这个术语，以及以下与网站相关的术语：网站（website）、网页（webpage）、在线（online）、网页界面（web interface）和网页设计（web design）。

因为第一个网站是在 1991 年 8 月出现的，因此，搜索的年份从 1992 年开始，到 2020 年 4 月 1 日结束。将搜索词输入到 Web of Science 和 Scopus 数据库中，使用"标题—摘要—关键字"搜索规则收集出版物。收集了包括各种类型的出版物共计 6548 份。将检索结果进一步进行精炼，保留了期刊文章（journal article）、会议论文集（proceedings paper）、综述（review）、图书章节（book chapter）和书评（book review），排除了包括勘误表（errata）、述评（editorials）、注释（notes）、报告（reports）、数据集（datasets）、报纸文章（newspaper articles）和简短调查（short survey）。经过精炼之后，共获得 6434 份出版物。

接下来，利用 CiteSpace 5.6.R3 软件删除从不同数据库检索到的重复出版物。在删除 1423 个重复出版物之后，保留了 5011 份出版物。但是，在上述 5011 份出版物中，有很多与研究主题无关的出版物。为了剔除这些出版物，按照以下三条标准进行人工筛选，即这项研究必须是：①实验（实证）研究；②关于网站视觉注意领域的研究；③使用神经人因工程的理论、方法或工具。最终，总共得到 749 份出版物留作更详细的分析。在此基础上，使用 Microsoft Excel 2015 对每年的出版物数量进行分析。利用文献计量网络构建与可视化软件 VOSviewer 1.6.14 对 749 份出版物的共现关键词网络进行分析。

12.2.2　可视化分析结果

1. 出版物数量分析

图 12-2 为从 1996 年到 2020 年 4 月，与网站视觉注意相关的出版物数量。

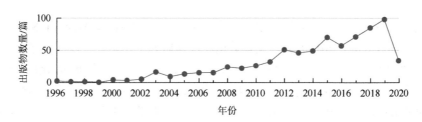

图 12-2　1996～2020 年的与网站视觉注意相关的出版物数量

如图 12-2 所示，与该研究主题相关的第一篇论文发表于 1996 年。从 2004～2012 年，文章数量大体增加，并在 2014 年之前稳定在每年 50 篇左右。从那时起，文章数量再次大体增加到 2019 年的 98 篇，这是我们拥有完整数据的最近一年。因此，2019 年是最多产的一年，其次是 2018 年，有 85 篇论文。预计由于网站设计以及研究如何将注意力分配到网站设计上的方法和理论的发展，有关这一主题的出版物数量在不久的将来会继续增加。

2. 主题词分析

共现关键词网络反映了在一篇文章的标题、摘要或关键字列表中同时出现两个关键字（每个关键字由一个节点表示）的出版物数量。VOSviewer 使用聚类技术对密切相关的节点进行分组（van Eck and Waltman，2014）。图 12-3 是 VOSviewer 对关键词共现的结果。

在图 12-3 的网络可视化结果中，每个带有标签的圆圈代表一个关键词。圆圈和标签越大，表示关键词出现得越多。圆圈之间的线表示对应的两个关键词之间的共现链接。两个关键词在一起出现的频率越高，它们之间的界线就越短、越粗。关键词的颜色由其所属的类别决定。图 12-3 中主要有三个类别。类别 1 由 11 个关键词（绿色点）组成：行为（behavior）、眼球追踪（eye tracking）、人机交互（human-computer interaction）、信息检索（information retrieval）、搜索引擎（search engine）、社交网站（sns）、可用性（usability）、用户界面（user interfaces）、网页

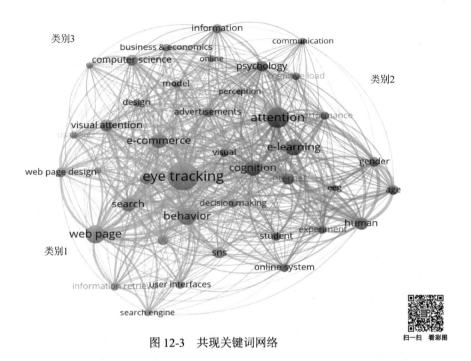

图 12-3　共现关键词网络

扫一扫　看彩图

（web，web page）、网页设计（web page design）、网站（website）等。该类别主要是关于网页设计对用户行为的影响。类别 2 由 15 个关键词（红色点）组成：年龄（age）、注意力（attention）、认知（cognition）、认知负荷（cognition load）、沟通（communication）、在线学习（e-learning）、EEG、实验（experiment）、性别（gender）、人类（human）、互联网（internet）、在线系统（online system）、心理学（psychology）、学生（student）和视觉（visual）等。这个类别主要是关于在线学习中的注意和认知。类别 3 由 12 个关键词（蓝色点）组成：广告（advertisements）、商业与经济学（business & economics）、计算机科学（computer science）、决策（decision making）、设计（design）、电子商务（e-commerce）、工程（engineering）、信息（information）、模型（model）、在线（online）、感知（perception）、视觉注意力（visual attention）。这个类别主要是关于电子商务和网络广告的感知、认知、决策和视觉注意。因此，已有关于视觉注意力研究主要集中在网页设计、电子学习和电子商务方面。

12.3　测量网站注意力的神经人因工程工具

考虑到注意力在用户与网站互动时的重要性，准确测量注意力是必不可少的。显性视觉注意力可以通过记录眼球运动和注视时间来评估（Hunt et al.，2019）。然而，由于很多注意力是隐蔽的（Lambert et al.，2018），无法通过眼球运动来观察。显性和隐性注意的朝向都可以由突然出现的刺激等外源性（自下而上）因素触发，或通过人的意图等内源性（自上而下）因素触发（Berger et al.，2005）。自万维网创立以来，人们用各种各样的工具，以多种方式来衡量网站注意力。一般来说，这些测量方法可以分为行为、心理生理、眼动和多模式测量方法。每种测量方法需要使用不同的仪器来测量注意力。到目前为止，现有的文献并没有直接说明哪种测量方法和仪器最适合研究网站元素的注意。下面将对各种注意力测量方法进行总结和评价。

12.3.1 行为测量

行为测量是通过测量用户行为来间接测量用户对网站刺激的注意力。花在网站上的时间是最广泛使用的行为衡量标准。这种反应时间通常是从网页刺激开始呈现到参与者做出反应的时间（也称为总体响应时间，overall response time），可以认为这是由某些特定网页元素发起的认知过程的结果（Poole et al.，2007）。总体响应时间来测量网站注意力的局限性在于，它们不一定能反映出差异背后的注意力潜在机制。

次要任务测量被认为对注意需求更敏感（Meshkati et al.，1995）。对次要任务刺激的反应时间越长，说明主要任务需要更多的注意力。例如，Lee 和 Benbasat（2003）在一项关于网页界面中图像特征（大或小的图像尺寸，高保真或低保真图像，静态或动态图像）的注意研究中，将对音调的反应作为主要任务，将对弹出广告的点击作为次要任务。当次要任务的图像是低保真或动态时，次要任务表现出更长的响应时间，并且这两者的交互作用会产生更长的次要任务响应时间。这些结果与以下观点一致：在视觉退化的情况下，人们会投入更多的注意力来处理广告。然而，这种努力反映的是独立于模式的注意过程还是与视觉特别相关的注意过程，尚不清楚，因为次要任务刺激同时包含听觉和视觉成分。

12.3.2 心理生理测量

心理生理测量是测量大脑和其他器官产生的生物信号（Guo et al.，2015），可用于实时评估用户的注意力状态。脑电图、皮电、肌电图和心电图是测量网站注意力的常见生理信号。考虑到利用 fMRI 扫描仪测试网页相关的注意力的可用性及费用，很少有研究使用 fMRI。

脑电图（EEG）是使用标准化电极放置方案将电极放置在脑电图帽上，记录大脑的电活动（Ding et al.，2020）。利用频谱分析脑电信号可以提供非常高的时间分辨率。只有少数研究使用脑电图技术来研究网页注意力。例如，Ravaja 等（2015）调查了用户对在线新闻消息的关注。他们的研究结果表明，左额叶 α 频带

（8～12Hz），即大脑背侧前额叶皮层的活动，可以用来衡量人们对在线新闻信息的关注程度：当新闻出现在声誉好的公司网站上时，人们对新闻的关注程度要高于那些声誉不好的公司网站。

通过平均许多单次试验的脑电图可以计算事件相关电位（ERP）。ERP 测量反映了用户对网站刺激做出反应时与信息处理相关的神经活动，可以用来精确测量注意力过程的时间进程。ERP 的振幅被认为是脑神经活动兴奋性强度的指标，而潜伏期则是神经活动速度和评估时间的指标（Olofsson et al.，2008）。在网站注意力的研究中，P1、N1、P2、N2 和 LPP（晚期正电位）是常用的测量成分（Liu et al.，2019）。P1 和 N1 反映了对特定位置的视觉注意，P2 反映了感知与记忆匹配的高级方面的功能，N2 与不匹配的检测和执行控制有关，而 LPP 与长期情景记忆有关。

近年来，少数研究应用 ERP 技术来探索网站设计因素对用户注意力的影响。Guo 等（2019）利用 ERP 研究了感知可用性和美学对移动端网站用户第一印象形成的影响。结果表明，用户将更多的注意力分配给具有高可用性/高美学感知的移动端网页界面，表现为增强的 N2 振幅。相比之下，当用户将更多的注意力分配到美学水平较低的移动端用户界面时，会引起 LPP 的增强。Shang 等（2020）利用 ERP 研究了网页有序性（order）（空间组织和对称程度）对消费者即时购买产品决策的影响。结果表明，有序性低的网页诱发 P2 和 LPP 振幅增加。P2 增加说明有序性低的网页促进了早期注意参与和不协调知觉。LPP 增加表明有序性低的网页有助于后期的情绪自我控制过程。

EDA、EMG 和 ECG 是反映自主神经系统活动的生理指标。自主神经系统是不自主的，对注意力变化等精神事件异常敏感（Ward and Marsden，2003）。EDA 是一种敏感的情绪唤醒心理生理指标（Ravaja et al.，2015）。交感神经唤醒可能导致长时记忆对网站刺激编码和存储的注意力资源分配增加。面部肌电活动是常用的情绪效价指标。颧大肌和皱眉肌（眉毛）区域活动的增加分别与积极和消极情绪相关（Ravaja et al.，2015）。fEMG 可以用来测量注意力，因为情绪刺激比非情绪刺激能更快地吸引注意力（Chen and Bargh，1999；Yamaguchi et al.，2018）。心电图是一种记录电脉冲的方法，电脉冲在心脏收缩时通过心脏并扩散到体表。HR、HRV 和呼吸率（RR）可以从 ECG 信号中提取（Ding et al.，2018）。

由于自主神经系统活动指标不容易解释，研究中往往只采用一种指标来衡量网页注意力。例如，Diao 和 Sundar（2004）在一项关于网络用户关注网络广告的动画和弹出窗口的研究中，使用了 ECG 来测量朝向反应的发生和强度。结果显示了弹出窗口的朝向诱导效应，伴随着前 4～5s HR 的显著减速，然后当弹出广告出现在屏幕上时，加速回到基线。

12.3.3　眼动测量

与注视相关的眼动测量特征经常被用来测量网页注意力。注视是一种眼球运动行为，眼球停留在视觉刺激的特定区域，并反映出对刺激的注意和吸引（Espigares-Jurado et al.，2020；Liu et al.，2010；Rayner，1998）。眼球运动模式可以揭示更深层次的注意力控制。

近年来，眼球追踪技术被广泛应用于捕捉用户与网页交互时的视觉注意方向。例如，Hwang 和 Lee（2018）使用眼球追踪方法来探索网上购物环境中视觉注意力的性别差异。结果表明，网络购物信息在注视持续时间和注视次数上存在显著的性别差异。女性参与者对大多数网购信息区域的视觉参与程度高于男性。另外，Wang 和 Hung（2019）使用眼球追踪设备研究用户浏览 Facebook 页面时视觉注意力的分布。Facebook 好友群与非 Facebook 好友群在注视时长（fixation duration）、注视数量（number of fixations）和注视热点区域（hot zones of clusters of fixations）等方面存在差异。

12.3.4　多模式测量

在上述网页注意测量方法中，行为测量利用网页信息处理的结果来反映用户对网页刺激的注意，其局限性在于无法记录用户与网站互动时的实时注意力过程。心理生理测量通过使用对网站刺激做出反应的信息处理相关的实时生理活动来推断用户对网站刺激的注意力。然而，该种测量需要多次实验来获取实验结果的平均值，并且自主神经系统活动的指标很难解释。眼动测量记录的眼球运动反映了与网页交互时外显的视觉注意力和信息处理的变化。眼球追踪的结果虽然更容易理解，但在某些情况下无法进行眼球追踪。例如，对于戴眼镜或有其他视觉缺陷的人，获取眼球追踪数据并不容易。因此，行为测量、心理生理测量和眼动测量相结合的多模式测量对于获得网页视觉注意的综合评估是最优的，但对所有的测量方法进行记录和分析可能比较困难。

下面是使用多模态测量的两个例子。Wang 等（2014a）通过同时测量眼球运动和行为反应，研究了网站复杂性和任务复杂性如何共同影响用户的视觉注意和行为。结果表明，任务复杂度可以调节网站复杂性对用户视觉注意的影响。具体而言，注视次数、注视持续时间和任务完成时间可用于测量注意的不同方面。对一个网站的关注次数越多，说明用户的注意力越容易被该网站吸引。较短的注视时间反映了这些网站的信息没有被深入挖掘。任务完成时间越短，与网站交互的信息处理效率越高。Cuesta-Cambra 等（2019）利用眼球追踪、皮肤电反应（GSR）和面部表情分析方法，调查了关于疫苗的在线信息对人们的注意力、情绪和参与的影响。结果表明，眼动跟踪指标可以反映对信息来源的视觉探索，面部表情可以用来评价情绪效价，GSR 可以用来分析情绪唤醒。在这些研究中，多模态测量比任何单一测量都能对视觉注意机制产生更好的理解。

12.4　网站视觉注意研究 WAR 框架

网站信息处理方法侧重于将网站刺激中的信息转化为对网站的反应的过程（Johnson and Proctor，2004）。因此，在总结已有研究基础上，提出了网页注意力研究（Webpage attention research，WAR）框架（名称受"Men make war to get attention.— Alice Walker"启发）。WAR 框架如图 12-4 所示，提供了现有神经人因工程研究网站视觉注意的关键变量和常用的注意测量方法。

如图 12-4 所示，WAR 框架的第一部分包括了影响网站注意力的两种因素：自下而上因素（bottom-up factors）和自上而下因素（top-down factors）（Cao et al.，2019）。自下而上因素是指网页设计元素，可以分为具体设计元素和抽象设计元素两大类。网站的具体设计元素是指那些构成网站的颜色、图像、文字等元素。根据格式塔理论，当人们浏览网页时，他们将网页视为一个整体，而不是一些单独的设计元素。相同元素的不同排列可能会导致用户产生不同的感知（Park et al.，2005）。因此，另外一种研究流派集中在单个元素之间的构成关系（即抽象设计元素）对用户注意力的影响。研究表明，用户对网页的注意力会受到美学（aesthetics）和视觉强度（visual intensity）的影响。自上而下的因素对注意的影响可能受到一些自上而下因素的中介作用，如动机（motivation）、情绪状态（emotional state）和卷入（involvement）等短期个体因素（即刻状态），以及文化和性别等长期个体因素（个体特征）。有时，自上而下因素本身对网页的注意力也会产生重要影响。

WAR 框架的第二部分列出了三种类型的注意力测量方法：行为、心理生理和眼动。每种方法都有特定的测量工具和指标，如 12.3 节所述。

WAR 框架的第三部分列出了现有研究主要关注的因变量。知觉（perception）是生物体解释和组织感觉的过程，从而产生对世界的有意义的体验（Pickens，2005）。用户对网站刺激的感知最终是根据之前的经验将刺激解释为对他或她有意义的东西。用户对网站的态度是对网站的内部评价，可能是有利的，也可能是不利的（Mitchell and Olson，1981）。对网站的行为意图是指个人准备在网站上从事某些行为（Muslim et al.，2020）。不同的网站刺激会对网站产生不同的感知、态度和行为意图，最终诱发不同的用户行为。

关键变量和常用的注意力测量方法可以帮助工效学专家形成基本的研究思路。对于这三大类研究主题的相关研究，自下而上因素和自上而下因素可以作为

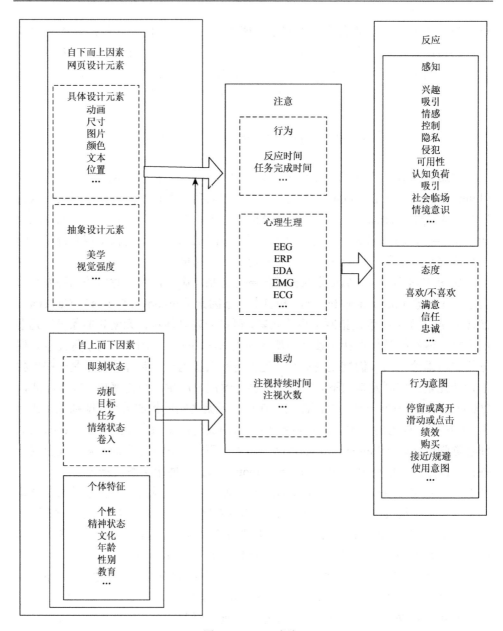

图 12-4　WAR 框架

研究的自变量，也可以作为各种预期行为的指导。行为测量可以用来评估网页设计元素/在线学习系统/电子商务系统对用户注意力行为的影响。心理生理学测量可以实时监测用户对这些系统的注意力变化。眼动方法可以用来识别系统中能够吸引和引导用户注意力的设计元素。在网络学习的相关研究中，行为测量可以用来评价学习者的学习表现。感知、态度和行为意图可以用来衡量用户对不同设计元素的反应。

12.5　本 章 小 结

本章首先介绍了网站及网站用户界面的基本概念、设计要素及设计准则。其次，通过对 Web of Science 和 Scopus 的调查，我们确定了基于神经人因工程的网站视觉关注领域的三个研究主题：网页设计、在线学习和电子商务。在明确研究课题的基础上，提出了网页视觉注意研究的总体思路。我们建议网页视觉注意力的研究应关注网页的优化设计，减少学习者的认知工作量，提高学习者的表现，增加说服力。再次，通过对网站注意力测量方法的介绍和比较，我们提供了常用的工具和指标来衡量用户对网页的注意力。在分析各种测量方法的积极和消极方面的基础上，我们提出了将行为测量、心理生理测量和眼动测量相结合的多模态测量方法，可以比单一测量方法更全面地评估网页视觉注意。最后，提出了 WAR信息处理框架，给出了与三个研究主题相关的关键变量、多模态测量方法和可能的行为反应。

神经人因工程仍然是一个新兴的领域，关于网站注意的现有研究数量有限，但增长迅速。此外，现有的大多数研究都是在受控的实验室环境中进行的，移动设备的发展和成本的降低为在更自然的环境中进行研究提供了可能性。本章综述的研究方法及其在网页视觉注意研究中的作用将有希望指导该领域相关研究的发展。随着时间的推移，将会有更多对网页和其他复杂界面显示的视觉注意力方面的研究出现。

参 考 文 献

操雅琴, 2014. 基于多模式测量的电子商务网站情感化设计研究[D]. 沈阳：东北大学.

操雅琴, 郭伏, 刘玮琳, 2015. 考虑用户认知的电子商务网站导航设计研究[J]. 工业工程与管理, 20（1）：159-162.

陈启安, 2004. 软件人机界面设计[M]. 北京：高等教育出版社.

陈文锋, 焦书兰, 2005. 选择性注意中的客体与空间因素[J]. 心理科学, 28（2）：395-397.

郭伏, 钱省三, 2018. 人因工程学[M]. 2 版. 北京：机械工业出版社.

郭杰, 2011. 基于用户体验的网页背景色彩实验研究[D]. 沈阳：东北大学.

何明芮, 宋喆明, 李永建, 2012. 基于眼动认知负荷实验的知识地图可获取性研究[J]. 管理学报, 9（5）：753-757.

胡名彩, 郭伏, 孙凤良, 2016. 考虑用户认知和情感体验的 B2C 网站首页主副导航设计研究[J]. 工业工程与管理, 21（5）：154-159.

胡荣荣, 丁锦红, 2007. 视觉选择性注意的加工机制[J]. 人类工效学, 13（1）：69-71.

黄玲, 李梦莎, 王丽娟, 等, 2019. 视觉选择性注意的神经机制[J]. 生理学报, 71（1）：11-21.

李方. 2013. 网页信息呈现的单页和多页的工效学研究[D]. 杭州：浙江理工大学.

李静, 熊俊浩, 何丹, 等, 2010. 网页字符显示密度的识别效率与可靠性[J]. 工业工程与管理, 15（5）：82-86.

刘玮琳，2017. 网页界面用户满意度的认知机制及影响因素研究：以综合类招聘网站首页界面为例[D]. 沈阳：东北大学.

石金富，曹晓华，王钢，等，2008. 网页布局对视觉搜索影响的眼动研究[J]. 人类工效学，14（4）：1-3.

孙军华，霍佳震，苏强，等，2014. 基于时间研究及 KANO 模型的在线零售网站设计质量要素研究[J]. 工业工程与管理，19（1）：91-97，102.

孙晓帅，姚鸿勋，2014. 视觉注意与显著性计算综述[J]. 智能计算机与应用，4（5）：14-18.

谭征宇，马梦云，孙家豪，等，2016. 基于生理电技术的网页图版率的用户体验研究[J]. 包装工程，37（22）：97-101.

王宁，余隋怀，肖琳臻，等，2016. 考虑用户视觉注意机制的人机交互界面设计[J]. 西安工业大学学报，36（4）：334-339.

周苏，2007. 人机界面设计[M]. 北京：科学出版社.

Anton-Erxleben K，Carrasco M，2013. Attentional enhancement of spatial resolution：linking behavioural and neurophysiological evidence[J]. Nature Reviews Neuroscience，14（3）：188-200.

Berger A，Henik A，Rafal R，2005. Competition between endogenous and exogenous orienting of visual attention[J]. Journal of Experimental Psychology General，134（2）：207-221.

Cao Y Q，Qu Q X，Duffy V G，et al.，2019. Attention for web directory advertisements：a top-down or bottom-up process？[J]. International Journal of Human–Computer Interaction，35（1）：89-98.

Carrasco M，2011. Visual attention：the past 25 years[J]. Vision Research，51（13）：1484-1525.

Carro J M，1999. Five reasons for scenario-based design[C]//Proceedings of the 32nd Annual Hawaii International Conference on Systems Sciences. 1999. HICSS-32. Abstracts and CD-ROM of Full Papers. Maui，HI，USA. IEEE Comput. Soc.

Carroll J M，2000. Five reasons for scenario-based design[J]. Interacting with Computers，13（1）：43-60.

Chen M，Bargh J A，1999. Consequences of automatic evaluation：immediate behavioral predispositions to approach or avoid the stimulus[J]. Personality and Social Psychology Bulletin，25（2）：215-224.

Chun M M，Golomb J D，Turk-Browne N B，2011. A taxonomy of external and internal attention[J]. Annual Review of Psychology，62：73-101.

Cuesta-Cambra U，Martínez-Martínez L，Niño-González J I，2019. An analysis of pro-vaccine and anti-vaccine information on social networks and the Internet：visual and emotional patterns[J]. El Profesional De La Información，28（2）：280-217.

Davenport T H，Beck J C，2001. The attention economy[M]. New York：Harvard Business School Press.

Deng L Q，Poole M S，2010. Affect in web interfaces：a study of the impacts of web page visual complexity and order[J]. MIS Quarterly，34（4）：711-730.

Diao F F，Sundar S S，2004. Orienting response and memory for web advertisements[J]. Communication Research，31（5）：537-567.

Ding Y，Cao Y Q，Qu Q X，et al.，2020. An exploratory study using electroencephalography（EEG）to measure the smartphone user experience in the short term[J]. International Journal of Human-Computer Interaction，36（11）：1008-1021.

Ding Y，Hu X，Li J W，et al.，2018. What makes a champion：The behavioral and neural correlates of expertise in multiplayer online battle arena games[J]. International Journal of Human-Computer Interaction，34（8）：682-694.

Duncan J，1984. Selective attention and the organization of visual information[J]. Journal of Experimental Psychology General，113（4）：501-517.

Espigares-Jurado F，Muñoz-Leiva F，Correia M B，et al.，2020. Visual attention to the main image of a hotel website based on its position, type of navigation and belonging to Millennial generation: An eye tracking study[J]. Journal of Retailing and Consumer Services, 52: 101906.

Fitzsimmons G, 2017. The influence of hyperlinks on reading on the web: An empirical approach[D]. Southampton, UK: University of Southampton.

Gittins D, 1986. Icon-based human-computer interaction[J]. International Journal of Man-Machine Studies, 24 (6): 519-543.

Grahame M, Laberge J, Scialfa C T, 2004. Age differences in search of web pages: The effects of link size, link number, and clutter[J]. Human Factors, 46 (3): 385-398.

Guo F, Cao Y Q, Ding Y, et al., 2015. A multimodal measurement method of users' emotional experiences shopping online[J]. Human Factors in Ergonomics & Manufacturing, 25 (5): 585-598.

Guo F, Ye G Q, Hudders L, et al., 2019. Product placement in mass media: A review and bibliometric analysis[J]. Journal of Advertising, 48 (2): 215-231.

Huang Y F, Kuo F Y, Luu P, et al., 2015. Hedonic evaluation can be automatically performed: An electroencephalography study of website impression across two cultures[J]. Computers in Human Behavior, 49: 138-146.

Humar I, Gradišar M, Turk T, 2008. The impact of color combinations on the legibility of a Web page text presented on CRT displays[J]. International Journal of Industrial Ergonomics, 38 (11/12): 885-899.

Hunt A R, Reuther J, Hilchey M D, et al., 2019. The relationship between spatial attention and eye movements[M]//Processes of Visuospatial Attention and Working Memory. Cham: Springer International Publishing: 255-278.

Hwang Y M, Lee K C, 2018. Using an eye-tracking approach to explore gender differences in visual attention and shopping attitudes in an online shopping environment[J]. International Journal of Human-Computer Interaction, 34 (1): 15-24.

Jacobson N, Bender W, 1996. Color as a determined communication[J]. IBM Systems Journal, 35 (3/4): 526-538.

Johnson A, Proctor R, 2004. Attention: Theory and Practice[M]. New York: SAGE Publications, Inc.

King A J, Lazard A J, White S R, 2020. The influence of visual complexity on initial user impressions: Testing the persuasive model of web design[J]. Behaviour & Information Technology, 39 (5): 497-510.

Lambert A J, Wilkie J, Greenwood A, et al., 2018. Towards a unified model of vision and attention: Effects of visual landmarks and identity cues on covert and overt attention movements[J]. Journal of Experimental Psychology Human Perception and Performance, 44 (3): 412-432.

Lee W, Benbasat I, 2003. Designing an electronic commerce interface: Attention and product memory as elicited by web design[J]. Electronic Commerce Research and Applications, 2 (3): 240-253.

Lindgaard G, Fernandes G, Dudek C, et al., 2006. Attention web designers: You have 50 milliseconds to make a good first impression! [J]. Behaviour & Information Technology, 25 (2): 115-126.

Ling J, van Schaik P, 2002. The effect of text and background colour on visual search of Web pages[J]. Displays, 23 (5): 223-230.

Ling J, van Schaik P, 2007. The influence of line spacing and text alignment on visual search of web pages[J]. Displays, 28 (2): 60-67.

Liu T S, Slotnick S D, Serences J T, et al., 2003. Cortical mechanisms of feature-based attentional control[J]. Cerebral Cortex, 13 (12): 1334-1343.

Liu W L, Liang X N, Liu F T, 2019. The effect of webpage complexity and banner animation on banner effectiveness in a free browsing task[J]. International Journal of Human–Computer Interaction, 35 (13): 1192-1202.

Liu W L, Liang X N, Wang X S, et al., 2019. The evaluation of emotional experience on webpages: An event-related potential study[J]. Cognition，Technology & Work，21（2）：317-326.

Liu Y Q，Yttri E A，Snyder L H，2010. Intention and attention：Different functional roles for LIPd and LIPv[J]. Nature Neuroscience，13（4）：495-500.

Meshkati N，Hancock P A，Rahimi M，et al.，1995. Techniques in mental workload assessment[J]. Evaluation of Human Work：A Practical Ergonomics Methodology：749-782.

Mitchell A A，Olson J C，1981. Are product attribute beliefs the only mediator of advertising effects on brand attitude？[J]. Journal of Marketing Research，18（3）：318-332.

Muslim A，Harun A，Ismael D，et al.，2020. Social media experience，attitude and behavioral intention towards umrah package among generation X and Y[J]. Management Science Letters，10（1）：1-12.

Nakayama K，Martini P，2011. Situating visual search[J]. Vision Research，51（13）：1526-1537.

Olofsson J K，Nordin S，Sequeira H，et al.，2008. Affective picture processing：An integrative review of ERP findings[J]. Biological Psychology，77（3）：247-265.

Park S E，Choi D，Kim J，2005. Visualizing E-brand personality：Exploratory studies on visual attributes and E-brand personalities in Korea[J]. International Journal of Human-Computer Interaction，19（1）：7-34.

Pelet J É，Taieb B，2017. From skeuomorphism to flat design：When font and layout of M-commerce websites affect behavioral intentions[C]//Martínez-López F，Gázquez-Abad J，Ailawadi K，et al.，Advances in National Brand and Private Label Marketing. Cham：Springer：95-103.

Pelet J É，Taieb B，2018. Enhancing the mobile user experience through colored contrasts[M]//Encyclopedia of Information Science and Technology，Fourth Edition. IGI Global：6070-6082.

Pickens J. 2005. Attitudes and perceptions[J]. Organizational Behavior in Health Care，4（7）：43-76.

Poole A，Ball L J，Phillips P，2007. In search of salience：A response-time and eye-movement analysis of bookmark recognition[M]//People and Computers XVIII：Design for Life. London：Springer London：363-378.

Ravaja N，Aula P，Falco A，et al.，2015. Online news and corporate reputation[J]. Journal of Media Psychology，27（3）：118-133.

Rayner K，1998. Eye movements in reading and information processing：20 years of research[J]. Psychological Bulletin，124（3）：372-422.

Shang Q，Jin J，Pei G X，et al.，2020. Low-order webpage layout in online shopping facilitates purchase decisions：Evidence from event-related potentials[J]. Psychology Research and Behavior Management，13：29-39.

Sohn S，2016. The effects of perceived website complexity-new insights from the context of mobile online shops[J]. Journal of Retailing and Consumer Services，31：87-97.

Theeuwes J，2010. Top-down and bottom-up control of visual selection[J]. Acta Psychologica，135（2）：77-99.

van Eck N J，Waltman L，2014.Visualizing bibliometric networks[M]//Ding Y，Rousseau R，Wolfram D，Measuring Scholarly Impact. Cham：Springer：285-320.

Wang C C，Hung J C，2019. Comparative analysis of advertising attention to Facebook social network：Evidence from eye-movement data[J]. Computers in Human Behavior，100（C）：192-208.

Wang H F，2014. Picture perfect：Girls' and boys' preferences towards visual complexity in children's websites[J]. Computers in Human Behavior，31：551-557.

Wang Q Z，Ma D，Chen H Y，et al.，2020. Effects of background complexity on consumer visual processing：An eye-tracking study[J]. Journal of Business Research，111：270-280.

Wang Q Z，Yang S，Liu M L，et al.，2014a. An eye-tracking study of website complexity from cognitive load perspective[J]. Decision Support Systems，62：1-10.

Wang Q Z，Yang Y，Wang Q，et al.，2014b. The effect of human image in B2C website design：an eye-tracking study[J]. Enterprise Information Systems，8（5）：582-605.

Ward R D，Marsden P H，2003. Physiological responses to different WEB page designs[J]. International Journal of Human-Computer Studies，59（1/2）：199-212.

Weller D，2004. The effects of contrast and density on visual web search[J]. Usability News，6（2），1-8.

Wu W Y，Lee C L，Fu C S，et al.，2013. How can online store layout design and atmosphere influence consumer shopping intention on a website？[J]. International Journal of Retail & Distribution Management，42（1）：4-24.

Yamaguchi M，Chen J，Mishler S，et al.，2018. Flowers and spiders in spatial stimulus-response compatibility：Does affective valence influence selection of task-sets or selection of responses？[J]. Cognition & Emotion，32（5）：1003-1017.

Yantis S，Serences J T，2003. Cortical mechanisms of space-based and object-based attentional control[J]. Current Opinion in Neurobiology，13（2）：187-193.

Zhou T，2011. Examining the critical success factors of mobile website adoption[J]. Online Information Review，35（4）：636-652.

第 13 章　网页浏览时的注意机制及脑电研究

根据北卡罗莱纳大学（University of North Carolina）教授 Gary Marchionini 的观点，浏览者浏览网页一般有三种目的：有向浏览（directed browsing）、半有向浏览（semi-directed browsing）和无向浏览（undirected browsing）（陈真真，2012；周坤，2010）。有向浏览是一种有计划的浏览，浏览者只对网页上某些特定目标感兴趣，如浏览者想在购物网站上寻找某个特定的商品；半有向浏览计划性弱于有向浏览，浏览者在浏览网页时有个不太明确的目标，如浏览者想在购物网站上寻找一种商品作为母亲节礼物；无向浏览是一种没有计划的浏览，浏览者在浏览网页时没有明确的目标，如浏览者仅仅是为了娱乐，打开购物网站看看是否有感兴趣的商品。

在浏览网页的过程中，网页元素能够迅速吸引用户的注意至关重要。对于网站界面设计者来说，理解用户浏览网站时注意力分布特征，才能让网站特定设计元素按照设计者的预期吸引用户眼球。已有研究表明，用户浏览网站时的注意力分布特征与用户的浏览模式、网页界面设计元素、网站类型以及用户特征密切相关。本章首先介绍了网页浏览时的典型注意特征，探讨了网页浏览时注意力影响因素，并给出了网页浏览时注意加工机制的脑电研究范式。

13.1　网页浏览时的典型注意特征

13.1.1　网页浏览时间

为了理解用户的页面离开行为（page-leaving behaviors），微软研究院（Microsoft Research）的科学家 Liu 等（2010）从数学的视角分析了用户在 205 873 个不同的网页上超过 10 000 次的访问的浏览和停留时间，结果发现用户在网页上的停留时间服从韦伯分布（Weibull distribution）。韦伯分布又称韦布尔分布，是可靠性工程中的概念，用于分析一个组件在 t 时刻之前一直工作良好，在 t 时刻失效的概率。在分析网页时，将组件失效（component failure）用用户离开页面（user leaving the page）代替。他们发现网页浏览呈现出一种负老化（negative aging）现象，即用户采取一种筛选和收集（screen-and-glean）的浏览行为，在更详细的查看页面之前会对页面进行审查（Liu et al.，2010）。研究发现，99%的网页都存在负老化现象，用户会较早放弃不感兴趣的页面，在用户感兴趣的页面上会浏览较长的时间（Nielsen，2011）。

Nielsen（2011）基于韦伯分布，绘制了用户访问页面的时间和离开页面的关系图形。指出页面访问的前 10 秒对于用户决定是留下还是离开至关重要。在最初的几秒钟内，离开的可能性非常高，因为用户知道大多数网页都是无用的，他们应该采取相应的行为来避免在糟糕的页面上浪费不必要的时间。如果网页能挺过这 10 秒钟的考验，用户就会继续浏览网页，然而，他们仍然很可能在接下来的 20 秒内离开。只有当人们在页面上停留大约 30 秒后，曲线才会变得相对平坦。人们继续每秒钟离开一次，但速度比前 30 秒慢得多。所以，如果网页能够说服用户在你的页面上停留半分钟，他们很有可能会停留更长时间——通常是 2 分钟或更长。

13.1.2　典型网页浏览模式

用户在浏览网页并对网页进行评估的过程中，会受到网页设计引导、网页类型、视觉感知特性、自身浏览习惯及网页布局等因素的影响，形成某种固有的视觉浏览模式，常见的网页浏览模式有 F 型浏览模式（F-shaped scanning pattern）和 Z 型浏览模式（Z-shaped scanning pattern）。

1. F 型浏览模式

Nielsen 集团对网页浏览模式进行了大量的研究。早在 2000 年，Nielsen 就提出著名的 F 型浏览模式（图 13-1）。

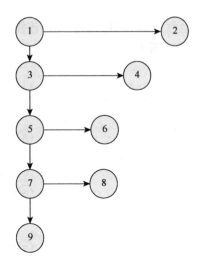

图 13-1　F 型浏览模式

　　F 型浏览模式认为，用户浏览网页时的浏览路径遵循字母 F 的形状：注视点集中在页面的顶部和左侧；用户首先以水平移动方式浏览，通常在内容区域的上部，即字母 F 的顶部的横线；接下来，用户将页面向下移动一点，然后再第二次以水平移动方式浏览，通常第二次水平移动的距离比第一次水平移动距离更短，形成了字母 F 的第二条横线；最后，用户垂直扫描内容的左侧，有时是一个缓慢而系统的扫描，在热点图上显示为一条实线，有时用户移动得更快，在热点图上体现为斑点状的热点图，形成了字母 F 中的竖线。根据 F 型浏览模式，页面的第一行文本比同一页面上的后续文本获得更多的关注；每行文本左侧的前几个单词比同一行后面的单词受到更多的注视。

　　早期的 F 型浏览模式是在对用户浏览以文字为主要内容的网页眼动追踪的基础上提出来的。Nielsen 集团最近的眼球追踪研究表明，无论桌面还是移动设备，F 型浏览模式都适用。通常，当页面中存在以下三种元素时，人们会以 F 型模式浏览网页：①页面或者页面的一部分包含很少或没有 Web 格式的文本，如没有粗体、项目符号或副标题；②用户希望能够高效地浏览网页；③用户浏览网页时不是很投入，对网页内容也不是很感兴趣。

　　F 型浏览模式描述的是人们访问一个网页并对其内容进行评估时的行为，而不是他们进入网站的一个新区域并查看导航条（通常位于页面的顶部和/或左侧）以决定下一步去哪里的行为。在 F 型浏览模式中，如果左边栏被导航栏占据，那么左边栏的注视点就落在内容区域的左边，而不是整个页面最左边的部分。因此，F 型浏览模式适用于用户对网页内容区域的浏览。

2. Z 型浏览模式

　　Z 型浏览模式，有时也称为反 S 型浏览模式，该模式认为用户浏览网页时的浏览路径遵循字母 Z 的形状（图 13-2）。

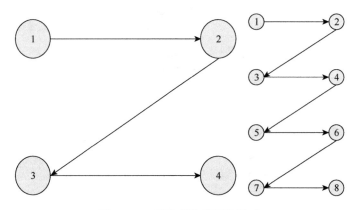

图 13-2　Z 型和锯齿型浏览模式

浏览者将从网页顶部左侧开始，水平移动到顶部右侧，然后沿对角移动到底部左侧，最后再水平移动到底部右侧。如果用户在一个页面上连续采用多次 Z 型浏览策略，则形成了锯齿型浏览模式（Zig-Zag-shaped scanning pattern）（Bradley，2011）。

将锯齿型浏览模式的第一个点和第三个点用线连上，则会形成一个三角形，这个三角形通常也会被称为金三角（golden triangle）（图 13-3）。金三角区域一般是用户最先注意的地方，因此，一般将最重要的设计元素，如网站 Logo 放置于此。

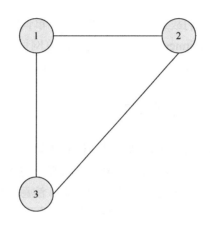

图 13-3　金三角

用户采用 Z 型浏览模式大多发生在浏览不以文本为中心的网页，重点在于突出网站上的少数几个关键设计要素（Vidyapu et al.，2019）。在登录页面或者只有少量主要元素的简约页面，可以按照用户的这种浏览模式选择重要元素的放置位置以引导用户的视觉注意。Z 的顶部左侧应该放置想让用户最先看到的设计元素，在顶部及右侧的设计元素要能够吸引用户注意力并能够将用户视线引导到顶部右侧，页面中心区域的元素要能吸引用户注意并将用户的视线引导到页面底部左侧，页面底部行的设计元素要能够将用户注意推向页面底部右侧角落。

3. 其他浏览模式

除了 F 型和 Z 型浏览模式，Nielsen 集团还发现了其他可能的浏览模式。

（1）E 型浏览模式（E-shaped scanning pattern）：在某些情况下，用户浏览网页时可能会对页面下方的一个段落感兴趣，并可能会关注更多的单词，再次自左向右阅读，这种模式类似字母 E。

（2）千层饼模式（layer-cake pattern）：用户浏览网页时，眼睛扫描标题和副标题并跳过下面的正常文本，这种行为的凝视图或热图显示为水平线，看起来像蛋糕和糖霜的交替层。

（3）斑点模式（spotted pattern）：用户浏览网页时，跳过大块的文本，扫描寻找某些特定的东西，如链接、数字、特定的单词或一组具有独特特征的单词（如地址或签名）。

（4）标记模式（marking pattern）：用户浏览网页时，鼠标滚动或手指滑动页面的同时，眼睛集中在一个地方，就像舞蹈演员在旋转时盯着一个物体以保持平衡。与桌面设备相比，标记模式更多地发生在移动设备上。

（5）绕过模式（bypassing pattern）：用户浏览网页时，当列表中的多行文本都以相同的单词开头时，人们故意跳过一行的第一个单词时，就会出现绕过模式。

（6）承诺模式（commitment pattern）：用户浏览网页时，如果对内容非常感兴趣，他们会阅读一段甚至整个页面的所有文本（Pernice，2017）。

13.1.3　网页浏览视觉注意层级模型

根据注意理论，浏览者在浏览网页时，注意力可以被描述为在界面上移动的"聚光灯"（spotlight），光束中心的光照最强，代表了更多的注意力，离光束中心越远，受到的关注越少。为了更高效地处理信息，注意系统会对特定的界面因素产生更多的注意。在网页浏览时，注意系统采用了两种选择机制：①物理限制（physical restriction），只允许眼睛注视到的网页设计元素接受高分辨率的处理；②认知限制（cognitive restriction），允许对注意力系统在工作记忆（working memory）中保持的对象进行进一步处理。这些选择性机制依赖于自下而上的影响（如显著性）来最大化信息收集效率（Still，2018）。理解网页界面因素如何影响注意力，能够为设计有效引导注意力的网页界面提供参考。设计师可以通过某个具有优先权（dominant）的元素来创建一个界面登录点（entry point）。然后，用户可以通过一系列次优先权（sub-dominant）元素来进一步引导注意力（Still，2018）。

Farady（2000）提出了第一个网页视觉注意层级模型（Web page visual attention hierarchy model），用来预测网页界面上的注意分布规律（图13-4）。

如图13-4所示，该模型指出，用户浏览网页时，界面因素的以下特征会依次影响用户的视觉注意：运动、大小、图片、颜色、文字风格和位置。①运动能够在眼睛注视的区域内被低水平的感受器探测到，人们对运动物体的感知是自动的，因此，用户最先会注意到界面上运动的元素。②如果没有运动元素，一般来说，浏览者会认为界面上大尺寸的元素更加重要，因此，用户会最先注意到页面上最大的元素，相对于小的物体来说，大的物体能够受到更长时间的关注。

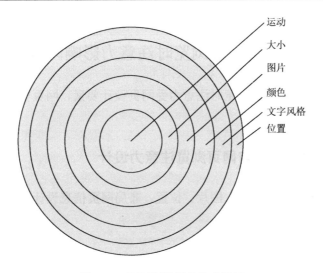

运动
大小
图片
颜色
文字风格
位置

图 13-4　网页浏览视觉注意层级

③图片的使用。浏览者会优先选择图片，然后才是文本，因此，在目标区域应该使用图片来吸引用户的注意。④在界面元素具有相似的尺寸时，可以使用颜色来区别重要的信息。色彩鲜明的视觉对比能够增加界面元素的凸显性，因此，能够吸引更多的注意。⑤文字风格。给重要的文字加粗、使用斜体、加下划线或者超链接等，有助于吸引浏览者的注意。⑥界面元素在网页中的位置也会影响浏览者的视觉注意。一般认为，将重要的界面元素置于页面顶部和中心能够吸引用户的注意。根据 Farady（2000）的注意层级模型，如果一个网页中有运动的元素，那么它将首先被注视到。如果页面上没有运动的元素，那么页面上最大的元素将首先被注视，以此类推，直到层次结构耗尽。

虽然 Farady 的网页视觉注意层级模型为用户浏览网站视觉注意研究提供了参考，但是该模型仍然缺乏大量实证研究的支持（Still J and Still M，2019；Still，2018）。特别是该模型中对于视觉层级的顺序（运动、大小、图片、颜色、文字风格和位置）安排受到后续很多研究的质疑。例如，Farady 的网页视觉注意层级模型的元素特征可以分为两大类：显著特征（运动、大小、图片、颜色和文字风格）和位置特征。根据该模型，显著特征比位置特征更能预测初始注意。Grier 等（2007）开展了一系列的实验研究来验证 Farady 的网页视觉注意层级模型，特别是考察了位置和运动的影响。他们发现运动对吸引初始注意有很小的影响，而空间位置比模型中的其他特征能更好地预测初始注意。他们认为，Farady 的模型在参与者没有特定的搜索任务时表现得最好（即当他们在自由观看或漫无目的地上网时）。

13.2　网页浏览时注意力影响因素

文献研究表明，网页浏览时注意力受网页设计要素、网页类型以及用户特征的影响。

13.2.1　网页设计要素与网页浏览注意力设计

在众多网页设计要素中，图片、位置、布局网页信息设计等因素受到研究者的广泛关注。

1. 图片优势效应

一图胜千言，这种现象也被称为图片优势效应（picture superiority effect），即图片信息比文本信息更容易被记住（Yangandul et al.，2018）。根据 Scott（1994）提出的视觉修辞理论（theory of visual rhetoric），图片作为一种重要的可视化的信息表达方式，能够更有效率地表达信息，降低用户认知负荷，影响消费者行为。与文本相比，图像有很高的概率（60%～70%）能引起人们的首次注意（Vidyapu et al.，2019）。如何使网页中的图片更好地吸引用户的注意，引起了研究者的广泛关注。研究表明，图片设计特征与内容特征都会影响用户注意。

图片设计特征分为具体设计特征和抽象设计特征。具体设计特征从设计的视角描述了图片的特征，如尺寸、运动性、位置等，抽象特征从用户感知视角描述了图片特征，如复杂度、对称性等。图片设计特征如何影响用户注意目前还没有一致的结论。如 Lee 和 Benbasat（2003）利用次级任务反应时间（secondary-task reaction time）法研究了三个 B2C 电子商务网站界面图片的三个特征（尺寸、运动以及保真度）对注意的影响。结果表明，图片尺寸对注意没有显著影响；图片运动特征和保真度对注意有显著影响：高保真度的产品图片比低保真度的产品图片吸引更多的注意，运动的产品图片比静止的产品图片吸引更多用户的注意，即高保真和运动的产品图片能让用户的注意在网站上保持得更久，并可能导致用户最终的购买行为。Espigares-Jurado 等（2020）研究了酒店网站主要图片的放置位置对视觉注意的影响。结果表明将图片置于网站的上方效果更好，体现在首次注视到达时间更短，注视次数更多，平均注视时间更长。叶许红等（2019）研究了网购平台产品图片的复杂度（高、低）和对称性（高、低）对浏览网页时视觉注意的影响。眼动追踪结果表明，复杂度对用户认知注意有显著影响，产品复杂度越高，用户注视点数越多；对称性对用户认知注意没有显著影响。Liu 等（2022）利用 ERP 研究了网站视觉复杂度和秩序对网页快速评价的影响，结果表明，有序的网页有助于吸引用户的注意，低复杂度的网页有助于诱导积极的情绪反应。

图片内容特征描述了图片所包含的内容信息，如图片中的场景、人物等。研究表明，图片中恰当的场景运用能吸引更多的视觉注意。Pan 和 Zhang（2016）研究表明包含酒店正面形象图片的网站上有更多的注视次数，说明此种图片能够提高消费者对该酒店的兴趣。Huang 和 Ho（2015）采用眼动追踪法分析受试者评估购物网站上不同视角下服装图片时的眼动数据。结果表明，就消费者偏好而言，利用模特展示物品的图片优于单个物品的放大图片；有场景背景的图片比没有场景背景的图片得到更多的视觉关注。Boardman 和 McCormick（2019）进一步研究了服装网站上产品图片类型（模特图片、人体模型图片）和图片缩放功能对消费者决策的影响，眼动追踪结果表明，最受关注和最具影响力的产品展示特征是模特图片，其次是人体模型图片和缩放功能，具体体现在实验参与者在模特图片上有更长的注视持续时间和更长的浏览时间。

虽然大量研究表明，在网站图片上增加人的图像能够产生更好的社会临场感以及对网站的信任，但是，在网站图片上集成人的图像是否能吸引更多的注意，已有研究还未达成共识。Wang 等（2014b）针对电子商务网站上产品图片的研究表明，电子商务网站上产品图片是否应该集成人的图像，需要考虑产品类型。享乐型产品（entertainment product，如服装）图片中集成人的图像能够吸引更多的注意，获得更多的注视次数、注视时间以及注视时间百分比；而实用型产品（utilitarian product，如耳机）图片中集成人的图像则不会显著增加用户注意。此外，电子商务网站上图片是否应该集成人的图像，还应该考虑图片所在位置。滕慧敏（2019）研究了电子商务网站首页上图片是否集成人的图像对消费者注意力的影响，利用眼动追踪网站realeye.io 记录了被试的眼动数据。结果表明，被试在浏览具有添加人的图像图片的电子商务网站首页时，具有更长的注视时间。图片中人的特征同样会影响用户的视觉注意。Cyr 等（2009）研究了网站上人像图片有无面部特征对视觉吸引的影响，通过分析前 15 秒的眼动数据发现，与有面部特征的图像相比，无面部特征的图像的浏览时间和注视次数显著增加。通过对访谈数据分析发现，没有面部特征会让人觉得奇怪和不自然，这可能是用户视觉注意增加的原因。Seo 等（2012）研究了网上商城上名人品牌图片（human brand image）吸引力（高吸引力名人品牌图片、低吸引力名人品牌图片以及没有名人品牌图片）对消费者浏览网页时视觉注意的影响。眼动追踪结果表明，名人品牌图片吸引力对消费者注意有重要影响，高吸引力的名人品牌图片获得更长的注视时间。

2. 位置与注意偏见

Faraday（2000）的视觉注意模型提出，重要的界面元素应该置于页面顶部和中心，从而吸引更多的用户注意。Nielsen 的 F 型浏览模式则认为网页的左边和顶部能够吸引更多的用户注意（Pernice，2017）。因此，网页顶部对吸引注意有重要作用。

最近的一些研究表明，网页浏览过程中存在中心注视偏见现象（Tatler，2007）。Chandon 等（2006）利用眼动追踪发现放置于在线展示场景中心附近的品牌最先受到关注并经常受到注意。放置于左边或者右边对注意没有太多影响。Atalay 等（2012）提出了"中心目光级联效应"（central gaze cascade effect），即位于在线展示中心的品牌受到更频繁的注视以及更长的注视持续时间，人们倾向于首先看水平线中心的位置。两个理论可以解释中心注视偏见现象：第一，消费者期望在中心位置有更多的信息；第二，瞳孔倾向于直视前方。因此，中心偏见与屏幕中心无关，而与商品的放置位置有关（Kahn，2017）。

由于网页一般显示在 VDT 中，用户在 VDT 的视觉注意规律对网站视觉注意有一定的参考价值。Grier（2004）考察了 VDT 的四个角落位置（左上角、右上角、左下角、右下角）和中心位置对视觉分布规律的影响，要求被试按自己喜欢的任何顺序看屏幕上的项目。眼动分析结果表明，首次注视点更多地出现在中心位置，左上角位置的首次注视率高于其余三个位置（右上角、左下角、右下角）（Grier，2004；Grier et al.，2007）。

位置对注意的影响还与网页类型和页面布局有关。孙林辉等（2010）利用眼动仪记录了大学生浏览六幅静态网页图片的眼动行为，结果发现被试在浏览网页时存在明显的区域注意偏好倾向，注意偏好顺序依次为中间、左上、右上、左下与右下。王婷婷（2017）研究了招聘网站搜索结果列表页面和职位信息展示页面内容的空间位置对大学生注意偏好的影响，眼动分析结果表明，对于搜索结果列表页面，注意偏好的优先顺序是上方位置、中间位置和下方位置；对于职位信息展示页面，不同的排版方式内部各位置的关注度不同：顺序型排版时注意偏好的优先顺序是页面上方、中上方、中下方和下方；田型排版时注意偏好的优先顺序是页面左上方、右上和左下、右下。

此外，位置对注意的影响还受浏览任务的影响。Georg 等（2009）研究了在网页上完成两类任务时不同用户的视觉注意特性，一类是信息寻找（information foraging）任务，另一类是页面识别（recognition）任务。信息寻找任务要求被试完成围绕四个主题的网页信息寻找任务以及自由询问任务，每个任务给五分钟的时间，被试可以自由选择打开九个网页中的任何一个。页面识别任务要求被试评估实验中所浏览网页以及另外 12 个网页的熟悉度。结果发现，无论信息寻找任务还是页面识别任务，上半个网页页面的左侧区域比其他区域都能更快地吸引注意；上半个网页页面的整个右侧都被忽视，即被试即使看了这些区域，也没有花费太多的时间在这个区域。对于不同的任务，不同区域的相对重要性是不一样的。对于信息寻找任务，中间偏左的区域比其他区域吸引更早和更多的注意，中间偏左、左上和中间是最重要的区域；对于页面识别任务，左上区域吸引更早和更多的注意，左上、中间顶部以及中间偏左是最重要的区域。信息寻找任务比页面识别任务更多地关注上半个网页页面的左下和中下区域。

3. 网页布局对注意的影响

不同的网页布局通过控制网页信息内容呈现的结构和不同信息之间的组织方式影响用户浏览网页时的注意力。

Chaparro 等（2008）研究了门户网站的布局对浏览模式的影响。该研究设计了两栏和三栏两种网页布局，要求被试在网页上简单浏览 20 秒去熟悉网页内容。眼动追踪结果发现，在浏览两栏布局的门户网页时，浏览者的浏览轨迹从网页的顶部左端开始，从左到右以反转的 S 型轨迹浏览；在浏览三栏布局的门户网页时，浏览者的浏览轨迹从顶部中间，以反转的 S 型轨迹浏览剩余的部分。

Chen 和 Pu（2010）研究了推荐界面的两类不同设计对用户注意的影响：第一类设计是标准的列表界面，即一个接一个地列举所有的推荐项目；第二类是有组织的布局，该研究设计了两种对信息进行有效组织的布局，第一种是将所推荐的产品分成四类，但仍以垂直结构展示，第二种则将四类产品布局在四个象限。实验任务要求用户从推荐页面中寻找一个可能愿意购买的产品。眼动追踪结果表明有组织的界面，特别是按象限布局的界面，能显著地吸引用户注意更多的推荐项目。

张帆（2018）研究了电商运营页面五种不同版式（矩阵型、对称型、骨骼型、自由型以及并置型）对浏览路径及视觉注意的影响。眼动数据分析表明，骨骼型、对称型和矩阵型三种版式的注视点有明显的上多下少或左多右少的规律；自由型、并置型版式的视觉路径则没有明显的变化规律。同时，信息密度也会影响在不同版式上注意力的分布。张帆（2018）进一步研究了电商运营页面的四种栏比例（等比分割 1∶1、非等比分割 3∶2、1∶2、1∶3）以及两种区块密度（4 区块、6 区块）对浏览轨迹和注视程度的影响。眼动追踪结果表明用户浏览顺序总体上符合从左至右的浏览习惯，左栏吸引视觉注意的优势更明显，同时，访问时间和注视时间受信息密度的影响。

4. 网页信息设计对注意的影响

网页信息设计包括文字、图片、视频等信息的设计。网页信息设计不仅要能够合理引导注意，也要给用户带来美的体验。网页视觉美学分为经典美学和表现美学两大类。经典美学指的是清晰、有组织、令人愉悦的网站，表现美学指的是有创意、丰富多彩、原创的网站（Lavie and Tractinsky，2004）。不同的信息设计方式会影响浏览者对某种信息的注意。网站上充斥的大量复杂的信息会占用浏览者的注意资源，根据注意负荷理论（load theory of attention），当浏览者具有较高的感知负荷时，就没有足够的能力去处理不相关的刺激，因此，会导致更少的注视次数和更短的注视持续时间（Lavie，1995）。

已有研究从网页信息设计的不同方面探讨了网页信息设计对注意的影响。Hsieh 和 Chen（2011）研究了四种网页信息设计对广告注意的影响。他们设计了四种网页：基于文本的网页、文本和图片混合的网页、基于图片的网页以及基于视频的网页。要求被试评估即将上线的新网页，被试可以没有时间限制的自由浏览网页，在完成浏览任务之后，立即评估被试的注意数量和注意强度。结果表明，不同的信息类型确实影响浏览者对广告的注意。基于视频的网页和基于图片的网页比基于文本的网页和基于图片文本混合的网页在广告注意上更有优势，基于视频的网页最有利于吸引用户对网页的注意；无论对于哪种网页类型，第一个页面的广告总是能得到更多的注意。Wang 等（2014a）研究了网站复杂度对视觉注意的影响，结果表明网站视觉复杂度对用户注意的影响受到任务难度的调节，当用户完成简单任务时，高复杂度的网站会需要更多的注意资源，当用户完成复杂任务时，中复杂度的网站需要更多的注意资源。Pappas 等（2018）研究了视觉美学的四个方面（简单、多样、丰富多彩、匠心独具）对用户注意的影响，研究结果表明，不同的凝视行为模式与用户对视觉美学的感知有关。

13.2.2　网页类型与网页浏览注意力设计

不同类型的网页呈现的信息内容以及用户与之交互的目的和方式都有很大差别，此外，用户对不同类型网页的信息分布会有不同的预期，这些都会影响用户浏览网页时注意的分布。

1. 门户网站

门户网站的特点是信息类型多、综合性强，用户在浏览不同类型的门户网站时，注意分布有不同的特征。

Josephson 和 Holmes（2002）使用眼动追踪记录了八名被试浏览门户网站前15 秒钟的浏览路径，并使用字符串编辑方法对浏览路径进行了分析。结果发现，被试浏览的眼动路径都位于相对较小的区域。许鑫和曹阳（2017）研究了用户在浏览高校图书馆门户网站时的视觉注意规律，眼动追踪结果表明，网站中部以及中部偏上区域最先受到关注且关注度较高，在随后的浏览过程中，网站中部以及左侧偏上位置容易受到关注，左下角及右侧区域则更容易被用户忽视。靳慧斌等（2018）分析了被试在四家航空公司官网上自由浏览 60 秒时的注视时长和热点图，发现被试在东航、南航和春秋航空公司官网主页的广告区的注视时长均大于国航，根据此结果,作者提出将促销广告融合在网页应用程序的背景中进行展示的策略。张喆等（2019）记录并分析了被试在工商银行官网首页自由浏览时的浏览路径、注视时间等眼动数据,结果发现 1 名被试浏览路径符合 F 型浏览模式,左上角的账户服务受到较多的关注。

2. 新闻类网页

新闻类网页内容多,信息量大,以文字信息为主,图片和视频为辅。对于新闻网站的浏览模式,已有研究表明新闻网站的浏览模式基本遵循 F 型模式。Josephson 和 Holmes（2002）使用眼动追踪记录了八名被试浏览新闻网页 15 秒之内的浏览路径,并使用字符串编辑方法对浏览路径进行了分析。结果发现,用户浏览新闻网页时采用自上而下、自左向右的扫描形式。刘星彤和孟放（2016）以凤凰资讯网站为例,利用眼动仪获取了用户在浏览新闻网页时的眼动模式,结果表明用户对新闻网站的关注热区图基本呈 F 型,用户注视点的聚簇集中在首屏,用户对页面左上区域的浏览顺序和关注时间远超过其他区域。Pan 等（2004）考察了用户浏览新闻网站不同页面时的视觉行为,发现新闻网站的第二个页面的注视持续时间（fixation duration）和凝视时间（gaze time）较短,表明新闻网站的第二个页面的吸引力可能下降,用户分配了更少的注意资源。Hsieh 和 Chen（2011）研究了用户浏览新闻网站时的注意分配情况,指出新闻网站上大部分是文本内容,用户浏览此类网站时需要较多的认知资源和精神负荷,因此,用户需要将更多注意集中在文本阅读任务中,较少关注网页中的广告。

新闻网页中的广告如何设计吸引用户注意成为一个重要的问题。杨强等（2019a）研究了用户自由浏览新闻网页时,横幅广告的视觉显著性对消费者注意力的影响。眼动追踪结果表明,在浏览新闻网页图片的任务中,不同视觉显著性的横幅广告对广告注意效果的影响没有显著差异。杨强等（2019b）进一步研究了视觉显著性和内容一致性对浏览新闻网页图片时广告注意效果的影响,结果表明广告的视觉显著性高且与网页的内容一致时,被试的注意效果最好。

3. 社交类网页

社交类网页的主要目的是满足用户的信息分享和交流。社交网页上的很多信息来自用户的分享,内容多样,如状态更新、链接、图片、新闻、广告等。社交类网页上的视觉注意与帖子内容、社交线索、信息设计特征有关。

Vraga 等（2016）研究了哪些形式的内容在 Facebook 上更容易关注,该研究将 Facebook 上的帖子内容风格分为:状态更新、图片和来自 Facebook 外部的内容链接,内容涉及新闻、政治（细分为中立的,支持民主党的,或支持共和党的）或社会（包括健身、食物、学校和旅游）,据此涉及了 35 个页面涵盖 120 个 Facebook

帖子的实验刺激；实验中要求被试像在家里一样浏览每个页面，但是要求每个页面至少浏览 10 秒钟。眼动分析结果表明，新闻和社会内容受到同等程度的关注，政治内容则关注的较少。帖子的风格对注意力模式有重要影响，内容更丰富（如图片、链接）可以提高注意力，尤其是社交和新闻帖子。Dvir-Gvirsman（2019）研究了社交网站上的各种社交线索（用户评论、"赞"、"反应"）的存在是否影响注意力和选择。眼动分析结果表明，社交线索对注意力和选择过程有一定影响；然而，用户对社会认可的反应在关注和选择上都存在显著差异。Chou 等（2020）研究了用户浏览社交网站 Facebook 时社交网站上的信息特征对用户注意的影响。以社交媒体上癌症相关信息为研究对象，癌症信息特征包括：信息格式（叙述性/非叙述性）、信息准确性、信息来源（组织/个人）和癌症主题（如防晒安全性）。眼动分析结果发现，信息来源吸引了大量的注意力，而其他特征与注意没有相关性。

随着社交网站上植入广告的增多，社交网站广告注意机制引起了学者的广泛关注。Margarida Barreto（2013）利用眼动追踪研究了社交网站 Facebook 用户对广告的注意。首先，要求参与者用 2 分钟的时间按照他们习惯的方式使用自己的 Facebook 账户；然后，要求参与者在网站上寻找他们选择的任何品牌并与之自由交互 1.5 分钟；最后，邀请用户在社交网站中与耐克运动品牌页面进行 1.5 分钟的交互。调查结果显示，在线广告比朋友推荐吸引更少的注意。这种现象的一个可能的解释是，Facebook 上的广告超出了 F 型浏览模式的范围，导致一种"横幅广告盲"的状态。调查结果还显示，在统计数据上，女性和男性看到和单击广告的数量没有区别。

4. 交易类网页

交易类网页的主要目的是促进产品的销售，交易类网页用户注意机制一直是研究的热点话题。交易类网页用户注意机制与网站类型、页面所在位置、产品特征等因素都有关。

吴月燕（2015）利用眼动追踪初步探讨了用户在浏览团购网页时的视觉规律。结果发现被试最先关注首页图片，此外，消费评价也是被试关注最多的区域。作者在进一步的研究分析之后发现，被试在整个美食团购页面呈现"？"型浏览模式，对首页的文字部分呈现 Z 型浏览模式，在首页上位于左上角的图片是被试最先关注的区域；在产品详情页中，消费者评价是被试最为关注的区域，商家位置是最能获取被试首次关注的信息。Pan 等（2004）研究了用户浏览购物网站时的视觉行为，发现购物网站的第二个页面与新闻网站的第二个页面类似，注视持续时间和凝视时间较短，表明用户分配了更少的注意资源在此页面上。贾佳等（2019）基于注意力惯性理论，研究了产品页面中推送产品缩略图位置（右侧、下方、混合）对消费者注意的影响。眼动实验结果表明，位于右侧的缩略图比位于下方的缩略图更能吸引消费者的注意。

5. 分类信息网站

分类信息网站旨在为用户提供房产、招聘、求职、二手物品买卖、交友等分类信息。由于用户在分类信息网站上主要是搜索信息，因此，研究浏览该类网站时的注意机制的研究较少。少数学者进行了探索性研究，汤舒俊和韩竹琴（2014）比较了大学生被试浏览不同设计的招聘网页时（网页布局类型为标题文本型和拐角型；标题形式为图文并茂和只有文字）的眼动模式，指出图文并茂型标题形式的网页能够获得更多的注视。

6. 不同类型网页浏览时注意机制的比较

不同类型网页，其不同页面上的信息内容及信息呈现方式具有差异性，导致用户的视觉注意机制也存在差异性。Hsieh 和 Chen（2011）在研究了信息类型对网页注意的影响后指出，新闻和论坛网站大部分是文本内容，用户浏览此类网站时需要较多的认知资源和精神负荷。因此，用户需要将更多注意集中在文本阅读任务中，而较少关注网页中的广告。基于照片和视频分享的网站需要较少的精神资源，因此浏览者对横幅广告的注意会更强。张广英（2013）比较了被试浏览文本型网页、图片型网页和线框类网页过程中信息加工与视线转移的一般特点。文本型网页以文字为主、图片为辅，常见的网页类型包括资讯、导航、搜索和微博；图片型网页以图片为主、文字为辅，常见的网页类型包括视频、游戏和地图；线框类网页以线框和表现呈现信息为主，常见的网页类型包括邮箱、注册页和搜索表单。眼动分析结果发现，对于不同的网页并不存在固定的重心转移模式。Pan等（2004）研究了用户浏览商业网站、新闻网站、搜索网站以及购物网站时的视觉行为，发现网站类型和页面浏览顺序对平均注视持续时间、凝视时间以及眼动速率有交互影响。新闻网站和购物网站的第二个页面的注视持续时间较短，但是搜索网站和商业网站的注视持续时间相当固定。因为注视持续时间能够反映刺激的复杂性和信息量，上述结果表明搜索网站和商业网站的第二个页面仍然有相当高的信息量和新颖性，而新闻网站和购物网站的第二个页面的新颖性可能下降。新闻网站和搜索网站的第二个页面的凝视时间较短，商业网站的第二个页面的凝视时间较长。因为凝视时间和任务难度以及精神负荷负相关，上述结果表明新闻网站和搜索网站的第二个页面需要较少的认知负荷，而商业网站第二个页面需要较多的认知负荷。搜索网站第二个页面的眼跳速率下降，但是商业网站第二个页面的眼跳速率增加。眼跳速率与任务难度负相关，因此上述结果说明搜索网站第二个页面比第一个页面需要更多的认知努力，商业网站第二个页面比第一个页面需要更少的认知努力。可见，分析新闻网站上的平均注视持续时间和凝视时间揭示了相同的结果，即第二个页面需要更少的认知努力。但是，分析搜索网站和商业网站上的凝视时间与眼跳速率，则出现了相冲突的结论。对于扫描路径的分析则表明，视觉复杂度会影响扫描路径的变化。

不同网页本身的可读性也会影响网页视觉注意。孙林辉等（2010）利用眼动追踪比较了大学生浏览大学主页、文学性论坛和门户网站这三类网站时的眼动行为。该研究选取了数十个不同的网站，对 300 名在校大学生进行预调研，结果发现复旦大学、南京大学、榕树下、西祠胡同、新浪和搜狐这六个网站分别在相应的主题领域具备较高的社会认知度，因此选取这六个网站主页形成六张图片，让每个被试随机浏览网页 10 秒钟。结果发现网页类型对大学生的平均注视时间有显著影响。两张门户网页的注视平均时间较短，而两张文学性论坛主页（榕树下和西祠胡同）的注视平均时间最长，复旦大学和南京大学两张大学主页居中。作者认为这一结果可能与网页本身的可读性有关。王琳和郭梦雪（2015）比较了浏览者在浏览本专业信息网页、非本专业信息网页以及日常生活信息网页时的信息浏览行为。眼动分析结果表明，被试在浏览本专业信息网页、非本专业信息网页时，视觉浏览行为有显著差异。被试在浏览日常生活信息网页时，视觉浏览行为不具有显著差异。

13.2.3　用户群体与网页浏览注意力设计

用户群体特征，如年龄、性别、网站体验、文化、情绪等都会对网页浏览时的注意分配产生影响。

1. 年龄的影响

随着年龄的增加，支持注意力控制的大脑结构也会发生显著变化（Shechner et al.,2017），不同年龄的用户浏览网页时的视觉注意规律也有一定的差异。Georg 等（2009）比较了不同年龄用户在不同网页浏览任务中的视觉注意规律。结果发现，在页面识别任务中，年龄大于 30 岁的被试比年轻的被试花费更长的时间浏览页面的每一个区域；在信息寻找任务的第 1 秒，年轻人花费更长的时间在中心区域，花费更短的时间在中间偏左位置。Boardman 和 McCormick（2019）比较了服装网站的产品呈现特征对不同年龄用户群的视觉注意的影响。结果发现不同年龄段的人群对产品呈现的视觉感知存在差异。20 岁左右的人在产品图片上分配的注意最少，50 岁左右的人在产品图片上分配的注意最多，中间年龄段（30～50 岁）的人最喜欢使用图片缩放功能，但是不同年龄段的人对模特图片的关注差异不大。与人体模型图片相比，年长和年轻的消费者都会花费更长的时间去查看模特图片。

千禧一代（Millennial generation 或者"baby boom"generation 或者 Y generation）被认为是随着科技的发展而成长起来的一代。这一代人的成长时期几乎和互联网的形成与高速发展时期相吻合，对网站有更多的体验，非常注重网站所展示的美感，以及图像和其他娱乐元素（如一个机构的形象）。Djamasbi 等（2010）研究了千禧一代对网页的注意偏好。该研究分为两个阶段，第一阶段让用户评估 50 个顶级零售网站的视觉吸引，根据视觉吸引评分得到三个最喜欢的网页和三个最不喜欢的网页；第二阶段让用户对三个最喜欢和最不喜欢的网页进行视觉吸引评估，并用眼动仪记录用户的眼动轨迹。结果表明，这类用户群体偏好的网页特征包括大的图片、名人图片、较少的文本以及搜索功能。López 等（2018）研究了千禧一代女性对两个酒店网站的视觉注意，结果发现网页上大的图片是能够在不知不觉中吸引注意的最重要元素之一。此外，网站的结构、主图像的位置属性、使用少量的文本和搜索功能，可以直接影响千禧一代的女性用户感知的网页视觉吸引力。Espigares-Jurado 等（2020）比较了千禧一代与其他年代人群对酒店网站主要图片视觉注意的异同。结果表明，与其他年代的人群相比，图片并没有吸引千禧一代更多的注意，虽然这一代人对大的图片的兴趣很高，但由于他们的认知能力很强，注视持续时间会较短。

2. 性别的影响

从信息处理的角度来看，主要有两大理论解释不同性别网站用户如何处理网站上感知的信息：选择理论（selectivity theory）和性别图式理论（gender schema theory）。选择理论认为，男性和女性使用不同的大脑半球来执行信息处理策略和阈值。该理论假设，为了做出一个特定的推断，男性依赖于选择性的右脑处理，这涉及一个高可用性和突出的线索的子集。女性依靠全面的左半球处理来进行顺序和详细的分析。因此，女性倾向于在做出判断之前，全面地处理所有可用的信息，尤其是对于信息量很大的内容。性别图式理论认为，男性和女性在利用图式进行认知加工的程度上是不同的。图式是指用来组织和引导个体感知的认知结构。性别图式理论认为，不同性别在信息处理的方式（如注意力、组织和记忆）上是不同的（Hwang and Lee，2018）。

男性和女性在浏览不同网站时，平均注视时间是否存在差异，目前研究还未形成共识。Pan 等（2004）比较了男性和女性浏览商业网站、新闻网站、搜索网站和购物网站时的平均注视时间，要求被试浏览每个页面 30 秒，结果发现女性的平均注视持续时间短于男性。但是，孙林辉等（2010）在比较不同性别的大学生浏览六幅静态网页图片的眼动行为时却发现，男性的平均注视时间显著短于女性。Georg 等（2009）研究发现，在页面识别任务中，女性比男性更彻底、更长时间地浏览页面的每一个区域；男性倾向于花费更少的时间在中间偏上区域，但是花费更多的时间在右侧偏上区域和下半个页面区域。

研究表明，男性和女性在浏览不同网站时，视觉注意规律与网页类型、信息内容、信息呈现方式等都有关。如 Lorigo 等（2006）比较了男性和女性在评估 Google 结果页时的视觉注意特点，发现性别对浏览时间、注视数目、平均注视持续时间、平均瞳孔扩张、扫描路径的长度以及注视和单击摘要的数目的影响都没有显著的差异。但是对于排名在 7～10 的摘要，男性的注视数目显著高于女性。此外，分析扫描路径发现，女性会有更多的返回现象，她们更经常地回到以前访问过的摘要中，男性的扫描路径更可能是严格线性的。Hwang 和 Lee（2018）利用眼动追踪方法探讨了性别对购物网站产品信息视觉注意的影响。结果发现在对网上购物信息的视觉注意方面存在显著的性别差异。女性参与者对大部分网络购物信息区域的视觉注意程度都高于男性，虽然男性的视觉注意力低于女性，但他们的购物态度受到产品信息和消费者意见领域的视觉注意力的影响较大。Hwang 和 Lee（2019）进一步研究了性别如何影响消费者对购物网站上人类形象的视觉注意。结果表明，女性消费者对人类品牌形象内容的视觉关注度高于男性消费者。此外，与使用笔记本电脑等实用产品相比，当人们使用香水等享乐产品时，在人类形象的视觉注意上存在更大的性别差异。

3. 网站体验及个性特征的影响

根据 Petty 和 Cacioppo（1984）提出的详尽可能模型（the elaboration likelihood model，ELM），用户对不同刺激的处理方式存在两条路径：中心路径（the central route）和边缘路径（the peripheral route）。当动机和能力很高时，个体往往倾向于遵从中心路径，此时，个体会对信息进行仔细和深入的考虑；当个体动机或能力较低时，往往倾向于遵从边缘路径，此时，个体往往通过刺激的外围线索来对刺激进行判断。这些外围线索可能与刺激本身的逻辑性质无关，如用户在网站上选择某件商品的原因只是该商品来自自己喜欢的某个明星的推荐。因此，用户对网站的熟悉度、网站使用经验、产品涉入度以及个性特征等都可能影响用户的注意模式。

Georg 等（2009）比较了网站熟悉度或者体验对网页浏览行为的影响。结果发现，信息搜寻任务中第 1 秒的页面浏览行为与是否熟悉网站有关，与不熟悉的网站相比，被试在浏览熟悉的网站上更多地关注左上、右下以及左下区域，对于中间和中间偏下区域浏览时间则较短。在页面识别任务中，浏览体验较少的用户一般更长时间地浏览页面。Yang（2015）利用眼动追踪探讨了网络购物的详尽可能模型。结果发现外围线索对眼动模式有调节作用，在积极的外围线索的情况下，高深思熟虑组在两个兴趣区域（area of interest，AOI）比低深思熟虑组有更长的注视时间；在消极的外围线索的情况下，低深思熟虑组对整个页面和两个 AOI 的注视时间更长。Hwang 和 Lee（2017）研究了不同的购物动机（如目标导向和休闲）对移动端购物信息的视觉注意。研究表明，目标导向的购物者更关注产品的信息区域以满足他们的购物目标，休闲购物者则倾向于更多关注促销区域。Hussain 等（2019）利用眼动追踪研究了个性特征与社交网站 Facebook 视觉注意的关系。结果发现开放型与 AOI 查看时间存在负的相关关系。

4. 文化的影响

任何行为都存在于一定的文化和价值观中，文化的差异可以从多个角度考察，如语言学、文化模式、文化形态、认知风格等。社会文化环境会引导个体的注意功能（Das，1988）。不同文化也会对浏览网站时的视觉注意产生影响。

Nisbett 的文化认知理论将认知风格划分为整体型（holistic）和分析型（analytic），认为东亚人和西方人在分析问题时采取完全不同的方法：整体型认知风格会关注整体以及目标和情境的关系；分析型认知风格则将目标从情境中剥离出来，倾向于关注目标自身的属性和分类。Dong 和 Lee（2008）依据 Nisbett 的文化认知理论，比较了东亚文化和西方文化差异对网页视觉注意的影响。眼动分析结果表明，中国和韩国被试表现出整体思维模式，倾向于将注意力分散在整个页面上，遵循非线性的浏览模式，而美国被试表现出分析思维模式，倾向于将注意力集中在页面某处，遵循线性的阅读模式。

不同的文化背景的群体对网站不同设计特征的注意模式同样存在差异。Cyr 等（2009）比较了不同文化背景的群体（加拿大、德国和日本）对网站上人类照片有无面部特征（有面部特征、无面部特征、无人的图像）的感知，结果发现，虽然无面部特征的人类照片吸引了更多的注意，但不同文化的参与者关注网页设计的不同方面，如美学、象征主义、情感属性和功能属性。Cyr 等（2010）比较了不同文化背景的群体（加拿大、德国和日本）对网站颜色的视觉注意，结果发现，当颜色与文化期望不一致时，浏览者的视觉注意会增加，即在他们不期望的或引起分析的颜色条件下，眼睛注视显著提高。

5. 情绪的影响

用户的情绪和情感状态会影响显性注意的时空进程，情绪如何影响注意还存在矛盾的观点。一方面，认知能力假说（cognitive capacity hypothesis）认为积极的情感状态使人无法处理传入的信息，因为积极的状态会激活大量积极的记忆过程，从而占据注意力；另一方面，享乐可能性假说（hedonic contingency hypothesis）认为，与中性和消极的情绪相比，积极的情绪与更深入的信息处理相关，使我们更关注行为的享乐后果。因此，积极的情绪有助于拓宽一个人的注意力，从而扩大瞬间的思想-行动的范围。

少数学者探讨了情绪对网页浏览注意机制的影响，Kaspar 等（2015）研究了用户的情绪状态和网页上的刺激的情感效价对注意的影响。眼动分析结果发现消极情绪的新闻图片比积极情绪的新闻图片吸引更多的视觉注意，此外，观察者积极的情绪状态增加了其对消极新闻图片的注意。

13.3　基于 ERP 的网页浏览时注意机制研究

图标在网页设计中用途广泛，可以轻松实现信息表达、视觉引导和功能划分，是页面的重要元素之一。例如，购物网站上购物车图标能够引导用户将欲购商品放入购物车，进入购物车页面。一个醒目的、吸引人的、适应用户需求和偏好的网站图标，可以给用户提供良好的第一印象，增加用户对网站的兴趣和交互意愿。探索什么类型的图标设计能够吸引用户注意一直是近年来令人感兴趣的话题。

拟人化是指将人类特性赋予无生命的物体。在产品设计领域，拟人化已经成为一种流行的设计理念。比如，人形的香水瓶子，大众甲壳虫汽车前脸的娃娃脸造型等。最近，拟人化的概念引起了许多领域的学者的关注，特别是在机器人领域，因为机器人具有更高的拟人化能力。之前的许多研究证明，产品拟人化不仅可以被认为更有吸引力，还可以增加用户的积极情感体验。

对于拟人化图标的效果，Cao 等（2022）进行了一项案例研究，以了解拟人化应用程序图标如何影响用户的吸引力感知。他们使用多模态测量方法来测量用户对拟人化应用程序图标的反应。用户的反应包括主观情感体验（愉悦和唤醒）、瞳孔扩张、面部肌电图反应、态度（吸引力和喜欢程度、安装意图）和应用选择反应。结果显示，拟人化的应用程序图标能诱发积极情绪，增加积极态度，比非拟人化应用程序图标更容易被下载。因此，他们建议天气应用程序图标，可能还有其他图标，应该使用拟人化的元素来吸引用户。

然而，与非拟人化设计相比，拟人化设计（特别是拟人化图标）是否会吸引人们更多的注意，我们知之甚少。此外，拟人化图标的注意捕获的神经机制尚不明确。已有研究表明，人们对具有吸引力的物体如面孔等的注意是快速和自动的。事件相关电位（ERP）具有高的时间分辨率，特别适合于揭示个体对刺激的注意和吸引感知的时间过程。因此，该研究旨在使用 ERP 技术和吸引力评价来回答以下三个关键的研究问题。

问题 1：拟人化图标是否得到了更多关注？

问题 2：拟人化图标对注意影响的时间进程是怎样的？

问题 3：如果拟人化的图标更有吸引力，那么拟人化图标是否比非拟人化图标引发更大的 ERP 幅度？

13.3.1　网页浏览时注意机制研究的 ERP 实验设计

早期心理学中对于注意机制的研究形成了一些经典的 ERP 范式，如视听跨通路空间注意范式、空间注意提示范式等。但是，网页浏览时注意机制的研究起步较晚，只有少数学者尝试将经典 Oddball 范式进行修正用于网页浏览时的注意机制研究。

1. 实验刺激设计

在经典 Oddball 范式中，对同一感觉通道施加两种以不同的概率出现的刺激：标准刺激（standard stimuli）和偏差刺激（deviant stimuli）。标准刺激出现概率应大于 70%，通常为 80%左右；偏差刺激出现概率应小于 30%，通常为 20%左右。实验任务中偏差刺激一出现，被试就被要求尽快做出相应反应，因此，也称偏差刺激为靶刺激（target stimuli）。

在网页浏览时注意机制研究中，一般将网页刺激作为标准刺激，与网页刺激有很大差异的刺激作为靶刺激。如网页图标注意机制研究中，标准刺激为图标，靶刺激选择与图标有很大差异的鲜花图片。考虑到至少需要 30 多个试次成分的叠加才能观察到早成分，60 个试次成分的叠加才能观察到晚成分，在实际的网页浏览时注意机制研究中，往往会适当增加标准刺激和靶刺激的类型，从而避免刺激重复可能产生的单调感。

根据研究问题，将图标设计为两种类型：拟人化图标和非拟人化图标。选择 Android 应用商店中的天气应用程序图标作为拟人化图标：该图标由一朵云和一个太阳来直观地表示天气，在云朵上添加了两只大眼睛和一张可爱的嘴来实现拟人化（图 13-5A1）。使用 Adobe Photoshop 2018 软件将明显的拟人化线索

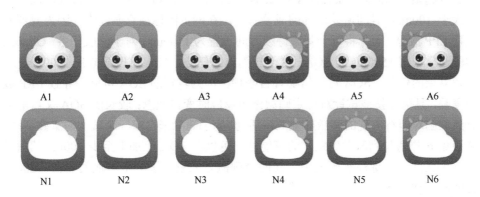

图 13-5　实验中所采用的图标

（眼睛和嘴巴）去除，就得到了一个非拟人化的应用程序图标（图 13-5N1）。为了避免刺激数目较少可能会给被试带来的单调感，将图标上的太阳位置分别置于左边、中间和右边，并在太阳上添加光线，从而得到六种拟人化和非拟人化图标（图 13-5）。

选择三张不同的花朵图片作为靶刺激（图 13-6）。

图 13-6　实验中所采用的花朵图片

2. 刺激呈现设计

刺激呈现可以使用 E-Prime 软件来进行控制。通过实验刺激设计，得到标准刺激 12 个图标，靶刺激 3 张鲜花图片，共计 15 个刺激。按照经典 Oddball 范式对实验刺激的要求，每个刺激呈现 20 次，共呈现 300 次。其中，图标出现 240 次，出现概率为 80%；花朵出现 60 次，出现概率为 20%。所有刺激都显示在白色背景上。

ERP 实验除了要设置刺激出现次数与概率，还需要设置刺激持续时间以及两个刺激起始时间间隔（stimulus onset asynchrony，SOA）。视觉刺激持续时间一般要大于 100ms，且与所要研究的成分有关。在网页图标注意研究中，因为要观察晚期 LPP 成分，因此将每个刺激持续时间设置为 1500ms。对于一般任务，Oddball实验通常采用 1500ms 的 SOA；对于较简单的任务，SOA 可以缩减到 1000ms；对于较复杂的任务，SOA 可以增加几百毫秒。因为较短的 SOA 可能会导致 ERP 成分重叠，且可能使被试针对特定刺激做出反应时变得疲惫；较长的 SOA 又可能会导致大脑对即将出现的刺激产生期待活动。为了滤除来自前一个试次的重叠活动，并避免 α 振荡与刺激发生锁时的可能性，可以在 SOA 上加上至少 100ms 的随机变化。在网页图标注意研究中，在两个刺激之间设计了一个出现间隔在 1200～1500ms 随机变化的注视点"＋"。

刺激呈现示例见图 13-7。

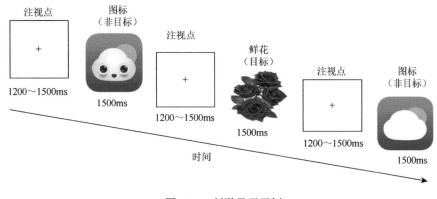

图 13-7　刺激呈现示例

3. 实验任务设计

根据实验目的不同，要求被试对靶刺激做出不同的反应，如记住靶刺激出现的次数，或者在靶刺激出现时做出按键等反应。在网页图标注意研究中，为了避免按键可能会产生的运动，实验任务要求被试记住靶刺激出现的次数。

13.3.2　网页浏览时脑电被试选择方法

1. 脑电被试选择准则

脑电实验被试的选择，一般需要遵从以下三点：①裸眼视力正常或矫正视力正常，眨眼频率较低；②右利手，没有精神障碍、神经系统疾病以及头部无外伤；③实验前保证良好的休息，不使用兴奋剂（如咖啡因和尼古丁）和中枢神经系统抑制剂（如酒精）。网页浏览时脑电被试选择还要根据实验目的，考虑被试的性别、年龄、文化背景、网页浏览习惯、浏览经验等特征。

2. 脑电被试数量计算

神经人因工程研究中通常使用 G*Power 软件计算脑电被试数量。G*Power 软件根据实验设计方法、数据处理方法以及所需要满足的统计效能，在实验设计阶段就能计算出所需要的样本量。G*Power 3.1.9.4 软件界面如图 13-8 所示。G*Power 在计算样本量时对实验设计有两个假设。假设 1：因变量是唯一且连续的。假设 2：存在两个主体内因素，每个被试内因素有两个或两个以上的水平。

一种实验水平或水平的组合可以称为一个实验条件。例如，在网页图标注意机制研究中，图标设计具有两个水平，每个水平即为一种实验条件。ERP 成分所对应的脑区有多个水平，图标设计水平与脑区水平的组合也可以称为一个实验条

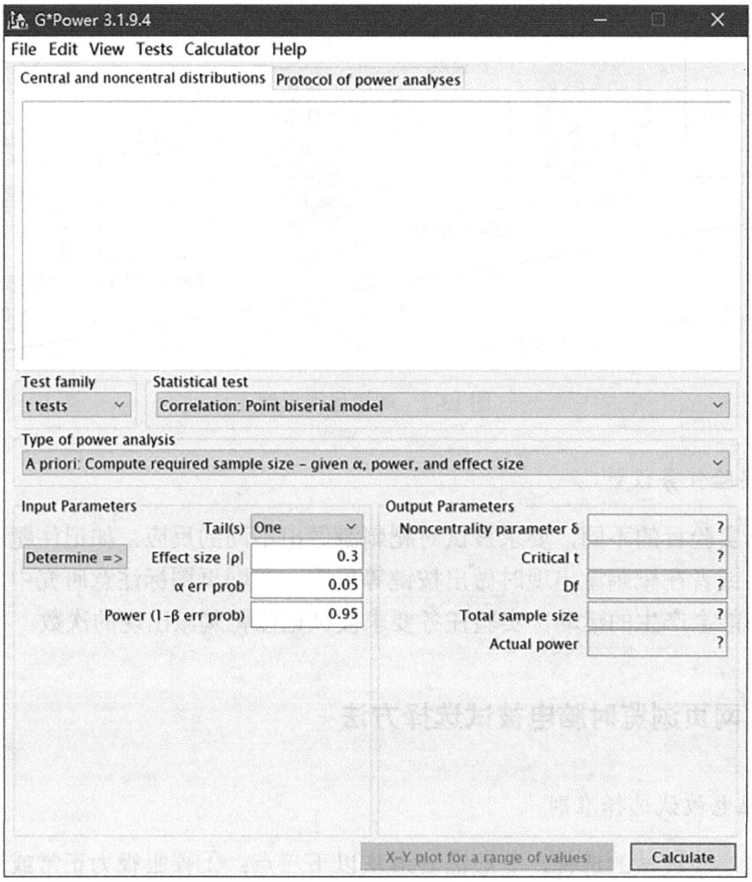

图 13-8 G*Power 3.1.9.4 软件界面

件。按被试参加实验条件的情况，实验设计方法可以分为被试间设计（between-subjects design）、被试内设计（within-subjects design）和混合设计（mix-design）三类。被试间设计要求每名被试只能参加一个条件的实验。被试内设计又称重复测量设计（repeated-measures design）或组内设计（within-groups design），要求每名被试参加所有实验条件的实验。混合设计的特点是研究中既有被试内因素，又有被试间因素。在脑电测量实验中，通常采用被试内设计或混合设计。因此，一般采用重复测量方差分析方法。

在 G*Power 3.1.9.4 软件中的具体操作如下，在 G*Power 3.1.9.4 软件界面中的"功效分析类型（Type of power analysis）"中，选择默认的"实验前：给定 α，工效和效应量，计算需要的样本量（A priori：Compute required sample size-given α，power，and effect size）"，即在实验设计阶段计算所需要的样本量。由于方差分析结果的显著性采用 F 检验，因此，在"检验族（Test family）"下拉列表中选择"F

检验（F tests）"；在"统计检验（Statistical test）"下拉列表中，选择"单因素方差分析：重复测量，被试内因子（ANOVA：repeated measures，within factors）"。接下来，需要确定"输入的参数（Input Parameters）"。其中，"效应量（Effect size f）"为处理的效应量，反映了实验处理的效果。重复测量方差分析中，一般认为，0.10为小的效应，0.25 为中等效应，0.40 为大的效应。"第一类错误发生的概率（α err prob）"指原假设正确情况下拒绝原假设的概率，一般取值为 0.05。"检验功效 Power（1-β err prob）"指某检验能够拒绝一个错误的原假设的概率，一般在 0.8 以上。"分组数量（Number of groups）"中，有多个重复测定因素时，一般取值为 1。"测量的数量（Number of measurements）"中，填入水平（重复测定）的次数。对于"重复测量间的相关性（Corr among rep measures）"，即组内相关系数，在不知道时，可以填写 0。通过预实验得到推测值时，可以填入推测值。"球形假设（Nonsphericity correction）"，1 表示没有 F 修正，下限取值为 1/（水平（重复测定）的次数-1）。

　　在网站图标注意力研究中，在处理效应量（Effect size）为较好效果 0.4，α和 1-β 分别为 0.05 和 0.95，"分组数量（Number of groups）"取值为 1，"测量的数量（Number of measurements）"取值为 6（拟人化两个水平，脑区三个水平，考虑交互作用），"重复测量间的相关性（Corr among rep measures）"填写 0，"球形假设（Nonsphericity correction）"采用 1 时，在 G*Power 3.1.9.4 软件界面完成相应设置后，单击"计算（Calculate）"，输出计算结果见图 13-9。

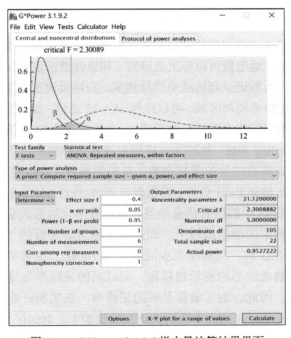

图 13-9　G*Power 3.1.9.4 样本量计算结果界面

由图 13-9 可见，图标注意力研究要求的最小样本量为 22。由于实验过程中可能会存在异常值以及数据丢失等情况，一般实际实验中会招募的样本量要高于最小样本量。该研究中，通过社交媒体微信发布广告招募了 27 名健康的右利手被试（14 名男性，13 名女性）。所有被试都是来自安徽工程大学的本科生。年龄 18～24 岁（$M=21.44$，$SD=1.63$）。所有被试均无神经系统异常史，视力正常或矫正至正常。没有一个被试是心理学、工业设计等相关专业的学生，且均未参加过类似的实验。要求他们在实验前一周好好休息，不要使用兴奋剂（如咖啡因和尼古丁）和中枢神经系统抑制剂（如酒精）。所有被试都报告自己休息得很好，并在实验前签署了一份知情同意书。每名被试在实验之后获得 60 元酬金。

13.3.3　网页浏览时注意机制脑电研究实验流程

在脑电 ERP 实验开始之前，一般需要先请一两个被试，开展预实验。通过预实验，能够发现实验设计和实施过程中可能发生的问题。预实验顺利开展之后，才可以开始正式实验。正式实验之前一周，需要做好被试招募工作。被试招募时，要详细说明脑电被试的入选条件，招募合格被试。本节以网页图标注意研究为例，介绍网页浏览时注意机制研究实验流程。

1. 采集方案设置

在采集脑电信号前，一般需要在信号采集软件中建立一个新的采集方案，设置数据所存储的目录，并完成放大器参数（通道数、采样率、低通滤波和高通滤波、分辨率、阻抗、地电极内阻等采集参数）和软件滤波设置。

通道数越多，所能记录到的脑电信号越多。在网页浏览注意机制研究中，如果明确了测量的大脑活动和区域，可以选择 16～32 通道；如果想通过源定位来重建头皮上的脑电图信号的皮层发生器（源），则最好选择 64 通道以上。

采样率（sampling rate）也称为采样频率或者采样速度，指的是每秒从连续信号中提取并组成离散信号的采样个数，单位用赫兹（Hz）表示。采样率直接决定了所能显示的最高 EEG 频率。根据奈奎斯特-香农（Nyquist-Shannon）采样定律，模拟信号 EEG 中的所有信息如果要通过数字化的形式获取，采样率应至少是信号中最高频率的两倍或以上。即如果实际需要分析的 EEG 频率最高为 100Hz，则采集 EEG 时，采样率至少应设置为 200Hz。采样率越高，对信号的还原度越高，对脑电波形的表示越精确。但过高的采样率会导致文件过大，对硬件要求也越高。因此，为了确保足够的采样率，在实验开始前，需要知道被记录信号的频率成分。在绝大多数研究认知的实验中，100Hz 以上的 EEG 活动几乎不包含任何感兴趣信息。因此，典型的认知 ERP 实验采样频率一般设置为

250Hz。但如果对更早期（＜20ms）感官响应感兴趣，则需要设置更高的滤波的采样频率。Luck（2014）建议认知实验的采样率设置在 200～1200Hz。在网页浏览注意机制研究中，为了确保脑电波形更精确，采样率设置为 1000Hz。

脑电滤波的目的主要有三点：消除数据中大于或等于奈奎斯特-香农频率（采样频率的一半）的成分；降低肌电等高频噪声；抑制慢电压漂移等低频成分。因此，常见的脑电滤波器有四种类型：①低通滤波器，允许脑电信号中的低频信号通过，抑制高频信号通过，即保留小于截止频率信号的脑电信号；②高通滤波器，允许脑电信号中的高频信号通过，抑制低频信号通过，即保留大于截止频率信号的脑电信号；③带通滤波器，同时衰减高频、抑制低频，即允许某一中间频带通过；④陷波滤波器，让脑电信号在某一频带上衰减（如 50Hz 工频干扰），并让其他任何频率通过。在典型的认知实验中，ERP 波形中的大部分有关成分由 0.1～30Hz 的频率组成。为了抑制慢电漂移，可以采用 0.1、0.5 或者 1.0Hz 的高通截止频率，由于肌电活动主要由 100Hz 以上的频率组成，低通滤波的截止频率可以设置为 100Hz。采样率可以设置为滤波器截止频率的 3～5 倍，即 300Hz 或以上。过高频率的滤波也可能会引起 ERP 波形的严重失真。在网页浏览注意机制研究中，参考已有注意研究的 ERP 实验文献，将带通设置为 0.05～70Hz。采集方案设置好之后，检测一下各硬件、放大器连接是否正常。

2. 被试准备

（1）实验介绍及右利手测试：在邀请被试进入脑电实验室之后，首先应向被试介绍实验基本情况和要求。询问被试休息情况、使用药物情况等信息，进行右利手测试（爱丁堡利手清单，the Edinburgh Handedness Inventory）及年龄、性别等基本信息收集，并让被试签署一份知情同意书。

（2）头部清洁：为了避免头皮上的油脂等影响电流传导，测量脑电图之前一般要请被试到实验室来做好头部清洁，且洗头时不要使用护发素等用品。在用吹风机烘干头发之后，邀请被试进入安静、正常光线的脑电采集室。在网页图标注意力研究中，脑电采集室照度为（160±3）lux。

（3）佩戴脑电帽：首先要为被试选择尺寸正确的电极帽，这样才能尽可能让被试在舒适的条件下完成实验，避免电极帽太松导致数据丢失，或者电极帽太紧影响被试状态，从而影响实验结果。因此，在佩戴电极帽之前，要用软尺测量被试头围大小，请被试坐在椅子上，将软尺 0 点固定于头部一侧眉弓上缘，软尺紧贴头皮（头发过多将其拨开）绕枕骨节点最高点及另一侧眉弓上缘回到 0 点，即为头围的长度。这样，可以根据头围长度选择合适的脑电帽型号。

之后，确认脑电帽电极排列规则，如在网页浏览注意机制研究中，所采用的 BP 脑电帽（Braincap, Brain Products GmbH, Germany）的电极是根据国际脑电图学会的 10-20 电极导联定位标准排列的。依据 10-20 电极导联定位标准（图 13-10），先要用软尺测量两条基线：一是鼻根至枕外粗隆的前后联线，二是双耳前窝的左右联线，二者在头顶的交点为 Cz（中央中线）电极的位置。确认 Cz 电极的位置正确后，脑电帽由前向后佩戴，鼻额缝向后 10%处为 Fpz（额极中线）电极，从 Fpz 电极向后 20%处为 Fz（额中线）电极。在网页图标注意力研究中，依此定位了 64 导 Ag/AgCl 电极（Fp1，Fp2，Afz，AF3，AF4，AF7，AF8，Fz，F1，F2，F3，F4，F5，F6，F7，F8，FCz，FC1，FC2，FC3，FC4，FC5，FC6，FT7，FT8，FT9，FT10，Cz，C1，C2，C3，C4，C5，C6，T7，T8，CPz，CP1，CP2，CP3，CP4，CP5，CP6，TP7，TP8，TP9，TP10，Pz，P1，P2，P3，P4，P5，P6，P7，P8，POz，PO3，PO4，PO7，PO8，Oz，O1，O2）。

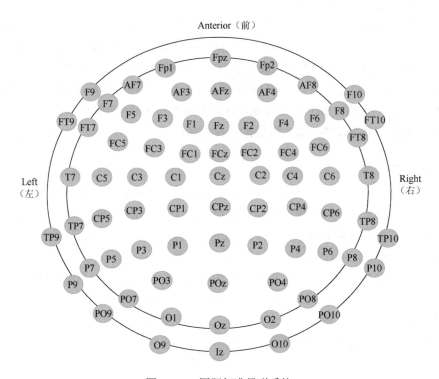

图 13-10　国际标准导联系统

定位好所有电极后捋平电极帽，确定每个电极与头皮处于垂直接触位置；之后拉紧电极帽固定在被试的下巴上，询问被试是否能舒适地吞咽。最后，根据实验设计，确定参考电极（REF）和额外需要记录的电极（如眼电）的位置并做好皮肤清洁工作。一般将参考电极放置双侧乳突或者鼻尖等位置，在左眼上、下 1.5cm 处放置额外电极，记录垂直 EOG，在双眼外眦旁 1.5cm 处放置额外电极记录水平

EOG。在网页图标注意力研究中，参考点电极设置在耳垂处，并在相应位置（左眼上、下 1.5cm 处，双眼外眦旁 1.5cm 处）粘贴了眼电测量电极。

（4）设置阻抗阈值：佩戴好电极帽之后，将电极帽链接到 EEG 系统，打开记录软件，准备电极阻抗值测试。以网页图标注意力研究所使用的 BP 脑电为例，双击桌面 Vision Recorder.lnk 图标，进入记录软件界面。根据实际采用的电极帽，如 32 导的电极帽或 64 导的电极帽，在"文件（File）"的下拉菜单中的"打开工作空间（Open workspace...）"打开相应的文件"32CAP.rwksp"或"64CAP.rwksp"。单击检测电极阻抗值图标，进入阻抗测试界面，设置电阻阈值，一般将电阻阈值设置为 0～10kΩ。在网页图标注意力研究中，将电阻阈值设置为 5kΩ。

（5）注射电极膏：接着，使用注射器及平口针头在电极帽的相应电极中注入适量电极膏，并利用平口针头拨开电极下方的头发，使电极膏与头皮完全接触。在注射的过程中，要经常询问被试的感受，防止对被试造成伤害，并观察软件界面上阻抗值的颜色和大小，对阻抗过高的电极进行调整，或补注电极膏。电极膏应该首先注入参考（REF）电极和接地（GND）电极，当这两个电极的电阻低于阈值并且稳定后，开始注射其他电极，使其接触阻值逐个降到 5kΩ 以内。然后开始监控脑电图，准备记录脑电波。

3. 实验数据采集

在所有准备工作完成后，调整并记录被试与屏幕的观看距离，一般在 60～70cm。在网页图标注意力研究中，被试与屏幕的观看距离为 70cm，视角约 4.77°。调整好距离和坐姿之后，请被试尽量保持平静状态。主试打开之前设置好的采集方案，确认实验方案的具体参数设置无误，观察被试脑电波不存在漂移等不正常现象之后，单击记录图标，开始采集脑电数据。一般需要采集一段平静状态的脑电数据之后，才能启动正式实验任务，采集正式实验中的脑电数据。在被试完成正式任务过程中，主试要密切关注被试完成任务的过程，并做好相应记录。

在网页图标注意力研究中，实验分为两个阶段：①修正 Oddball 阶段；②吸引力评价阶段。在修正 Oddball 阶段，实验任务要求被试观看计算机显示器上呈现的标准刺激和靶刺激图片并识别靶刺激。靶刺激数量正确率不仅可以反映实验过程中被试的注意集中程度，而且能够用于判断是否记录了足够的正确脑电数据用以分析 ERP 成分。因此，在脑电数据采集结束之后，要求被试口头向实验者报告靶刺激的数量。如果准确率小于 95%，该被试的脑电数据将被丢弃。实验结束后，停止脑电数据采集，关闭波形显示窗口，脑电数据采集完毕。

完成脑电数据采集测量之后，进入吸引力评价阶段，要求被试对 12 个非目标刺激图标进行评价，根据他们对每个图标的喜欢或不喜欢程度，使用 7 分语义差异量表对图标吸引力进行评价（图 13-11）。完成图标吸引力评价之后，收集被试的人口统计信息，包括性别、年龄等。

不喜欢的 ○3 ○2 ○1 ○0 ○1 ○2 ○3 喜欢的

图 13-11　吸引力评价语义差异量表示意图

13.3.4　脑电数据分析方法

1. 脑电信号分析基本原理

随着 ERP、PET 和 fMRI 等新技术不断应用于神经心理学研究，人们对注意的神经机制进行了大量实验研究。研究发现，身体各部位接受到感觉信息后，一部分感觉信息沿感觉传导通路直接到达相应的皮层感觉区；另一部分感觉信息通过感觉传导通路上的侧枝先进入网状结构，由其释放一种冲击性脉冲，将感觉信息投射到大脑皮层，使大脑皮层产生兴奋和觉醒。但是大脑皮层激活并不代表注意。注意的产生和脑干网状结构、边缘系统以及大脑皮层的功能密切相关。

脑干网状结构是指从脊髓上端到丘脑之间的一种弥散性的神经网络。脑干网状结构的神经细胞具有形状复杂、大小不等、轴突较长、侧枝较多的特点。因此，一个神经元可以和周围的许多神经元形成突触。网状结构具有激活和维持功能。脑干网状结构一处受到刺激就可以引起周围细胞的广泛的兴奋。

边缘系统是由边缘叶、附近的皮层和有关的皮层下组织构成的一个统一的功能系统。其主要部分环绕大脑两半球内侧形成一个闭合的环，所包括的大脑部位相当广泛，如梨状皮层、内嗅区、眶回、扣带回、胼胝体下回、海马回、脑岛、颞极、杏仁核群、隔区、视前区、下丘脑、海马以及乳头体。边缘系统既是调节皮层紧张性的结构，又是对新旧刺激物进行选择的重要结构。研究表明，在边缘系统中存在着大量的神经元，称为注意神经元。它们不对特殊通道的刺激作反应，而对刺激的每一变化作反应。因此，他们对已经习惯了的刺激不再进行反应，但是，当环境中出现新异刺激时，这些细胞就会活动起来。边缘系统通过对信息的选择，保证人们实现精确选择的行为方式。

产生注意的最高部位是大脑皮层。大脑皮层也就是大脑灰质，是神经元细胞聚集的地方，属于人体高级神经中枢。具有调节和控制躯体的感觉和运动、调节内脏器官功能、调节体温、注意、情绪、思维、记忆以及综合能力等功能。按照脑沟、脑裂及其延长线，可以将大脑皮层简单分为额叶、顶叶、颞叶、枕叶四个大区。人在注意状态下，大脑皮层相应区域就会产生优势兴奋，保证引起优势兴奋中心的刺激物能够得到反映，从而产生注意。其中，额叶占大脑半球表面的前 1/3，位于外侧裂上方和中央沟前方。在选择性注意的产生中，大脑额叶有重要作用。对大脑额叶严重损伤的患者进行临床观察发现，这类患者不能将注意集中在所接受的言语指令上，也不能一直对其他附加刺激物产生反应。顶叶位于中央沟后、顶枕沟前和外侧裂延线的上方。顶叶负责整合来自外部来源的信息以及来自眼睛、耳石、头部、四肢、骨骼肌等的内部感觉反馈，并将所有这些信息源合并成一个连贯的表征。顶叶皮层还负责处理、存储和检索要抓住的物体的形状、大小和方向。此外，顶叶区域似乎与自我加工和代理感受相关。颞叶位于外侧裂的下方，顶枕裂前方，主要功能为维持正常的听觉、语言、记忆及精神活动。枕叶位于顶枕沟和枕前切迹连线的后方，为大脑半球后部的小部分，主要与视觉有关。大脑相应区域的 EEG 信号和 ERP 成分可以用于注意研究。

2. 脑电信号预处理

在网页图标注意力研究中，离线脑电图数据使用 Brain Vision professional Analyzer 2（Brain Products GmbH，Germany）进行分析。首先剔除了五名无效被试的数据（包括一名误解实验任务的被试以及四名在实验过程中由于存在过量运动导致脑电信号中超过 80%都是伪记信号的被试），获得了 22 名被试（10 名男性，12 名女性）的脑电图数据用于分析。预处理一般需要经过以下四个步骤：①将每个部位的脑电图信号重参考为左右乳突信号的平均值；②采用独立主成分分析法自动剔除眼动伪记（ocular correction）；③用 0.1～30Hz 的带通高斯滤波器滤波消除残留的高频伪记；④对刺激前 200ms 和刺激后 1000ms 的脑电图信号进行时间锁定。

3. ERP 特征提取

分别对每个通道按刺激类型（拟人化图标 vs.非拟人化图标）进行 ERP 叠加平均，得到 ERP 平均波形图（图 13-12）和地形图（图 13-13）。

在对 ERP 平均波形、地形图以及注意力和吸引力相关文献进行分析的基础上，选择 P2、P3 和 LPP 成分进行分析。将 12 个电极分为 4 组：额叶组（F3，Fz，F4），额叶-中央组（FC3，FCz，FC4），中央组（C3，Cz，C4），中央-顶叶组（CP3，CPz，CP4）。对于每个 ERP 成分，将拟人化作为一个因素（拟人化应用程序图标

vs 非拟人化应用程序图标，简写为 A/N）进行分析，与每个子组的三个水平的脑区交互。刺激后的三个时间窗分别为：①160～200ms 时间窗，分析额叶、额叶-中央、中央、中央-顶叶的 P2 成分；②300～500ms 时间窗，分析中央-顶叶 P3 成分；③500～800ms 时间窗，分析中央-顶叶 LPP 成分。

使用 ANOVA 对 ERP 数据的平均振幅和吸引力评价值进行统计分析。两个被试内因素分别为应用程序图标设计（两个水平）和脑区（三个水平）。

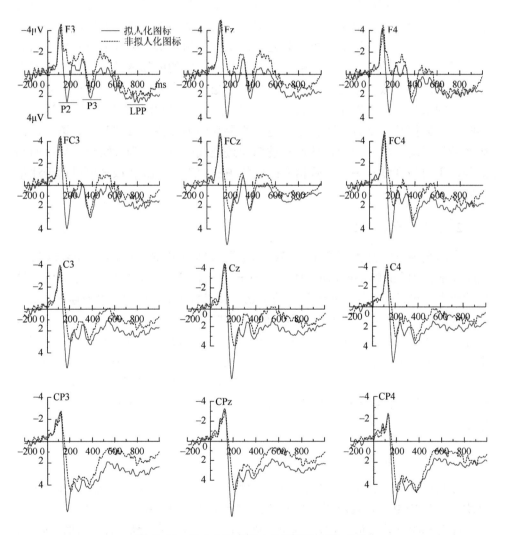

图 13-12　拟人化和非拟人化图标的 ERP 成分

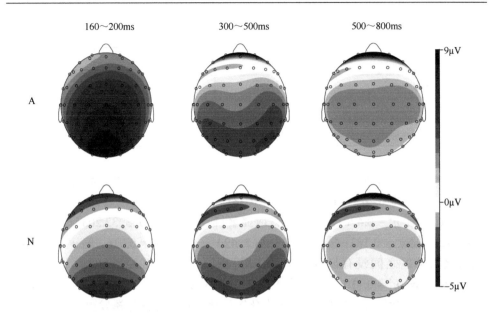

图 13-13　拟人化和非拟人化图标的脑电地形图

13.3.5　研究结果

1. P2（160～200ms）

P2 的单因素方差分析结果见表 13-1。

表 13-1　P2 的单因素方差分析结果

因素	df	F	p	偏η^2
图标（A/N）	1, 21	12.903	**0.002**	0.381
脑区（前额）	1.533, 32.203	4.718	**0.023**	0.183
图标×脑区	1.405, 29.506	2.592	0.107	0.110
图标（A/N）	1, 21	18.611	**0.000**	0.470
脑区（前额-中央）	2, 42	4.601	**0.016**	0.180
图标×脑区	1.223, 25.680	0.176	0.728	0.008
图标（A/N）	1, 21	14.362	**0.001**	0.406
脑区（中央）	1.510, 31.720	14.861	**0.000**	0.414
图标×脑区	2, 42	3.357	**0.038**	0.144

续表

因素	df	F	p	偏η^2
图标（A/N）	1, 21	11.862	0.002	0.361
脑区（中央-枕区）	1.488, 31.257	9.814	0.001	0.318
图标×脑区	1.510, 31.700	7.767	0.004	0.270

如表 13-1 所示，在额叶和额叶中央区域，拟人化主效应显著[额叶：F $(1, 21) = 12.903$，$p = 0.002$，偏$\eta^2 = 0.381$；额叶-中央：$F (1, 21) = 18.611$，$p < 0.001$，偏$\eta^2 = 0.470$]。脑区主效应显著[额叶：$F (1.533, 32.203) = 4.718$，$p = 0.023$，偏$\eta^2 = 0.183$；额叶-中央：$F (2, 42) = 4.601$，$p = 0.016$，偏$\eta^2 = 0.180$]。拟人化与脑区之间没有显著的交互作用[额叶：$F (1.405, 29.506) = 2.592$，$p = 0.107$，偏$\eta^2 = 0.110$；额叶-中央：$F (1.223, 25.680) = 0.176$，$p = 0.728$，偏$\eta^2 = 0.008$]。配对比较结果表明，拟人化图标比非拟人化图标诱发更大的 P2 振幅[额叶：$p = 0.002$；额叶-中央：$p < 0.001$]（图 13-14）。

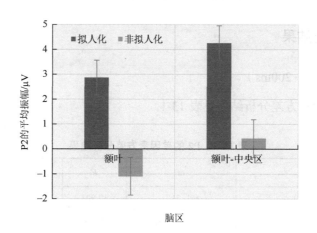

图 13-14　额叶和额叶-中央区 P2 平均振幅

对于中央和中央顶叶区域，拟人化与脑区的交互作用显著[拟人化×中央：$F (2, 42) = 3.357$，$p = 0.038$，偏$\eta^2 = 0.144$；拟人化×中央-顶叶：$F (1.510, 31.700) = 7.767$，$p = 0.004$，偏$\eta^2 = 0.270$]。简单效应分析显示，对于中央和中央-顶叶，拟人化图标诱发的 P2 振幅显著大于非拟人化图标[中央：$F (1, 21) = 14.362$，$p = 0.001$，偏$\eta^2 = 0.406$；中央-顶叶：$F (1, 21) = 11.862$，$p = 0.002$，偏$\eta^2 = 0.361$]。图 13-15 显示了中央和中央顶叶区域 P2 平均振幅。

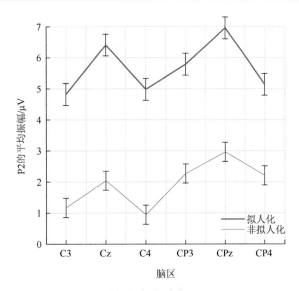

图 13-15　中央和中央顶叶区域 P2 平均振幅

2. P3（300～500ms）

P3 的单因素方差分析结果见表 13-2。

表 13-2　P3 的单因素方差分析结果

因素	df	F	p	偏η^2
图标（A/N）	1，21	1.497	0.235	0.067
脑区（中央-顶叶区）	2，42	2.672	0.081	0.113
图标×脑区	2，42	3.342	0.045	0.137

对于中央和中央顶叶区域，拟人化与脑区的交互作用显著 [拟人化×中央：$F(2, 42) = 3.357$，$p = 0.038$，偏 $\eta^2 = 0.144$；拟人化×中央-顶叶：$F(1.510, 31.700) = 7.767$，$p = 0.004$，偏 $\eta^2 = 0.270$]。简单效应分析显示，对于中央和中央-顶叶条件，拟人化图标诱发的 P2 振幅显著大于非拟人化图标 [中央：$F(1, 21) = 14.362$，$p = 0.001$，偏 $\eta^2 = 0.406$；中央-顶叶：$F(1, 21) = 11.862$，$p = 0.002$，偏 $\eta^2 = 0.361$]。图 13-16 显示了中央-顶叶区的 P3 平均振幅。

3. LPP（500～800ms）

LPP 的单因素方差分析结果见表 13-3。

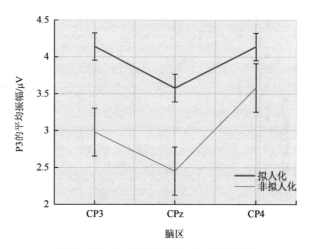

图 13-16　中央-顶叶区的 P3 平均振幅

表 13-3　LPP 的单因素方差分析结果

因素	df	F	p	偏 η^2
图标（A/N）	1，21	2.681	0.116	0.113
脑区（中央-顶叶区）	2，42	0.510	0.604	0.024
图标×脑区	2，42	3.230	0.050	0.133

如表 13-3 所示，对于中央-顶叶区域，LPP 振幅的拟人化×脑区的交互作用显著 $[F(2,42)=3.230，p=0.050，偏\ \eta^2=0.133]$。简单效应分析表明，拟人化图标在 CP3 脑区上引起的 LPP 幅度接近于显著大于非拟人化的图标[CP3：$p=0.078$；CPz：$p=1.129$；CP4：$p=2.181$]（图 13-17）。

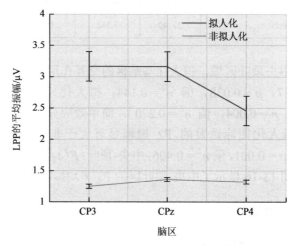

图 13-17　中央-顶叶区 LPP 的平均振幅

4. 吸引力评价

拟人化对吸引力评价有显著影响 $[F_{(1, 26)} = 34.787，p < 0.001，偏\ \eta^2 = 0.572]$。配对比较的结果进一步表明了拟人化图标的吸引力评分（$M = 5.83$，SD = 0.26）显著高于非拟人化的图标（$M = 3.90$，SD = 0.20）（图 13-18）。

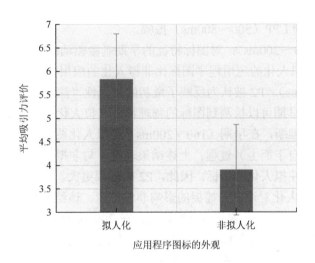

图 13-18　图标吸引力评价

13.3.6　结果讨论与结论

尽管对拟人化的影响进行了数十年的研究，但尚不清楚拟人化（特别是拟人化图标）是否以及为什么能够有效地吸引人们的注意力。本研究进行了一项 ERP 实验，以探索拟人化图标注意力捕捉的神经机制。此外，使用语义量表收集了不同图标的吸引力评价。与原始假设一致，拟人化和非拟人化图标导致 P2、P3 和 LPP 的显著差异。通过连接拟人化和神经人因工程文献，这项工作扩展了拟人化效应的更广泛知识。

1. 拟人化对吸引力评价的影响

在吸引力评价方面，我们发现拟人化设计对人们的吸引力也适用于图标设计。结果表明，拟人化图标的吸引力评分显著高于非拟人化图标。尽管之前一些关于拟人化的研究认为，人们对拟人化设计的感知受到背景和个体差异因素的影响，但结果表明，图标设计师值得考虑将拟人化元素添加到图标中。与其他拟人化产品类似，拟人化图标会让用户感觉更有吸引力。

2. 拟人化对 EPR 成分的影响

就 ERP 成分而言，尽管在修正 Oddball 阶段中，没有要被试评估应用程序图标，但结果表明，在额叶、额叶-中央、中央和中央-顶叶区域，拟人化应用程序图标引起的 P2 振幅（160～200ms）明显大于非拟人化的应用程序图标。并且与中央-顶叶区域的非拟人化图标相比，在拟人化图标的情况下观察到更大的 P3（300～500ms）和 LPP（500～800ms）振幅。

（1）P2（160～200ms）：对图标特征的早期刺激驱动的感知检测。

数据显示，拟人化的应用程序图标比非拟人化的应用程序图标引起更高的 P2 振幅（160～200ms）。P2 被认为反映了最初的外源性"注意力捕捉"。结果证实，在刺激开始后的早期可以检测到图标的物理特性（拟人化），P2 对拟人化也很敏感。因此，可以推断，在早期（160～200ms）对拟人化图标特征的感知检测是一个刺激驱动的（自下而上）过程。上述结果表明，与非拟人化图标相比，参与者会自动更多地关注拟人化的图标。因此，P2 的振幅更大。结果强调，在观察图标的 200ms 内，拟人化对注意力捕捉的影响非常迅速。该结果与 Handy 等（2010）对图标进行的 ERP 研究一致，该研究认为，在 200ms 内可以观察到 ERP 对图标的响应，这些响应随这些图标的吸引力评价而变化。因此，结果中的早期 ERP 效应支持了大脑能够快速检测感知相关刺激的证据。

值得注意的是，拟人化图标被评估为更具吸引力。拟人化图标引起的较大 P2 振幅可能反映了注意力自动偏向有吸引力的图标。因此，参与者会自动将更多注意力资源分配给有吸引力的拟人化图标。这一结果与现有的关于吸引人的面孔的注意力偏向的研究一致，即吸引人的面孔比中等吸引力的面孔或不吸引人的面孔引起更大的 P2 振幅。

总之，P2 的结果表明，与非拟人化图标相比，具有吸引力的拟人化图标需要更多的注意力资源。注意力资源的参与在刺激开始后的 160～200ms 就很明显，这与刺激驱动的注意力自动偏向有吸引力的图标有关。

（2）P3（300～500ms）：对图标进行评估和分类的非自愿注意力分配。

研究结果表明，与中央顶叶区域的非拟人化图标相比，拟人化图标增强了 P3 的振幅（300～500ms）。P3 是一种广泛使用的认知 ERP，中央-顶叶 P3 与刺激评估和分类有关。结果表明，在早期刺激驱动的感知检测之后，参与者在 300～500ms 的时间内继续对应用程序图标进行认知处理。本研究中诱发的 P3 表明，参与者可能能够在 300～500ms 内区分拟人化应用程序图标和非拟人化的应用程序图标，这引发了非自主（自上而下）的注意力分配。

P3 也被认为是注意力的"能力"方面的衡量标准，并能反映出吸引力评价。因此，在拟人化图标的情况下观察到 P3 振幅增加，反映了当参与者无意识地评价拟人化图标的吸引力时，更多的注意力资源投入拟人化图标。

（3）LPP（500～800ms）：体验拟人化与非拟人化图标的不同情感。

研究结果表明，与非拟人化图标相比，拟人化图标可以引起中央-顶叶区域 LPP（500～800ms）振幅的增加。中央-顶叶 LPP 与刺激的感知水平评估相关，并可能反映出情绪刺激的自上而下驱动的注意力分配。结果表明，在 300～500ms，在非自愿分配注意力以评估和分类图标后，刺激后约 500ms 后并持续至 800ms 时间窗内，出现对中央-顶叶区域 LPP 的情绪影响。在这个时间窗口中诱发的 LPP 表明，参与者可能会在拟人化图标和非拟人化图标之间体验到不同的情绪，这引发了自上而下驱动的注意力分配。

关于 LPP 振幅，许多先前的研究表明，情绪性刺激和中性刺激之间的 LPP 振幅存在显著差异（Liu et al.，2019）。当注意力指向情绪相关特征时，LPP 振幅会增加。根据 Cao 等（2022）的研究结果，一个有吸引力的拟人化天气图标比一个类似的非拟人化天气图标促进了更积极的情感体验。在拟人化图标的情况下，LPP 的振幅较大，表明参与者在 500～800ms 时间窗口内可能会对有吸引力的拟人化图标体验到更积极的情绪，从而导致用户更加关注它们。

3. 理论和实践贡献

本研究的主要理论贡献是揭示了对拟人化图标的注意过程的时间进程。它提供了来自大脑活动的证据，表明拟人化图标对注意力捕捉的影响出现得非常迅速（200ms 内出现，并持续了 800ms）。此外，还阐述了拟人化和非拟人化图标如何在快速感知图标的三个时间进程中对 P2、P3 和 LPP 产生不同的影响。它促进了对拟人化图标在用户第一印象形成中的作用的理解。最后，当前研究为图标设计评估提供了一个新的视角。也就是说，神经人因工程工具 ERP 技术可以用于深入、不带偏见地理解图标设计，并帮助从业者设计和开发应用程序与网页，这是传统的自我报告很难做到的。

就实际贡献而言，这项研究的结果将引起应用程序经营者和设计师的兴趣。更好地理解图标拟人化与用户感知和注意力之间的关系，可以帮助应用程序经营者和设计师快速创建吸引用户注意力的图标。根据我们的结果，天气图标，可能还有其他图标，应该使用拟人化元素来吸引用户。

4. 局限性和未来研究方向

本研究的局限性可能会限制研究结果的普遍性。首先，本研究使用了两组具有六种风格的图标，以减少脑电图记录期间的单调效应。虽然这两组图标可以很容易地按设计元素拟人化来划分，但值得进一步研究不同设计风格的影响。此外，因为只针对实验中使用的 12 个图标刺激进行评估，可能导致上述评分的差异最大化。如果像下载应用程序时可能出现的情况一样，图标集在 A1～A6 和 N1～N6 之间的吸引力评分差异更大。未来的研究应设计一个类似于实际应用程序下载情况的实验场景。吸引力的主观评分（即图标出现在不同的图标刺激集中）也值得改进，例如，采用行为或其他可能性度量从不同的图标集下载应用，或从视觉搜索任务中收集眼球跟踪数据。其次，所有参与者都是从一所大学的本科生中招募的，结果可能不适用于其他不同背景的用户。最后，本研究使用具有类似功能的天气应用程序图标，未控制其他因素的影响。未来的研究可以比较不同功能的应用程序图标。此外，尽管拟人化图标并不被认为更复杂，进一步的研究应该控制其因具有额外细节所导致的复杂性并探索可能的混淆效应。

5. 结论

本研究的主要目的是从神经人因工程的角度探讨拟人化图标注意力捕捉的神经机制。研究结果表明，拟人化图标比非拟人化图标更具吸引力和吸引更多的注意力。对拟人化图标的注意的时间进程如下：在 160～200ms，这是一个刺激驱动（自下而上）的图标特征感知检测过程。拟人化对从额叶到顶叶-中央区域分布的早期外源性 ERP 成分 P2 有显著影响。拟人化应用图标比非拟人化应用图标引起的 P2 振幅显著更高。在 300～500ms 会产生非自主注意力分配（自上而下）以评估和分类图标。内源性 P3 被诱发，与中央-顶叶区域的非拟人化图标相比，拟人化图标增强了 P3 振幅。在 500～800ms，内源性 LPP 可作为情绪唤醒的指标。与中央顶叶区域的非拟人化图标相比，拟人化图标可以引起 LPP 振幅的增加。可以得出结论，用户对图标的感知和关注过程结合了"自下而上"和"自上而下"的过程。

研究结果表明，ERP 成分 P2、P3 和 LPP 可以作为评估图标注意力吸引的指标，图标中的拟人化线索可以有效捕捉用户注意力，并被认为更具吸引力。本研究有助于在比较拟人化图标与非拟人化图标时了解用户的注意力和吸引力感知，这有助于图标设计者设计更具吸引力的图标。

参 考 文 献

陈真真, 2012. 网页浏览中的前注意与注意行为及其眼动研究[D]. 杭州: 浙江大学.

贾佳, 杨强, 蒋玉石, 2019. 产品页面中推送产品缩略图位置对消费者注意和记忆的影响研究[J]. 工业工程, 22（4）: 40-48.

靳慧斌, 刘亚威, 穆小萌, 2018. 基于眼动追踪的航空公司官网可用性评估[J]. 包装工程, 39（10）: 173-176.

刘星彤, 孟放, 2016. 基于眼动仪分析新闻网页的视觉浏览模式[J]. 电视技术, 40（12）: 77-82.

孙林辉, 孙林岩, 傅晓惠, 等, 2010. 大学生网页浏览的眼动行为及影响因素研究[J]. 人类工效学, 16（2）: 69-71.

汤舒俊, 韩竹琴, 2014. 招聘网页设计的眼动研究[J]. 心理技术与应用, 2（2）: 24-27, 31.

滕慧敏, 2019. 人像因素对消费者注意力和购买意愿的影响: 基于电商网页的眼动追踪实验研究[J]. 商场现代化，（17）：1-6.

王琳，郭梦雪，2015. 信息浏览行为是理论导向抑或生物驱动？基于眼动仪实验的实证分析[J]. 情报学报，34（12）：1284-1295.

王婷婷，2017. 大学生对招聘网页注意偏好的眼动研究[D]. 烟台：鲁东大学.

吴月燕，2015. 团购网页视觉呈现对消费者认知的影响研究[D]. 长沙：湖南大学.

许鑫，曹阳，2017. 基于眼动追踪实验的高校图书馆门户网站网页设计研究[J]. 大学图书馆学报，35（3）：46-52.

杨强，王钰灵，蒋玉石，等，2019a. 视觉显著性对横幅广告注意及记忆效果的影响研究[J]. 运筹与管理，28（6）：190-199.

杨强，谢其莲，蒋玉石，2019b. 视觉显著性、任务类型和内容一致性对网络广告注意效果的联合效应研究[J]. 工业工程与管理，24（3）：180-187.

叶许红，韩芳芳，翁挺婷，2019. 网购平台产品图片视觉特征的影响作用研究[J]. 管理工程学报，33（2）：84-91.

张帆，2018. 面向电商网页设计与评价的 AEU 多维视觉营销绩效模型研究[D]. 杭州：浙江大学.

张广英，2013. 网页浏览中不同注意条件下的信息获取及眼动特点[D]. 杭州：浙江大学.

张喆，韩贝贝，孙林辉，等，2019. 工商银行网页理财页面可用性的眼动研究[J]. 人类工效学，25（1）：65-71.

周坤，2010. 网上购物用户信息搜寻行为与网站设计研究[D]. 大连：大连海事大学.

Atalay A S，Bodur H O，Rasolofoarison D，2012. Shining in the center：Central gaze cascade effect on product choice[J]. Journal of Consumer Research，39（4）：848-866.

Boardman R，McCormick H，2019. The impact of product presentation on decision-making and purchasing[J]. Qualitative Market Research，22（3）：365-380.

Bradley S，2011. Design Layouts：Gutenberg Diagram，Z-pattern，and F-pattern[M]. Vanseo Design.

Cao Y，Proctor R W，Ding Y，et al.，2022. Is an anthropomorphic app icon more attractive than a non-anthropomorphic one？A case study using multimodal measurement[J]. International Journal of Mobile Communications，20（4）：419-439.

Chandon P，Hutchinson J W，Bradlow E，et al.，2006. Measuring the value of point-of-purchase marketing with commercial eye-tracking data[J]. SSRN Electronic Journal，：225-258.

Chaparro B，Owens J，Shrestha S，2008. How do users browse a portal website？An examination of user eye movements[J]. Usability News，10（2）：1-6.

Chen L，Pu P，2010. Eye-tracking study of user behavior in recommender interfaces[M]//User Modeling，Adaptation，and Personalization. Berlin，Heidelberg：Springer Berlin Heidelberg：375-380.

Chou W Y S，Trivedi N，Peterson E，et al.，2020. How do social media users process cancer prevention messages on Facebook？An eye-tracking study[J]. Patient Education and Counseling，103（6）：1161-1167.

Cyr D，Head M，Larios H，2010. Colour appeal in website design within and across cultures：A multi-method evaluation[J]. International Journal of Human-Computer Studies，68（1/2）：1-21.

Cyr D，Head M，Larios H，et al.，2009. Exploring human images in website design：A multi-method approach[J]. MIS Quarterly，33（3）：539-566.

Das J P，1988. Coding，attention，and planning：A cap for every head[M]//Berry J W，Irvine S H，Hunt E B，eds. Indigenous Cognition：Functioning in Cultural Context. Dordrecht：Springer Netherlands：39-56.

Djamasbi S，Siegel M，Tullis T，2010. Generation Y，web design，and eye tracking[J]. International Journal of Human-Computer Studies，68（5）：307-323.

Dong Y，Lee KP，2008.A cross-cultural comparative study of users' perceptions of a webpage：With a focus on the cognitive styles of Chinese，Koreans and Americans[J]. International Journal of Design，2（2）.

Dvir-Gvirsman S，2019. I like what I see：Studying the influence of popularity cues on attention allocation and news selection[J]. Information，Communication & Society，22（2）：286-305.

Espigares-Jurado F，Muñoz-Leiva F，Correia M B，et al.，2020. Visual attention to the main image of a hotel website based on its position，type of navigation and belonging to Millennial generation：an eye tracking study[J]. Journal of Retailing and Consumer Services，52：101906.

Faraday P，2000. Visually critiquing web pages[C]//Multimedia'99：Proceedings of the Eurographics Workshop in Milano，Italy，September 7-8，1999. Vienna：Springer Vienna：155-166.

Georg B，Cutrell E，Morris M R，2009. What do you see when you're surfing？Using eye tracking to predict salient regions of web pages[C]. Paper presented at the Proceedings of the SIGCHI conference on human factors in computing systems，Boston，NY：21-30.

Grier R，Kortum P，Miller J，2007. How users view web pages[M]//Human Computer Interaction Research in Web Design and Evaluation. IGI Global：22-41.

Grier R A，2004. Visual attention and web design[D]. University of Cincinnati.

Handy T C，Smilek D，Geiger L，et al.，2010. ERP evidence for rapid hedonic evaluation of logos [J]. Journal of Cognitive Neuroscience，22：124-138.

Hsieh Y C，Chen K H，2011. How different information types affect viewer's attention on Internet advertising[J]. Computers in Human Behavior，27（2）：935-945.

Huang Y T，Ho H F，2015. Camera perspectives influence of apparel e-commerce images on visual attention and consumer purchase interest：Evidence from eye tracking[C]//2015 International Conference on Social Science，Education Management and Sports Education. Atlantis Press：1892-1895.

Hussain Z，Griffiths MD，Sheffield D，et al.，2019. Using eye tracking to explore facebook use and associations with facebook addiction，mental well-being，and personality[J]. Behavioral Sciences，9（2）：19.

Hwang Y M，Lee K C，2017. Using eye tracking to explore consumers' visual behavior according to their shopping motivation in mobile environments[J]. Cyberpsychology，Behavior and Social Networking，20（7）：442-447.

Hwang Y M，Lee KC，2018. Using an eye-tracking approach to explore gender differences in visual attention and shopping attitudes in an online shopping environment[J]. International Journal of Human–Computer Interaction，34（1）：15-24.

Hwang Y M，Lee KC，2019. Exploring the analysis of male and female shopper's visual attention to online shopping information contents：Emphasis on human brand image[J]. The Journal of the Korea Contents Association，19（2）：328-339.

Josephson S，Holmes M E，2002. Visual attention to repeated internet images：Testing the scanpath theory on the world wide web[C]//Proceedings of the Eye Tracking Research & Application Symposium（ETRA），New Orleans，Louisiana，USA，March 25-27.

Kahn B E，2017. Using visual design to improve customer perceptions of online assortments[J]. Journal of Retailing，93（1）：29-42.

Kaspar K，Gameiro R R，König P，2015. Feeling good，searching the bad：Positive priming increases attention and memory for negative stimuli on webpages[J]. Computers in Human Behavior，53：332-343.

Lavie N，1995. Perceptual load as a necessary condition for selective attention[J]. Journal of Experimental Psychology：Human Perception and Performance，21（3）：451.

Lavie T，Tractinsky N，2004. Assessing dimensions of perceived visual aesthetics of web sites[J]. International Journal of Human-Computer Studies，60（3）：269-298.

Lee W，Benbasat I，2003. Designing an electronic commerce interface：Attention and product memory as elicited by web design[J]. Electronic Commerce Research and Applications，2（3）：240-253.

Liu C，White R W，Dumais S，2010. Understanding web browsing behaviors through Weibull analysis of dwell time[C]//Proceedings of the 33rd international ACM SIGIR conference on Research and development in information retrieval. July 19-23，2010，Geneva，Switzerland. ACM，：379-386.

Liu W L，Liang X N，Liu F T，2019. The effect of webpage complexity and banner animation on banner effectiveness in a free browsing task[J]. International Journal of Human–Computer Interaction，35（13）：1192-1202.

Liu W，Cao Y，Proctor W R，2022. The roles of visual complexity and order in first impressions of webpages：An ERP study of webpage rapid rvaluation[J]. International Journal of Human-Computer Interaction，38（14）：1345-1358.

López M A，García G S，Sánchez G，et al.，2018. Perceived visual appeal of web pages by eye tracking：case study in NH and Barceló hotels in women[J]. Esic Market，49（2）：379-404.

Lorigo L，Pan B，Hembrooke H，et al.，2006. The influence of task and gender on search and evaluation behavior using Google[J]. Information Processing and Management：An International Journal，42（4）：1123-1131.

Luck S J，2014. An Introduction to the event-related potential technique [M]. 2nd Revised edition. Cambridge：The MIT Press.

Margarida Barreto A，2013. Do users look at banner ads on Facebook？[J]. Journal of Research in Interactive Marketing，7（2）：119-139.

Nielsen J，2011. How Long Do Users Stay on Web Pages？（2011-04-17）[2023-04-05].

Pan B，Hembrooke H A，Gay G K，et al.，2004. The determinants of web page viewing behavior：an eye-tracking study[C]//Proceedings of the Eye tracking research & applications symposium on Eye tracking research & applications-ETRA'2004. March 22-24，2004. San Antonio，Texas. ACM，147-154.

Pan B，Zhang L X，2016. An eyetracking study on online hotel decision making：The effects of images and umber of options[J]. Journal of Hospitality & Tourism Research，40（3）：259-278.

Pappas I，Sharma K，Mikalef P，et al.，2018. Visual Aesthetics of E-commerce Websites：An Eye-tracking Approach[J]. Information & Management，55（7）：807-821.

Pernice K. 2017. F-Shaped Pattern of Reading on the Web：Misunderstood，But Still Relevant（Even on Mobile）[EB/OL]. [2023-04-05].

Petty R E，Cacioppo J T，1984. The effects of involvement on responses to argument quantity and quality：Central and peripheral routes to persuasion[J]. Journal of Personality and Social Psychology，46（1）：69-81.

Scott L M，1994. Images in advertising：The need for a theory of visual rhetoric[J]. Journal of Consumer Research，21（2）：252-273.

Seo Y W，Chae S W，Lee K C，2012. The impact of human brand image appeal on visual attention and purchase intentions at an E-commerce website[M]//Intelligent Information and Database Systems. Berlin，Heidelberg：Springer Berlin Heidelberg：1-9.

Shechner T，Jarcho J M，Wong S，et al.，2017. Threats，rewards，and attention deployment in anxious youth and adults：An eye tracking study[J]. Biological Psychology，122：121-129.

Still J D，2018. Web page visual hierarchy：Examining Faraday's guidelines for entry points[J]. Computers in Human Behavior，84：352-359.

Still J，Still M，2019. Influence of visual salience on webpage product searches[J]. ACM Transactions on Applied Perception，16（1）：1-11.

Tatler B W，2007. The central fixation bias in scene viewing：selecting an optimal viewing position independently of motor biases and image feature distributions[J]. Journal of Vision，7（14）：401-417.

Vidyapu S，Vedula V S，Bhattacharya S，2019. Quantitative visual attention prediction on webpage images using multiclass SVM[C]//Proceedings of the 11th ACM Symposium on Eye Tracking Research & Applications. ACM，：1-9.

Vraga E，Bode L，Troller-Renfree S，2016. Beyond self-reports: Using eye tracking to measure topic and style differences in attention to social media content[J]. Communication Methods and Measures，10（2/3）：149-164.

Wang Q Z，Yang S，Liu M L，et al.，2014a. An eye-tracking study of website complexity from cognitive load perspective[J]. Decision Support Systems，62：1-10.

Wang Q Z，Yang Y，Wang Q，et al.，2014b. The effect of human image in B2C website design: An eye-tracking study[J]. Enterprise Information Systems，8（5）：582-605.

Yang S F，2015. An eye-tracking study of the Elaboration Likelihood Model in online shopping[J]. Electronic Commerce Research and Applications，14（4）：233-240.

Yangandul C，Paryani S，Le M，et al.，2018. How many words is a picture worth？Attention allocation on thumbnails versus title text regions[C]//Proceedings of the 2018 ACM Symposium on Eye Tracking Research & Applications. Warsaw Poland. ACM，1-5.

第14章　网页搜索时的注意机制及眼动研究

网页视觉搜索是指人们在网页上有目的地寻找某种信息的行为（Kim et al.，2014）。用户在网页的搜索框中输入几个关键词，然后得到一个按某种规则排列的搜索结果列表，用户需要从搜索结果列表中搜索到自己需要的关键信息。网络资源的海量性使人们从网页中获取感兴趣的相关信息难度加大。充分认识并发现网页视觉信息搜索规律，能够通过特定的网页界面设计使用户优化注意资源分配，从而减少用户搜索时间，提高用户体验。

视觉搜索包括两个基本阶段。第一阶段，个体会对屏幕上所有位置进行并行处理，但此阶段只提取有限的信息。对信息搜索的研究同样表明，在决策的早期阶段，信息搜索的重点是探索可能性，构造问题，并确定哪些选择是可用的。第二阶段，个体将注意集中在视野中感兴趣的区域。在这个阶段，个体可以执行更复杂的任务和提取更多的信息。然而，这个阶段的容量有限，一次只能从一个或少数几个空间位置提取信息。在查看动态显示以生成扫描路径时，两个可视化子系统协同工作。外围子系统（peripheral subsystem）执行初始的并行处理，并确定下一个注视点位置。然后将中央窝子系统（foveal subsystem）定向到这一点，并执行更复杂的操作，如读取和对象识别（van Schaik and Ling，2001a）。

在第一阶段，视觉搜索主要有两种模式：平行搜索（parallel search）和序列搜索（serial search）。平行搜索指的是将搜索目标同该搜索目标所在集合中的所有项目同时进行比较，发现目标所在位置；序列搜索则是将搜索目标特征与该搜索目标所在集合的每个个体逐一进行比较直至发现搜索目标。因为平行搜索所占用的认知资源较少，所以平行搜索所需要的时间较短，即平行搜索的效率高于序列搜索。个体采用哪种模式进行搜索受目标刺激物的特征影响。目标刺激物的特征越具有规律性、结构越清晰，个体越倾向于运用平行搜索模式。

在完成视觉搜索的过程中，用户在网页上进行视觉搜索时的注意分配受到自下而上（bottom-up）和自上而下（top-down）因素的影响。自下而上因素指的是页面上的视觉设计元素，如视觉显著性元素，自下而上因素的影响一般发生在注意的早期，快速且独立于知识。自上而下因素指的是个体自身的因素，如在网页上进行视觉搜索时有个明确的目标，自上而下因素的影响一般发生在注意后期，依赖于个体所拥有的知识经验（Still J and Still M，2019）。为了更好地将用户的注意力吸引到目标搜索结果上，信息表示形式起着关键作用。

已有研究主要从四个视角出发探究网页视觉搜索中的注意机制：①从网页视觉搜索模式视角，研究用户视觉搜索时视线分布规律；②从网页界面因素视角，研究不同网页界面因素（运动、大小、颜色等）对视觉注意的影响；③从网站类型视角，研究用户在不同类型的网站（新闻网页、购物网页、社交网页等）上进行视觉搜索时的注意特征；④从用户特征视角，研究不同用户群体（大学生、老年人等）进行网页视觉搜索时注意机制的异同。本章首先介绍了网页搜索时的典型注意特征，其次分析了网页搜索时注意力影响因素，最后结合眼动研究揭示用户在网址导航网站进行网页搜索时注意加工机制。

14.1 网页搜索时的典型注意特征

网页视觉搜索模式的研究大都针对搜索引擎结果页面（search-engine-results pages，SERP）的视觉注意规律提出。根据 Nielsen 集团的研究，在早期的搜索引擎结果页面中，由于呈现的结果内容比较单一，数量比较有限，网页视觉搜索呈现线性搜索模式（linear SERP pattern），即用户将注意力集中在页面顶部的前几个结果上，然后依次从一个结果移到下一个结果。

随着搜索引擎结果页面变得日益复杂，任何给定的搜索都可以返回各种不同的视觉元素：SERP 通常不仅包括链接，还包括图像、视频、嵌入文本内容，甚至包括交互功能。不同的元素吸引注意力的作用不同，即页面上元素的视觉权重不同，页面上元素的视觉权重驱动人们的视觉搜索模式。因为这些元素分布在整个页面上，而且一些 SERP 比其他 SERP 有更多的元素，视觉上引人注目的元素的存在和位置常常会影响用户分布在页面上的注意力，所以用户处理结果的方式比以前更加非线性。

Moran 和 Goray（2019）在研究搜索元分析项目（search meta-analysis project）时，对在 2017~2019 年进行的可用性测试和眼球追踪中获得的 471 个查询进行了分析，发现用户在 SERP 中进行视觉搜索时，会在页面的不同元素之间有非常多的跳跃，因此他们将这种新的 SERP 视觉搜索模式定义为弹球模式（pinball pattern）。弹球模式的定义来源于传统的弹球游戏，该游戏机使用一个玻璃覆盖的箱子，该箱子内设计了由各种保险杠、障碍物和目标构成的小型运动场，玩家使用特定的装置在游戏场地周围发射弹跳金属球，击中不同的目标从而获得点数。在弹球模式中，用户以高度非线性的路径扫描结果页面，在结果和 SERP 中的视觉元素和关键字之间来回"跳跃"。

14.2　网页搜索时注意力影响因素

14.2.1　网站设计要素与网页搜索注意力设计

Faraday（2000）在视觉注意模型中提出运动、大小、图片、颜色、文字风格和位置会依次影响用户浏览时的视觉注意，但是该模型却无法适用于用户完成搜索任务的情景（Still，2018）。例如，与用户搜索特定目标项目相比，当用户浏览网页时，动画吸引注意力资源的效果更强（Cheung et al.，2017）。已有研究表明，视觉显著性、位置、界面布局、网页信息形式与数量等是影响网页搜索时注意力的重要因素。

1. 视觉显著性对注意的影响

视觉显著性是影响外围系统选择过程的一个因素。视觉显著性可以被定义为一个物体相对于其背景的能吸引注意力属性的组合。物体的属性包括颜色、形状、大小、方向等。视觉搜索理论认为，注意力会被自动引导到最显著的点，然后按最显著到最不显著的顺序依次转到随后的点，直到搜索结束（Hicks and Still，2019）。研究表明，如果目标对象在视觉上很显眼，搜索时间可以缩短 83%（Ling and van Schaik，2007）。Still J 和 Still M（2019）依据 Itti 等（1998）的显著性模型（saliency model），设计了具有高、低两种视觉显著性的网页，比较了高、低两种视觉显著性对被试在网页上搜索特定产品价格时视觉注意的影响，结果发现在高显著性的条件下，被试能够更快地完成搜索任务。

那些相对于其周围环境而言在视觉上独有的特征称为显著的特征。例如，加粗的文本在未加粗的文本中视觉上是显著的；众多绿色中的红色方块在视觉上是显著的；众多竖线中的水平线也是显著的。根据视觉注意理论，注意力偏向于高显著性的目标。显著性能够引导用户将注意分布在特定的界面区域，以使视觉搜索更加有效。例如，人们可以在一个混乱的界面中轻松快速地识别出一个视觉上突出的对象（Still，2017）。如果界面足够简单，很容易识别显著性的元素。例如，在纯文本显示的界面，将段落中的某个单词加粗，这个单词就会很显著，也很容易吸引用户注意。然而，网页界面通常都很复杂，一般包含链接、图像、文本、视频、动画、边框和背景等，因此确定网页界面的显著程度并预测它们对视觉注意的影响相对比较困难。

显著性特征可以是强度、方向、颜色、运动、对比和亮度等（Holmberg et al.，2015；Itti and Koch，2000）。在网页界面上，那些相对于其周围环境而言在视觉上独有的特征都可以称为视觉显著性特征，如静止网页上运动的元素、以文本为主的网页上的图片元素、黑色文字中的彩色链接等。

所有颜色都可以用红、绿、蓝三种颜色的组合来表示[事实上，这就是 HTML（hyperText markup language，超文本标记语言）中颜色的定义方式]，研究表明，与非原色相比，红、绿、蓝、黄等原色的显著性更高。在网页中使用这些颜色作为背景和前景（字体）颜色，可能使用户通过明显的差别对比度更容易地感知文本，从而提高视觉搜索绩效。Ling 和 van Schaik（2002）研究了网站文本颜色和导航条背景组合（黑白、蓝白、蓝黄、黄蓝、红绿和绿红）对视觉搜索绩效的影响。结果发现，颜色组合对视觉搜索的精确度和速度都有显著影响。文本和背景颜色的对比度越高，搜索速度越快，红绿对比的搜索绩效相对较差，但是从主观偏好来看，蓝白组合最受欢迎，其次是黑白和黑黄。

通常，在 Web 页面上使用蓝色作为超文本链接的默认颜色。Nielsen（2011）认为这是一个糟糕的设计惯例。一方面，因为产生蓝色光的波长永远无法聚焦，人们无法获得清晰的蓝色图。这种情况在所有年龄段的人群中都会出现，但随着年龄增长，人们对蓝色的敏感度会下降，蓝色会让人更难集中注意力。此外，只有 2%的视锥细胞（即对蓝色敏感的视锥细胞）对短波长有反应。视网膜的最中心没有这些视锥细胞，因此在注视一些小的物体时会产生一种"蓝盲点"（blue-blindness）。在视锥细胞中，有 64%对红色特别敏感，但是在外围的视锥细胞非常少，所以红色在外围子系统中看不清楚。另一方面，由于视网膜边缘的视锥细胞数量增加，蓝色很容易在外围被发现。因此，蓝色敏感的视锥细胞在第一阶段的视觉搜索中特别有用，而红色敏感的视锥细胞在第二阶段的视觉搜索中特别有用。根据视觉特性，在网页设计中，蓝色不应该用于文本或小对象，但适合用于背景色。Pearson 和 van Schaik（2003）研究了两种网站链接颜色（蓝色和红色）对视觉搜索的影响，结果发现对于交互性的视觉搜索任务，蓝色链接这个设计传统应该保留，因为蓝色比红色具有更高的搜索绩效。Ling 和 van Schaik（2004）进一步研究了网页上蓝色超链接的格式（纯文本、粗体、加下划线、粗体和下划线）对视觉搜索绩效的影响，结果发现链接格式对搜索速度有显著影响。在内容区域，粗体或者粗体加下划线有助于快速定位该超链接；在导航区，粗体和纯文本格式能够很快被发现。

对刺激物颜色的感知往往会从背景的颜色转向背景的互补色，一般来说，不应该在界面元素中突出强调背景，但是，一般来说，屏幕元素之间的较高的对比能够吸引用户的注意。van Schaik 和 Ling（2001b）研究了导航区不同的背景对比（与背景一致的颜色，与背景不一致的颜色）对视觉搜索绩效的影响，结果发现导航区背景对比对内容区的视觉搜索绩效（精确度和速度）影响的主效应不显著，但是布局和对比对正确拒绝的反应时间存在交互效应。

除了颜色,网页上的字体和间距是另外两个必须考虑的基本元素。Ling 和 van Schaik(2007)比较了四种不同的行长(55,70,85 和 100cpl)和两种不同的字体(Arial 10 point 和 Times New Roman 12 point)对视觉搜索和信息检索绩效的影响。结果发现对于不同的任务,行长对搜索绩效的影响不同。当任务是视觉搜索时,较长的行长度使得用户能快速扫描整个页面,同时减少了需要扫描给定数量的信息的单独行的数目,所以行长度越长,搜索速度越快,但是在信息检索任务中,行长度失去了优势,行长为 70cpl 时绩效最佳。此外,虽然有的研究认为特定的字体如衬线字体(serif fonts)有利于搜索绩效,但是该研究中发现字体类型对视觉搜索或信息检索绩效都没有影响。Ling 和 van Schaik(2007)进一步研究了行距(单倍行距、1.5 倍行距和双倍行距)和文本对齐方式(左对齐和两端对齐)对视觉搜索绩效的影响,结果表明:行距越大,搜索绩效越好,即双倍行距比 1.5 倍行距好,1.5 倍行距比单倍行距好;左对齐的搜索绩效优于两端对齐。

视觉显著性的影响还与网站类型有关,Navalpakkam 等(2012)比较了两种不同的视觉显著性(新闻标题中是否出现图片)对用户搜索新闻网页的影响。结果发现,与新闻所在的位置和用户兴趣相比,显著性对注意选择的影响最小。Cao 等(2019)基于眼动追踪研究了网址导航网站中名站导航区的网站链接颜色对用户注意的影响。研究结果表明,置于中心区域的网站链接可以使用显著的颜色来吸引用户注意。Espigares-Jurado 等(2020)研究了酒店网站上的主图对视觉搜索的影响,实验任务要求被试在网站上查看某一天是否有空房,结果发现主图放在网页的上部区域能够吸引视觉注意力。

显著干扰物的存在则会增加找到目标所需的时间。van Schaik 和 Ling(2006)比较了三种形式的网站标志图片(没有标志、静态标志和动态标志)对被试在网站上完成视觉搜索任务绩效的影响,结果发现网站标志图片的形式对视觉搜索绩效没有显著影响,但是被试认为动态网站标志图片比静态网站标志图片更容易干扰被试的注意力。栗觅等(2009)利用眼动追踪研究了网页上有无浮动广告对用户视觉搜索的影响,实验的搜索目标包括文本和图片。被试的眼动轨迹表明,被试在网页上进行信息搜索时,浮动广告对视觉搜索没有影响,即被试会采用回避策略回避浮动广告。无论有无浮动广告,首次注视点大都发生在中心区域,但是在首次注视过中心区域之后,根据返回抑制理论,被试都呈现出一种视觉搜索周边特性,即更多地注视网页周边区域。

2. 位置对注意的影响

根据注意相关理论,位置是注意力的空间决定因素,而动作、大小、图像、颜色和文本风格可以看作基于特征或基于对象的决定因素。虽然注意力主要分配给位置还是分配给对象仍然存在相当多的争论,但是许多注意力理论的一个关键假设是，视觉选择在很大程度上是由空间位置调节的。实际上，有证据表明，在视觉搜索过程中，空间决定因素比对象决定因素更重要（Johnson，2004；Grier，2004）。对于网页搜索而言，由于用户固有的网页搜索习惯以及可能对网页上信息的具体位置有不同的期望，网页上的某些位置可能比其他位置在吸引注意力方面更有优势。几项研究表明，人们希望在特定位置找到如搜索、home 按钮和导航之类的 Web 对象（Roth et al.，2013）。另外，已有研究表明空间位置还可以预测早期的用户注视（Still，2017；2018）。因此，在考察网站上其他元素对注意力的影响时，必须考虑这些元素所在的位置。Niclscn 集团针对 SERP 的研究同样发现，处于前面位置的结果获得用户更多的注意（Moran and Goray，2019）。

Navalpakkam 等（2012）研究了既有文本又有图片的网页上位置对网页视觉搜索注意分布的影响。该研究将网页划分为一个两行四列的网格，其中每个位置的网格都具有相同的大小。每个位置都有新闻标题和文章片段，以及与新闻文章相关的图像（可选），要求被试选择一篇文章进行阅读。结果发现，在吸引用户注意力的过程中（以第一次注视所花的时间来衡量），位置比显著性起着更大的作用，而用户的兴趣基本上起不到任何作用，在所有的位置中，左上角受到最多的关注。

Roth 等（2013）利用眼动追踪研究发现，每个网页对象在网站上都有个用户期望的典型位置，该网页对象越接近典型位置，它在网页页面上被发现的速度就越快，在找到它之前需要的注视就越少。此外，不同网页对象对位置典型性的敏感性不同。对于网上商店页面，登录区域和搜索区域最容易受位置典型性影响；对于新闻网页，文档链接最容易受位置典型性影响；对于公司网页，"关于我们"的链接最容易受位置典型性影响。Heinz 等（2016）开展了一项网络调查，要求用户绘制在线商店、新闻网站和公司页面的原型，从而表明用户期望在网站上的界面元素及其位置。他们将研究结果与之前的研究结果进行了比较，以调查用户对网站的心理表征随时间的变化。结果发现，界面元素（如标志、主要内容和导航区域），仍然期望在相同的位置。此外，移动端网页、社交网络链接等新元素已经融入用户的心理表征中。Cassidy 和 Hamilton（2014）的研究同样表明，网页目标在网页中的位置与网页类型有关。他们使用 3D 细网格方法（3D fine-grid approach）对网页进行内容分析，针对涉及十个国家的五个服务行业网站主页，分析了由文献研究确定的 22 个网页对象的"实际"位置。研究结果发现，不管在哪个国家，5 个网页对象（徽标、搜索、导航、页眉和页脚）在网页布局中具有特定行业的一致性。

网站导航菜单作为所有网页的重要组成部分，一般设计成垂直放置（在左边或右边）或水平放置（在顶部或底部）。根据一般的网页浏览习惯，屏幕左上方最容易识别，因此，将主要导航链接置于网页左侧，有助于导航链接的视觉搜索绩效；根据菲茨定律（Fitts' law），将导航链接放置在右侧会更好，因为它们更接近滚动条，如果需要滚动屏幕，在屏幕右侧的滚动条旁边放置导航链接则可以节省用户的时间；如果页面较长，同时在页面的顶部和底部设置导航链接则可以减少用户上下滚动页面的时间（Pearson and van Schaik，2003）。导航链接如何放置更有利于搜索绩效？van Schaik 和 Jonathan（2001）研究了网站导航链接不同的位置（位于屏幕左边、右边、顶部或者底部）对视觉搜索绩效的影响，结果发现导航置于顶部视觉搜索绩效最佳，其次是将导航链接置于屏幕左边（van Schaik and Ling，2001a，2001b）。Pearson 和 van Schaik（2003）同样研究了四种网站链接位置［垂直放置（在左边或右边）和水平放置（在顶部或底部）］对视觉搜索绩效的影响。结果发现对于视觉搜索任务，水平放置的搜索时间明显快于垂直放置的搜索时间，从而支持了导航应该放在屏幕顶部和底部的观点；对于交互性搜索任务，特别是链接颜色为蓝色时，导航链接置于左侧或者右侧的搜索时间更短。Ling 和 van Schaik（2004）进一步比较了具有不同形式的网页上蓝色超链接（纯文本、粗体、加下划线、粗体和下划线）在网页上不同区域（导航区和内容区）时视觉搜索绩效差异。结果发现，在内容区域，参与者能更快地找到粗体或粗体加下划线的链接；在导航区域，粗体和纯文本的链接视觉搜索速度最快；在内容区域找到纯文本链接和下划线链接的速度也比导航区域慢。

3. 界面布局对注意的影响

界面布局就是将网页各部分内容按照某种规则置于页面的不同地方。页面布局如果能够遵循一定的视觉规律，则能提高视觉搜索绩效。

石金富等（2008）研究了网页布局（T 型布局、口型布局、对称型布局、POP 型布局）对视觉搜索时眼动特性的影响，该研究以 64 张国内大学网站首页为实验材料，要求被试找到目标项"人才招聘"所在的象限。结果发现，网页布局对注视点数目、注视时间和搜索距离有显著影响，口型布局的搜索绩效最差，T 型布局的搜索绩效最好。赖丽花和王咸伟（2014）利用眼动追踪研究了网络课程网站的三种常见布局（T 字型、国字型和正文标题型）对学习者视觉搜索的影响。结果表明，学习者在完成资源搜索任务时，网页布局对注视持续时间、注视次数和眼跳次数有显著影响。其中，T 字型布局的注视持续时间、注视次数和眼动次数均为最少；正文标题型布局、国字型布局的相应眼动指标依次增加，说明 T 字型布局更有利于学习者进行高效的视觉搜索。

上述布局的划分主要依据导航区域和内容区域的相对位置。van Schaik 和 Ling（2006）将导航区域和内容区域占屏幕宽度的百分比称为屏幕比例（screen ratios）。他们比较了五种屏幕比例（18.2∶81.8，23.2∶76.8，28.2∶71.8，33.2∶66.8 和 38.2∶61.8）对被试在网站上完成视觉搜索任务绩效的影响。结果发现屏幕比例对搜索任务绩效（速度和准确性）有显著影响。特别是与其他比率的平均值相比，黄金分割（golden section，GS；比率 38：62）在速度和准确性方面都产生了较差的结果。综合考虑速度和效率，23：77 是最佳的比例。

Namoun（2018）则是根据网页内容的组织形式，将网页划分成三栏布局（three column layout）和网格布局（grid layout）。在三栏布局中，网页内容从页面的顶部到底部被组织成三个相等的列并排显示。在网格布局中，网页内容被组织在大小不同，横跨整个 Web 页面的许多块中，每个块通常有一个标题来描述内容。Namoun（2018）利用眼动追踪，比较了上述两种布局对信息搜索行为和用户注意力的影响。结果发现三栏布局比网格布局具有广泛的阅读模式和更大的注视密度。此外，三栏布局中能够更快地搜索到目标。

在返回众多搜索结果的情况下，搜索结果界面的布局会影响搜索绩效。Rele 和 Duchowski（2005）利用眼动追踪评估了两种类型的搜索结果界面：一种是很多搜索引擎常用的清单界面（list interface），另一种是列表界面（tabular interface）。清单界面中的每一个元素在列表界面中都有对应的列，从左到右以相同的顺序呈现清单界面中的元素信息。该研究设计了两种任务：信息搜寻任务和导航任务，信息搜寻任务要求查找呈现在一个或多个网页中的信息，导航任务要求找到一个特定的网站或 URL（uniform resource locator，统一资源定位符）。结果表明，两种界面的绩效没有显著的差异，但是眼动数据显示，用户会对搜索结果摘要上的不同元素分配不同的权重，两种类型的界面上用户采用的都是自上而下的浏览策略；清单界面比列表界面需要更多的认知努力；导航任务中摘要上的平均注视数量高于信息任务，导致该结果的可能原因是其中一个导航任务特别难。

4. 信息形式与数量对注意的影响

每个网页中的信息都会以各种信息形式展现，每种信息形式吸引注意的能力不同。此外，信息的数量和它们的组织对视觉搜索效率有深远的影响，基本的视觉搜索显示中，当目标没有显著性的视觉特征时，非目标项的数量会影响找到目标所需的时间（Hicks and Still，2019）。

文本和图片是网页上信息的两种最基本的表现形式，搜索目标是文本还是图片会对注意分配以及搜索绩效产生影响。Li 等（2009）基于眼动追踪研究了搜索目标信息形式（文本形式、图片形式）以及不同形式的信息所处的位置对网页视觉搜索的影响。结果表明信息呈现为文本形式时，第一象限（右上）、第二象限（左上）以及第三象限（左下）的注视持续时间短于第四象限（右下）以及中心区域；信息呈现为图片形式时，第二象限的注视持续时间最短，第三象限的注视持续时间最长。上述结果表明，重要的信息（文本或者图片）适合放在第二象限，文本信息不适合放在第四象限以及中心区域，图片信息不适合放在第三象限。

郭伏等（2015）针对网页上的文本信息显示形式，采用眼动追踪的方法，研究了文本信息层级间的色彩差异程度（无差异和有差异）和信息类别的模块化程度（低和高）对搜索绩效与注意的影响。结果表明，信息层级间色彩差异程度影响搜索绩效和注意分布，信息层级间色彩有差异时，搜索绩效高于信息层级间无差异，且注视点数目较少，注视时间较短。

不同的搜索任务中，用户关注的信息形式也存在差异。Cutrell 和 Guan（2007）利用眼动追踪技术研究了人们如何利用网络搜索查找信息，以及在导航和信息任务中针对搜索结果是否使用不同的策略。为了调查摘要长度（snippet length）对人们使用网络搜索的影响，设计了短、中、长三种摘要长度以及导航任务和信息任务两种任务类型。结果表明，摘要长度对任务绩效的影响与任务类型有关，短的摘要有助于提高导航任务的绩效，长的摘要有助于提高信息搜索任务的绩效。眼动结果表明，上述绩效的差异是因为随着摘要长度的增加，用户需要更多关注摘要而较少关注位于搜索结果底部的 URL。Sachse（2019）利用眼动追踪研究了移动设备上三种摘要长度（一行、三行或五行）对搜索行为和注意分布的影响，结果表明，页面折叠（page fold）对滚动行为和整个搜索结果的注意力分布有很强的影响。简短的摘要由于提供的信息似乎太少，导致了较差的搜索绩效。对于导航任务，五行的长摘要比中等摘要具有更好的搜索绩效。但是对于信息任务，五行的长摘要的搜索绩效相对较差。

Maqbali 等（2009）比较了三种不同的搜索结果界面（文本摘要、聚类信息和可视化缩略图）对视觉搜索的影响，结果表明，大多数情况下，用户在完成搜索任务时，花在查看文本信息上的时间较多，而且那些侧重于基于文本形式的界面往往会缩短搜索任务的完成时间。

视觉信息的数量和它的组织形式通常用视觉混乱（visual clutter）来表示，用来度量复杂和真实世界中显示的集合大小。视觉混乱也会降低搜索效率。Hicks 和 Still（2019）比较了电子商务网站上三种程度的视觉混乱（低、中、高）对视觉搜索任务绩效的影响，结果表明搜索时间随着视觉混乱的增加而增加。栗觅等（2012）比较了两种不同的网页信息数量对视觉搜索效率的影响。研究结果表明，随着信息量的增加，搜索时间和注视次数都显著增加。即网页信息量的增加降低了用户的视觉搜索效率。

14.2.2　网站类型与网页搜索注意力设计

不同类型的网页呈现的信息内容以及网页界面因素都有很大差别，因此，用户在不同类型网页上使用的搜索策略和搜索行为也有一定的差异。

1. 门户网站

门户网站一般使用强烈的视觉刺激（如动画和彩色文本）来呈现大量的信息，这增加了用户在大量的信息中找到他们需要的内容的难度。

大量的互联网使用中，获取信息（39.1%）是主要目标。综合性门户网站（如新浪网、搜狐网和网易）目前是整合信息的最佳来源。Goldberg 等（2002）利用眼动追踪研究了搜索任务中的门户网站的视觉注意。该研究中，设计了包括自定义门户组件、退出登录等六个搜索任务。研究发现，在关注页面的主要内容部分之前，用户一般不会浏览页面头部。因此，他们建议将导航条放在页面左侧。Rau 等（2007）研究了两种类型的门户网站设计（丰富的和简单的）以及两种类型的动画[静态动画（排行榜、对联和大方格）和浮动动画（向下移动/上下移动和随机移动）]对用户搜索绩效的影响。结果表明，使用简单门户网站的参与者比使用丰富门户网站的参与者搜索更快，出错更少，更满意。静态动画和浮动动画在搜索绩效时间和动画识别上没有显著差异，说明用户能够检测到动画移动的模式，从而避免浮动动画和静态动画。与没有动画的搜索页面相比，使用随机浮动动画搜索页面时，用户使用的搜索时间要多得多。

因特网是学生为他们的学校作业和其他日常活动寻找信息的一个日益重要的来源。教师、图书馆管理员和图书馆服务机构在制定有效的途径及提供这种支持时，需要更好地了解学生的互联网信息搜索行为。许鑫和曹阳（2017）利用眼动追踪实验研究了搜索目标位于高校图书馆门户网站上的五个不同位置（左上、左下、中部、右上、右下）时对搜索效率的影响。结果发现搜索目标位置对搜索时间有显著影响。当视觉搜索目标位于门户网站中部区域以及左上部分时，搜索效率最高；当视觉搜索目标处于左下角以及整个偏右侧部分时，视觉搜索难度增加，搜索效率降低。

信息和通信技术的广泛应用给公民获取政务信息以及与政府服务、互动交流的方式带来了一些积极的变化，政府门户网站已迅速成为最受欢迎的途径之一。Bataineh 等（2017）利用眼动追踪比较了迪拜的三个电子政务部门门户网站上的信息搜索行为。结果表明相当数量的被试在左侧、右上角和中间区域寻找信息和元素来帮助他们完成任务。作者建议电子政务门户网站的设计应该考虑用户的信息搜索行为规律。

医疗门户网站的作用是让患者通过该门户关注自身的健康和护理，通过医疗门户网站，患者可以进行在线预约，查看相关检测结果，或与医生交流。Fraccaro 等（2018）研究了患者在医疗门户网站上的视觉搜索行为。结果表明，从不低估行动必要性的患者在不同的临床表现和临床场景中有较少的注视次数和较短的停留时间，患者采取了更有针对性的视觉搜索行为，他们能够过滤屏幕上的数据，并将注意力集中在相关信息上。这些信息可能是与他们的情况最相关的检测结果，能够帮助他们了解是否需要采取下一步行动。相反，低估行动必要性的患者将注意力分散在不同的 AOI 上，在这些 AOI 上停留时间更长，眼睛注视次数更多，这表明很难将注意力集中到合适的信息上。

银行门户网站的作用是让银行客户能够方便、自主地在网上完成各项银行业务。张喆等（2019）利用眼动追踪实验研究了被试在工商银行理财页面上完成特定搜索任务时的注意分布情况。结果发现被试的浏览路径总体上呈现出 F 型浏览模式，但是，界面上的搜索辅助功能不能有效吸引用户的注意，工商银行门户网站上过多的信息内容对搜索效率产生了干扰。

2. 新闻类网页

对于新闻类网页而言，能够让用户快速搜索到用户感兴趣的新闻是其能够留住用户的关键。传统的用户选择新闻的影响因素包括政治偏好、政治利益和动机、新闻内容的信息效用、新闻报道的主题和新闻故事的类型等。根据新闻价值理论（the theory of newsworthiness），新闻因素和新闻价值影响新闻选择。新闻因素是指新闻故事的特点或品质，新闻价值则是记者和受众选择新闻的标准。在互联网环境下，一篇文章所产生的单击、分享或用户评论的数量，关联文章的数量、浏览次数、电子邮件、评论最多的文章排名等指标都会影响新闻选择。Engelmann 和 Wendelin（2017）调查了新闻因素强度和评论数量对新闻选择的影响。结果发现，新闻因素对新闻选择有正向影响，评论数量对相关新闻条目的选择没有影响。

在互联网上搜索当前新闻可以通过通用搜索引擎网站、媒体公司的新闻网站、社交媒体或新闻聚合网站等来完成。Kessler 和 Engelmann（2019）采用开放调查、封闭调查和屏幕记录数据内容分析等多种方法对 47 位用户在新闻聚合网站谷歌新闻上如何搜索选择新闻进行全面分析。结果表明，用户选择某条新闻时会考虑新闻价值、新闻的时间因素和新闻的社会影响因素。此外，新闻线索（图片、新闻结果的位置以及新闻来源）也会影响用户的选择。

与传统媒体相比，网络新闻允许及时地用更丰富的设计元素来表达新闻内容，如视频、动画、链接到与新闻相关的新闻等。一方面，丰富的设计元素增加了新闻故事的可读性；另一方面，众多的设计元素也会形成一种外部干扰，使得新闻用户越来越难找到想要的网络新闻文章，或者可能会分散用户的注意力。杨强等（2019）研究了用户在新闻网页完成搜索任务时，横幅广告的视觉显著性对消费者注意力的影响。眼动追踪结果表明，在搜索任务中，与视觉显著性低的横幅广告相比，视觉显著性高的横幅广告能带来更好的广告注意效果，具体表现在更长的注视时间和更多的注视次数（杨强等，2019）。

3. 社交类网页

社交类网页给用户提供了一个分享经验、观点、图片和视频等信息资料的平台。在社交网站中，很多社交线索，如分享、评论、点赞等往往会影响视觉搜索中的注意分配。Dvir-Gvirsman（2019）利用眼动追踪比较了 Facebook 上的三种社会线索（用户评论、"赞"和"反对"）对新闻注意力和选择的影响，结果表明社会线索对注意力和选择过程有一定影响，用户评论增加了新闻选择的可能性，"赞"和"反对"对新闻选择没有显著影响。

随着社交网站功能的日益增多，社交网站不再仅仅是朋友保持联系的渠道，也成为一种网络营销手段，允许公司与消费者直接进行信息沟通。根据动机中介信息处理的有限容量模型（limited capacity model of motivated mediated message processing，LC4MP），处理一个中介消息（即媒体向受众发出的信息）涉及人类信息处理系统与被中介信息本身特征之间的持续交互。该模型假设在任何时间，人们进行信息处理（包含三个子过程：编码、存储和检索）的能力是有限的。因此，需要恰当地设计信息以确保人们能对信息的重要部分进行编码。根据 LC4MP模型，当人们上网搜索某个特定目标时，需要付出更多的努力，搜索比简单的浏览网站需要人类大脑分配更多的资源以便更有效地编码信息。Kim 等（2014）研究以 LC4MP 模型为基础，探讨了在旅游情境下，Facebook 网页上的在线信息处理行为与人类认知处理之间的关系。研究发现，与那些在旅游目的地的 Facebook页面上完成浏览任务相比，参与者完成搜索任务时能更准确地识别通过搜索获得的旅游相关照片。虽然搜索过程需要更多的认知努力，但通过搜索获得的照片比通过浏览获得的照片能得到更好的信息编码。这一结果表明，当这些参与者专门搜索 Facebook 上的信息时，他们在短期记忆中对信息的编码要比他们只是怀着同样的目的浏览 Facebook 页面时更好（Kim et al.，2014）。

4. 交易类网页

用户在交易类网页上进行搜索时，一般都希望快速地搜索到商品并能顺利完成交易。用户在搜索商品的时候，一般采用两种方式，使用站内搜索功能或者使用网站导航。使用站内搜索功能时，用户输入搜索的关键词以后，网页会返回一个搜索列表，有效的搜索功能和搜索列表设计是使用户能够快速搜索到目标商品的关键；使用导航功能时，好的导航设计能够帮助用户迅速查找到所需要的商品信息。

产品列表通常以产品的缩略图、文字描述、用户评价等信息组成，产品列表的信息展示同样会影响视觉搜索以及注意分布。Lam 等（2007）基于眼动追踪研究了用户在产品展示页面上查找特定类型或具有特定功能的产品时，产品缩略图的位置（左上、中上、右上、左下、中下、右下）对视觉搜索的影响。首次注视点分析表明，首次注视点处于缩略图阵列的中上区域，然后是左边的区域，最后是右边的区域。一般来说，被试倾向于先看上一行再看下一行；对左边区域比右边区域投入的注意资源要多。张帆（2018）研究了电子商务产品展示页面的信息复杂性对视觉搜索绩效的影响。该研究要求被试根据显示的信息提示，在 6 种不同信息量的矩阵版式电子商务产品展示页面中，以最快的速度搜索到某个商品并单击该商品。眼动数据分析表明，随着页面信息量的增多，用户在搜索信息时注视点个数增加，搜索时间增加，搜索深度降低。

网站导航设计涉及导航菜单深度和宽度的平衡以及导航菜单所处的位置。操雅琴等（2015）采用眼动追踪研究了电子商务网站导航的三个关键设计要素（深度、宽度和位置）对用户认知以及搜索绩效的影响。结果表明，导航深度对认知和搜索绩效有显著影响，一层导航比两层导航需要更少的注视次数，导致更好的搜索绩效；导航宽度对搜索绩效有显著影响，窄导航（7 个项目）比宽导航（14 个项目）能够导致更好的搜索绩效；导航位置对用户的认知和绩效都没有显著影响。

5. 分类信息网站

分类信息网站提供了大量关于房屋出租、生活服务、招聘求职、征婚交友、出租转让等分类信息。这些丰富的信息对于减少不确定性和缩小考虑机会集可能非常有用。然而，网络搜索者受到时间和认知资源的限制，当在分类信息网站上寻找他们认为有用的信息时，往往缺乏耐心。为了达到吸引注意力并最终吸引网上搜索者的目的，分类信息网站的相关工作人员必须考虑在分类信息网站上展示什么信息，以及如何展示这些信息。在信息搜索过程的早期阶段，搜索者特别有兴趣从他们所处的环境中获取广泛的信息，这些信息将在以后的决策中为他们提供指导。在信息搜索过程的第二阶段，搜索者则会将注意集中在感兴趣的区域。

招聘网站上呈现了大量招聘、求职、培训等分类信息。Allen 等（2013）结合眼动追踪、口头报告分析（verbal protocol analysis，VPA）以及调查的方法，研究了网上求职者在招聘网站上进行工作信息搜索的早期阶段时的注意特征。眼动追踪结果显示，网上求职者更关注包含超链接的信息和文本，而不是图形图像或导航工具；VPA 结果表明，网络求职者更多地关注招聘信息而不是网页设计；调查结果表明，内容、设计和沟通特征都与吸引应聘者注意力有关。

网址导航网站上呈现了众多的网址信息。李珏等（2018）利用眼动追踪技术研究了网址导航网站链接的所处位置、颜色和有无图标对视觉搜索的影响。结果表明，链接所处位置和是否有图标对搜索绩效有显著影响：当网站链接处于注视水平较高的网页位置上或者链接有图标时，搜索绩效也会越高；链接颜色对搜索绩效无显著影响。Cao 等（2019）基于眼动追踪研究了网址导航网站中名站导航区的注意机制。该研究设计了一个在名站导航区搜索特定目标网站的任务，结果发现名站导航区的视觉注意是用户驱动的、自上而下的过程。用户的首次注视点在屏幕中心。

6. 搜索引擎网页

搜索引擎网页的作用是帮助用户寻找用户期望查询的其他网页的网站，常见的搜索引擎网站有谷歌（Google）、必应（Bing）和百度等。查询通常分为交易性查询（transactional queries）、信息性查询（informational queries）和导航性查询（navigational queries）。交易性查询是带有商业动机的查询（购买特定的产品或服务）；信息性查询是寻找图像、歌曲、视频或文档的查询，导航性查询是查询特定网站的 URL。搜索引擎返回的任何给定查询的结果分为两个部分：有机列表（organic listings）和赞助商列表（sponsored listings）。有机列表又称为免费列表，网站 SEO（search engine optimization，搜索引擎优化）人员可以通过对网站结构、内容等依据搜索引擎特点进行搜索引擎优化来提升网站在该列表中的位置。赞助商列表又称付费列表，网站赞助商通过支付相应费用提升网站在该列表中的位置。SERP 以某种基于文本或图片的摘要形式呈现，基于这些摘要中包含的信息，用户根据最适合其信息需求的链接做出相关性判断。在搜索引擎网页设计中，了解用户的搜索行为并根据用户的注意规律显示搜索结果，有助于用户很快地找到搜索结果。

用户如何与搜索引擎的排名结果列表进行交互？他们是按顺序从上到下阅读摘要，还是跳过链接？用户在单击链接或重新定义搜索之前，会评估多少搜索结果？为了回答上述问题，Granka 等（2004）利用眼动追踪研究了用户在搜索引擎谷歌结果页的行为。在该研究中，每个被试需要回答五个主页搜索和五个信息搜索共计十个问题。这些问题的难度和主题都不同，涉及旅行、运输、科学、电影、本地、政治、电视、大学和琐事。研究结果发现，位于第一和第二的链接摘要上的平均注视时间几乎相等；在第二个链接之后，摘要上平均注视时间急剧下降；而位于 6～10 的链接摘要几乎受到了同等程度的注意。作者认为，前 5～6 个链接不需要滚动鼠标即可见，一旦用户开始滚动鼠标，排行对注意的影响开始减小。因为一个页面呈现 10 个链接，所以在第 10 个链接之后，平均注视时间急剧下降；用户倾向于自上而下浏览结果列表。用户如何评价 SERP 相关性的问题，也可以通过调查用户的首次单击行为来回答。Barry 和 Lardner（2011）从首次单击行为的角度来调查网络搜索者如何感知信息查询和交易性查询结果，揭示用户对有机链接和赞助链接的喜爱程度，并确定在谷歌 SERP 内第一次点击最集中的位置。

研究结果表明，用户从上往下评估 SERP，立即决定是否点击进入每个链接，而第一次点击主要是在 SERP 的顶部，特别是有机链接。对于某些查询，最上面的赞助链接获得的点击量几乎与有机链接一样多。搜索结果的界面显示方式也会影响用户的选择行为。Kammerer 和 Gerjets（2014）比较了两种结果显示方式：列表界面（list interface）和网格界面（grid interface）对用户结果选择行为的影响。结果发现，当相同的材料出现在网格界面时，搜索结果的位置对其选择的影响大大减小。

用户在查看搜索结果列表时，一般采取两种策略，深度优先策略（depth-first strategy）和宽度优先策略（breadth-first strategy）。在深度优先策略中，用户自上而下依次考察列表中的每一个条目，立即决定是否打开问题中的文档；在宽度优先策略中，用户首先查看列表中的很多条目，然后重新访问最有希望的条目打开文档。Klöckner 等（2004）利用眼动追踪研究了用户采用何种策略查看谷歌搜索结果列表中的条目。该研究共开展了两项实验，实验一要求每个被试在谷歌中用适当的查询在十分钟内获取"评估中心"的信息。结果列表由 25 个结果构成，呈现在一个单独的网页上，用户需要通过滚动获取所有结果。结果发现，大部分被试（65%）应用严格的深度优先策略，不可忽略的少部分被试（15%）应用极端的宽度优先策略，即在打开任何一个文档之前查看完整的列表。剩下的 20% 的被试应用部分的宽度优先策略，即有时候在决定打开文档之前查看接下来的几个少数条目。实验二要求每个被试在五分钟内完成与实验一相似的任务，为了让深度处理策略看起来更有吸引力，允许被试打开最多 10～25 个文档，对于发现的相关文档都会给予奖励。结果表明：52% 的被试几乎没有提前看列表的倾向，少数被试（11%）使用宽度优先策略，剩下的 37% 的被试应用混合策略，在每个列表内查看 2～6 个文档。上述结果表明，谷歌在设计结果列表时需考虑用户的深度优先和宽度优先策略。

对于不同的搜索引擎，用户的搜索行为和注意规律是否有差别？Lorigo 等（2008）比较了人们使用谷歌和雅虎（Yahoo）这两类搜索引擎时的注视点数量、平均注视持续时间以及在每个页面上浏览摘要和查看摘要的数量。结果发现由于这两个搜索引擎界面的相似性，用户在这两类搜索引擎的眼动模式具有相似性，并指出这种眼动模式可能也适合一般的在线搜索引擎。Kim 等（2019）则研究了用户在谷歌学术搜索结果页的搜索行为。他们的研究结果表明，用户兴趣受其研究领域熟悉程度的影响，而不受不同的查询意图的影响，用户倾向于对结果上不同元素分配的注意水平有明显差异。

14.2.3 用户群体特征与网页搜索注意力设计

用户群体特征，如年龄、性别、网站体验、个性特征、文化差异等都会对网页搜索时的注意分配产生影响。

1. 年龄的影响

随着年龄的增加，与年龄相关的认知能力如工作记忆、词汇、推理、问题解决和灵活性呈现下降的趋势。因此，与年轻人相比，老年人在搜索和寻找信息方面存在一定的困难，他们通常花费更长的时间，却只能找到更少的正确答案，而且他们使用的搜索策略一般效率比较低。

Chevalier 等（2015）比较了成年的年轻人和老年人在谷歌上搜索不同复杂性问题［简单问题（参与者必须使用问题中提供的关键字）、困难问题（参与者必须推断新的关键字才能找到正确答案）、不可能的问题（不存在答案）］的行为。结果表明，与年轻人相比，老年人搜索结果的准确性较差，使用的有效策略也较少，且这种差异随着问题的复杂性而增加。此外，老年人更倾向于使用相同的搜索策略，关注谷歌提供结果的评估，年轻人则能够不断改进搜索策略并获得更高的搜索绩效。考虑到七年级学生（12～13 岁）正处于认知发展的重要阶段，Şendurur 和 Yildirim（2015）研究了这个年龄段的学生搜索三种不同难度问题的过程。研究发现，学生的搜索模式会随着难度的不同而变化，表现在页面访问次数、正确的点击量、使用关键词的方式和任务完成的成功程度在不同难度的搜索任务中有所不同。

2. 性别的影响

性别对网上信息搜寻行为有重要影响。研究表明，与男性相比，女性更倾向于花更多时间详细查询网络信息内容，男性则更容易关注整体信息。此外，女性更容易受到图片、视频等视觉内容的影响。Kim 等（2014）比较了男性和女性在 Facebook 网页上搜索旅游目的地照片时的搜索绩效。结果发现，女性群体的准确性得分相对高于男性群体，说明女性在对图片搜索的短期和长期记忆方面优于男性，女性识别的视觉信息明显多于男性。李珏等（2018）在分析网址导航链接颜色对搜索绩效的影响时发现，链接颜色对女性的搜索绩效有显著影响，但是对男性的搜索绩效没有显著影响，女性在链接颜色为黑色时表现出更好的搜索绩效，在链接颜色为绿色时表现为较差的搜索绩效。上述结果说明，女性在网页的视觉搜索中对颜色更为敏感。

Lorigo 等（2006）通过眼动追踪研究了在谷歌上完成搜索任务时性别和任务类型对注视、瞳孔扩张和扫描路径的影响。该研究要求被试完成五个主页导航问题和五个信息问题，涉及旅行、电影、时事、名人和本地问题，回答每个问题的时间是两分钟。通过事先预调研，确保大部分查询结果不是总出现在最顶端。因此，搜索任务具有不同的难度。此外，利用量表测量被试对每个问题的感知难度和先验知识。结果发现时间和注视受到任务类型的影响但不受性别的影响，信息搜索任务需要更多的努力和时间；评估查询结果摘要的模式受到性别的影响但不受任务类型的影响，男性更深入地观察结果列表中的摘要，他们浏览摘要的顺序更线性，较少地来回查看。

3. 网站体验及个性特征的影响

一般认为，用户兴趣对持续注意有重要影响。Navalpakkam 等（2012）在研究用户网页上新闻搜索行为时发现，在吸引和维持注意方面，位置的作用最大，用户兴趣基本没有什么作用。但新闻的选择行为最依赖于用户的兴趣，其次是位置，最弱的是显著性。

根据精细似然模型（elaboration likelihood model），注意的分配还受个体认知（cognition）和自我监控（self-monitoring）的影响。认知需求高的个体偏好需要认知努力的活动，他们在搜索信息时较少依赖外在线索。相反，具有高度自我监控的个体在执行特定行为时对外在线索高度敏感，他们在搜索网站信息时更有可能考虑外在线索。Dvir-Gvirsman（2019）比较了社交网站上社会线索对个体认知需求和自我监控能力不同的个体的影响，自我监控程度高和低需求认知的被试对社交网站上的社会线索更为敏感，他们更有可能选择支持度高的帖子。

4. 文化差异的影响

西方文化中，用户通常先看显示器的左上角，这个区域内的元素被认为比其他区域内的元素更重要；而在东方文化中，右上角的元素被认为比其他区域的元素更重要（Grier et al.，2007）。

Rau 等（2007）比较了两种类型的门户网站设计（丰富的和简单的）对中国被试和德国被试搜索绩效和满意度的影响。结果发现中国被试和德国被试的搜索绩效没有显著差异。但是，与德国被试相比，中国被试的满意度受简单和丰富的门户网站设计差异的影响较小。

14.2.4　网页端设备与网页搜索注意力设计

由于移动设备的屏幕相对较小，显示的搜索结果较少，移动端网页的搜索行为可能与桌面端网页的搜索行为不同。研究移动端和桌面端网页搜索行为的差异可能会为移动端网页提供更好、更有效的设计。

Jones 等（2003）比较了用户在三种界面（传统手机界面、掌上电脑界面和台式计算机界面）上用谷歌进行搜索的能力。结果发现，与台式计算机界面相比，用户在小屏幕界面上的搜索绩效非常差，用户需要花更多的时间来完成任务，且任务成功率较低。Kim 等（2015）使用眼球追踪比较了用户在两个不同大小的屏幕（模拟的移动设备屏幕和台式计算机屏幕）上完成两种任务类型的 Web 搜索行为的差异。结果发现，在较小的屏幕上，用户很难从搜索结果页面中提取信息。由于很少使用滚动功能，他们的眼球运动更少。

信息觅食理论（information foraging theory）将信息搜寻行为同动物觅食策略相比较，认为信息搜寻者会调整他们的行为，以优化单位成本的有价值信息增益。根据信息气味模型（information scent model），信息气味是指基于视觉线索和元数据确定信息价值的因素，信息搜寻者将使用视觉线索来引导他们找到相关的信息源，如搜索引擎结果页（SERP）中文档的信息线索（如标题、URL、摘要），然后搜寻者可以利用这些信息线索来帮助他们决定一个文档是否相关，以及他们是否会点击它。Ong 等（2017）基于信息搜寻理论，比较了台式计算机和模拟移动设备上执行 6 项相同的网络搜索任务时的搜索行为，结果表明模拟移动设备和台式计算机的搜索行为明显不同。与使用模拟移动设备的搜索者相比，当信息气味水平增加时，使用台式计算机的搜索者浏览和点击的结果更多，但保存的相关结果更少；随着相关搜索结果的增加，使用模拟移动设备的搜索者比使用台式计算机的搜索者具有更高的搜索精度。

由于人类的认知能力有限，当注视多个物体时，第一个输入刺激会留在记忆中，因此人们会给第二个刺激分配较少的能量，这种现象被称为注意力闪烁（attentional blink）。将注意力闪烁现象应用于寻找多种商品的过程中，则会出现在大多数情况下大部分注意力集中在最初的几个刺激上，然后注意力逐渐减少。由于移动设备屏幕的尺寸较小，每个产品占据了整个屏幕比例较大的区域，人们花费在第一次刺激上的时间要比在个人计算机上的时间更长。此外，由于没有鼠标或键盘等物理输入设备，使用智能手机或平板电脑需要更多的努力来检索信息。在移动设备环境中，注意力衰减比在个人计算机环境中更明显。因此，移动端和个人计算机端如何展示搜索结果将会存在明显差异。在 Web 页面上显示搜索结果有许多不同的方法，常见的显示搜索结果的方法是列表布局（list layout），即从上到下每次显示一个项目，在这种布局的情况下，人们会将更多的注意力放在顶部位置的结果上。网格布局（grid layout）可以减少列表布局中位置的影响，这种布局可以将眼睛的注意力分散到更多的搜索结果上。在移动设备上，列表视图和网格视图之间的注意力分配效果的差异可能要比个人计算机端更显著。

翟苑琳（2018）研究了支付类 APP 菜单界面特征：类目区域背景（有色块、无色块）、类目标题位置（居左对齐、居中对齐）、图标密度（每行三个图标、每行四个图标）对视觉搜索的影响。眼动实验结果表明，类目标题居中、类目区域有色块、每行三个图标的支付类 APP 菜单界面上的搜索效率相对较高，具体表现在被试对目标的搜索时间短、界面总注视次数少、首次进入兴趣区时间短、兴趣区注视时间百分比大（翟苑琳，2018）。在移动端进行购物时，消费者在网站上的目标导向会影响视觉行为。目标导向的消费者更关注产品的信息区域，休闲导向的消费者更关注促销区域（Hwang and Lee，2017）。

14.3　基于眼动追踪的网页搜索时注意加工机制研究

14.3.1　概述

网址导航是 Web 上的一个目录，其主要功能是发布其他网站的链接，并按各种主题对这些接链分类，以便互联网用户更好地搜索这些网站（Chung，2012）。如搜狗网址导航、百度网址大全等。网址导航不仅受到许多互联网用户的青睐，也吸引了大量的广告商（Bilal and Wang，2005；Chen et al.，2005）。

对于互联网用户来说，网址导航帮助他们快速定位相关网站或浏览有趣但陌生的网站（Chung et al.，2008；Chung，2012；Chung and Noh，2003；Yang and Lee，2004）。随着在线网站数量的快速增长，相当一部分互联网用户使用网址导航作为有效定位或查找网站的入口点（Ortiz-Cordova et al.，2015）。

网址导航的庞大用户群吸引了大量广告商。一般来说，广告商希望他们的广告具有足够的吸引力，吸引更多的用户，这反过来会增加网站向他们收取的费用（Aksakallı，2012；Ayanso and Karimi，2015）。广告是提供目录服务的网站的主要收入来源（Lee et al.，2013；Jacques et al.，2015；Jansen et al.，2011；Vargiu et al.，2013）。最主要的定价方案是点击付费（pay-per-click，PPC）。根据这一方案，广告商为每个用户点击广告向网站支付一定金额（Hu et al.，2016；Wu et al.，2013）。在 PPC 定价方案下，在广告发布之前，它无法衡量广告的有效性（Shen，2002）。为了在广告展示前了解其有效性，广告商应该找出可能影响用户注意力的重要广告属性。广告设计和广告位置被认为是关键因素（Resnick and Albert，2014）。

有一系列研究探讨了广告设计的这些属性，如纯文本、图片、大小、颜色等如何影响观众对互联网广告的注意力（Flores et al.，2014；Hsieh and Chen，2011；Li et al.，2016；Lin and Chen，2009；Lohse and Rosen，2001；Ryu et al.，2007）。然而，这些研究的结果是矛盾的。例如，一些研究发现显著刺激具有吸引用户注意力的功能（Noiwan and Norcio，2006）。相反，其他研究表明，显著刺激无助于吸引用户注意力（Burke et al.，2005；Hsieh and Chen，2011；Kuisma et al.，2010；Lee and Ahn，2012）。

除了广告设计的属性外，广告位置被认为是影响用户注意力的重要因素（Calisir and Karaali，2008；Fox et al.，2009；Jacques et al.，2015）。根据 Nielsen（2006）的 F 型网页浏览模式，Bernard（2001）还发现横幅广告应位于网页顶部。这个位置是否增加了用户对广告的注意力？Kuisma 等（2010）提供的证据表明，与右侧的摩天大楼广告相比，屏幕顶部横幅广告上的注视次数更少。蒋玉石等（2009）通过眼动追踪实验发现，在网络广告中，用户的视觉搜索反应正确率从屏幕的中心区域到四个角方向递减。Simola 等（2011）认为周边呈现的动画广告吸引的注意力少于文本附近的动画广告。Simola 等（2013）证明了右侧广告比左侧广告吸引更多的注意力。Resnick 和 Albert（2014）研究了横幅广告位置和任务类型的用户视觉注意力。他们研究的一个重要发现是，在目标导向任务中，用户较少关注页面右侧的广告横幅。结果显示，一些认知因素会影响用户对在线广告的注意力。

根据视觉注意理论，有两种因素影响注意机制。一个是自下而上的因素，另一个是自上而下的因素（Awh et al.，2012；Corbetta and Shulman，2002；Itti et al.，1998；Theeuwes，2010）。自下而上的因素是指刺激本身，特别是那些显著刺激（如颜色、运动）。个人的"心理状态"可以作为自上而下因素（如心态和动机）（Ding er al.，2016；Orquin and Lagerkvist，2015；Theeuwes et al.，2006）。一系列关于互联网广告的研究侧重于自上而下的因素，如目的、参与、认知风格，如何影响用户对广告的注意力。Kim 和 Lee（2011）发现，探索性搜索用户比目标导向搜索用户更关注广告。Nettelhorst 和 Brannon（2012）研究了选择难度和用户认知需求对注意力的影响。结果表明，对于低认知需求的个体在做出困难决策时，广告吸引了更多的注意力。

除上述两个因素外，互联网广告的注意力机制取决于其嵌入的网站（Calder et al.，2009；Simola et al.，2013）。不同的网站可能会对广告浏览模式产生不同的影响。

眼球运动可以提供有关观看广告模式的信息（Higgins et al.，2014）。眼动追踪是测量眼球运动的精确方法（Bang and Wojdynski，2016；Guo et al.，2016；Rayner，2009；Tardieu et al.，2015）。在研究用户视觉注意力时使用眼动追踪是基于这样的假设，即用户倾向于看他们正在思考的对象（Adam and Carpenter Patricia，1976）。其中，注视持续时间和首次注视是衡量视觉注意力分配最常用的指标（Rayner，1998；Reisberg，2013；Clifton et al.，2016）。注视时间可能表示对视觉信息进行操作的时间（Heuer and Hallowell，2015；Wang et al.，2014）。首次注视对随后的注视有重要影响（van der Laan et al.，2015；Peschel and Orquin，2013；Manor et al.，1995）。

虽然眼动追踪正在广告研究中得到应用，但对于用户在浏览网址导航广告区域时的眼动特征知之甚少。

网址导航的广告区域与其他网站的广告区域不同。对于网址导航，广告区域根据主题分为不同类别。用户希望很容易找到符合他们需求的网站名称（Chen et al.，2005）。在这种情况下，广告区域的设计是影响用户信息搜索性能的一个关键因素，尤其是定位特定网站链接的准确性和速度（Chen et al.，2005；Näsänen et al.，2001）。此外，用户的异质性为网络目录上广告区域的设计带来了新的挑战（Bar-Ilan and Belous，2007；Gossen and Nürnberger，2013）。

根据网址导航的独特属性以及视觉注意理论，产生了以下三个相关研究问题。

问题 1：当用户查看网址导航的广告区域时，视觉注意机制是什么？

问题 2：当用户查看网址导航的广告区域时，眼球运动特征是什么？

问题 3：网址导航上广告的设计因素如何影响用户对广告的注意力？

本研究旨在使用眼动追踪设备回答上述问题，该设备可以更准确地测量用户的视觉注意力。本研究将有助于了解广告颜色和网址导航位置对用户视觉注意力的影响。

14.3.2　网页搜索时注意机制研究的眼动指标选取

眼动测量指标主要包括注视类指标（fixation metrics）、眼跳类指标（saccadic metrics）、眨眼类指标（blink metrics）、眼动轨迹类指标（eye movement trajectory metrics）和瞳孔直径类指标（pupil diameter metrics）。在网页搜索时注意机制研究中，比较常用的眼动测量指标是注视类指标和眼动轨迹类指标。

注视是指眼睛停留在视觉刺激的一个特定区域内的眼动行为（Rayner，1998）。关于眼睛停留时间多长可以被称为注视，不同的学者提出了不同的看法。有的学者认为眼睛停留持续时间至少达到 100ms 才能称为注视，有的学者认为眼睛停留持续时间在 200～500ms 可以称为注视（Josephson and Holmes，2002）。根据眼脑假设，注视反映了注意力被吸引以及相关信息被提取。注视类指标有注视次数、注视持续时间、注视频率、注视点、回视率等。网页搜索时注意机制研究最常用的注视类指标有注视次数、注视持续时间、注视点和回视率。

注视次数指的是注视的总数目，单位可以用次来表示（count）。在用户与网站交互过程中，注视次数既能反映网站上能够引起用户感兴趣的元素，也能反映用户在网站上完成任务的难易程度。网站上某个元素或内容引起了用户的注意，可能会导致用户注视次数增多。用户在网站上完成某个任务，如查找某个信息或者完成一个交互任务遇到困难时，往往也需要多次注视。根据研究目的的不同，注视次数可以关注总注视次数、某个兴趣区的注视次数、重复注视次数、注视率（fixation rate，单位时间内的注视次数）、注视空间密度（fixation spatial density，单位区域内注视点的数量）等（Poole et al.，2007）。

注视持续时间是指注视时视轴中心位置保持不变的持续时间，即每个注视点的平均注视停留时间。单位可以用毫秒（ms）来表示。注视持续时间少于150ms表示眼睛在预定位置上的短暂停留。注视持续时间代表着从所注视的目标上提取相关信息所用的时间。注视持续时间常常用来测量注意。在用户与网站交互过程中，注视持续时间反映的是用户对于网站上某元素的关注程度或者获取某种信息的难易程度。根据研究目的的不同，注视持续时间可以关注总注视持续时间、某个兴趣区的注视持续时间以及首次注视点的注视持续时间等。

注视点指的是眼睛注视的位置，注视点所在位置可以反映用户关注的位置。首次注视点即眼睛首次注视的位置。网站上处于首次注视点的位置具有更好的捕获用户视觉注意的能力。

回视是指眼球重新审视以前关注的目标的过程。回视时间是指眼球在一个兴趣区内重新审视的时间。回视次数是对某个兴趣区重新审视的次数之和。回视率即回视的注视点数量占注视点总数的比率。回视相关指标反映了对回视信息的重新关注与提取情况。

眼动轨迹类指标包括扫描路径、眼动轨迹图、热点图、AOI序列图表、时间柱状图、眼动方向和距离等。网页搜索时注意机制研究最常用眼动轨迹类指标包括扫描路径、眼动轨迹图和热点图。

扫描路径又称注视点序列，是连接注视和眼跳的路径序列，即眼球在视觉刺激上呈现的眼跳-注视-眼跳序列。轨迹图是将眼球运动信息叠加在视景图像上形成注视点及其移动轨迹的路线图。眼动轨迹图能够具体、直观地反映眼动的时空特征。即眼动实验参与者以什么样的注视顺序注视了实验材料的哪些位置，以及在这些位置注视了多长时间。热点图是通过叠加多位实验参与者的注视点展示视觉注意的焦点位置。热点图提供的是注视点的分布情况，旨在反映参与者重点关注的区域。

网页搜索时注意机制研究，可以在文献研究基础上，选择合适的眼动指标。然后，根据研究目标将网页划分为不同的AOI，提取每个兴趣区内的眼动指标数据，分析并提取其中的注意信息。如在网址导航网站注意机制研究中，选取的眼动指标有首次注视目标区域的位置和注视持续时间。使用（x, y）坐标记录首次注视的位置。注视持续时间定义为在目标AOI中进行注视的总持续时间。

14.3.3 网页搜索时注意机制研究眼动实验设计

变量是眼动实验设计的重要内容。在眼动实验中，需要考虑的变量包括自变量、因变量和控制变量。自变量是眼动实验中可以控制的因素，其变化会引起其他变量发生变化。因变量是眼动实验中需要测量或记录的量，一般会因自变量的变化而变化。控制变量是眼动实验中会对因变量产生影响的变量，但这些变量又不是实验过程中实验者对其感兴趣的变量，因此在实验过程中需要控制其对因变量的影响。

如在网址导航注意力研究中，自变量为链接颜色和位置。使用的颜色对应于中国网址导航广告领域常用的两种颜色，即网址导航网站上的大多数网站链接的颜色都设置为黑色，只有少数网站链接被设置为红色以增加其显著性。位置考虑了五个典型位置：左上角、右上角、中心区域、左下角和右下角。研究中的因变量是被试的搜索绩效和首次注视目标区域的位置。搜索绩效通过搜索时间和总注视时间来衡量。搜索时间是指搜索给定目标链接所花费的总时间。注视持续时间定义为在目标 AOI 中进行注视的总持续时间。使用 (x, y) 坐标记录首次注视的位置。在该研究中，网址导航广告区域其他区域界面的设计元素、被试特征、环境变量等都是需要控制的变量。因此，在设计的网址导航网站中，使用虚拟的网站名称"求索"（Qiusuo.com）旨在避免以往使用网址导航网站中的任何潜在偏差。广告区域中，将希赛网（http://www.educity.cn/）作为给定目标广告链接，选择希赛网是因为被试对该网站都不熟悉。因此，能够最小化可能存在的反应偏差（Deng and Poole，2010）。网页其他设计元素保持不变。特别地，广告区域中其他广告链接的颜色设置为黑色，这是真实网址导航中最常用的颜色。其他广告链接的名称由三个汉字组成。

在确定了变量之后，可以根据变量数量及水平，综合考虑研究经费、时间等因素，确定实验设计方法。常用的实验设计方法有完全随机设计、拉丁方设计、正交设计、重复测量设计等。在网址导航注意力研究中，采用了 2（两种常见颜色：黑色和红色）×5（五个典型位置：左上角、右上角、中心区域、左下角和右下角）的全因子设计。该设计总共产生了十个网页，即黑色和左上角（the black and top left corner，BTLC）、黑色和右上角（the black and top right corner，BTRC）、黑色和中心区域（the black and center area，BCA）、黑色和左下角（the black and bottom left corner，BBLC）、黑色与右下角（the black and bottom right corne，BBRC）、红色与左上角（the red and top left corner，RTLC）、红色与右上角（the red and top right corner，RTRC）、红色与中心区域（the red and center area，RCA）、红色与左下角（the red and bottom left corner，RBLC），红色和右下角（the red and bottom right corner，RBRC）。在随后的眼球运动分析中，广告区域被定义为 AOI。图 14-1 和图 14-2 显示了实验网站的示例屏幕截图。

图 14-1　BTLC 网页屏幕截图

图 14-2　RCA 网页屏幕截图

扫一扫　看彩图

14.3.4　网页搜索时眼动被试选取方法

1. 眼动被试选取准则

眼动选取的一般准则如下。①为了保证眼动追踪视觉系统工作正常，一般要求被试裸眼视力正常或矫正视力正常（眼镜度数低，裸眼视力正常的被试是最佳选择），无散光、色盲、色弱，左右眼视力无明显差异。②眼动仪是通过获取被试者的眼睛图像，根据图形学，计算并获取眼动数据。如果被试眼球较大、突出；睫毛不过长、过密；眼睑没有下垂，则更适合图像学眼动仪捕捉眼球图像。③由于眨眼的瞬间，眼球被遮挡，会导致眼动数据丢失。因此，尽量避免选择特别喜欢眨眼的人作为被试。

2. 眼动被试数量计算

眼动被试数量计算同样可以利用 G*Power 3.1.9.4 软件。本节以网址导航网站注意机制研究为例，介绍被试间设计被试数量计算方法。

在 G*Power 3.1.9.4 软件中的具体操作如下，在软件界面中，在"统计检验（Statistical test）"下拉列表中，应选择"方差分析：固定效应、特殊效应、主效应和交互效应（ANOVA：Fixed effects，special，main effects and interactions）"。其他设置与 13.3.2 节设置方式相同。

在网址导航注意力研究中，在处理效应量（Effect size f）为较好效果 0.4，α 和 $1-\beta$ 分别为 0.05 和 0.85，"自由度（Numerator df）"取值为 4，"分组数量（Number of groups）"取值为 10 时，单击"计算（Calculate）"，输出计算结果见图 14-3。

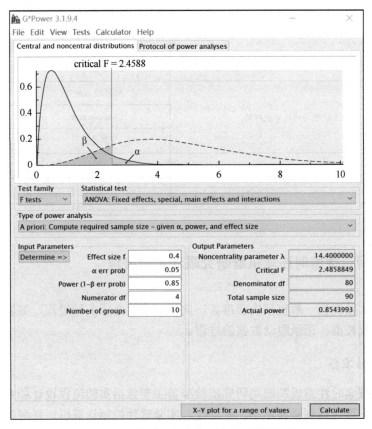

图 14-3　网址导航注意力研究被试数量计算

根据计算结果，选择 100 名中国成年人（50 名男性；年龄 17～26 岁，M_{age} = 21.17 岁，SD_{age} = 1.78）为实验志愿者。他们都是中国某大学的本科生。所有患者视力正常或矫正至正常。所有人都报告有使用网址导航网站的经验。hao123.com 是参与者最常用的网址导航网站。表 14-1 列出了参与者人口统计信息的详细描述。参与者在管理工效学实验室进行了单独测试。进入实验室后，他们被随机分配到十种实验条件之一。

表 14-1　被试人口统计信息描述

描述统计量		频率
性别	女	50
	男	50
年龄	≤19	15
	20	23
	21	25
	22	15
	≥23	22
经常使用的网址导航网站	hao123.com	25
	123.sogou.com	18
	其他	57
眼动追踪经验	有	0
	无	100

14.3.5　网页搜索时注意机制研究眼动实验流程

眼动实验流程一般包括实验准备、向被试简要介绍实验过程、签署知情同意书、眼动仪校准、记录眼动数据的过程。

1. 实验准备

网页搜索时注意机制眼动研究实验准备主要包括实验流程设计和实验设备准备。设备一般包括刺激显示器、眼动仪、实验软件控制计算机。在网址导航注意力研究中，刺激呈现由 Acer P229HQL 显示器控制，显示器的分辨率为 1920×

1080。使用 30Hz 采样率的 Tobii X2-30 眼动仪采集眼球运动。眼动追踪准确度（accuracy）为 0.4、精确度（precision）为 0.32。它的头部运动自由度为 50cm×36cm（宽×高），操作距离（眼动仪到受试者）为 40～90cm。Tobii X2-30 安装在显示器底部，能够进行双眼追踪。

2. 实验介绍及完成练习任务

将被试邀请到一个安静、光线柔和的房间。实验前，先介绍实验过程，请被试签署知情同意书，并收集被试的人口统计学信息。之后，请被试坐在距屏幕60cm的距离处观看屏幕，并完成练习任务。

在网址导航注意力研究中，要求被试在一个真实的网址导航网站（https://123.sogou.com/）上进行练习。被试需要在广告区域找到指定的网站名称，并在找到该链接后尽快点击该链接。对于每个被试，练习中使用的网站名称是按照随机规则选择的，可以避免练习任务对首次注视点的影响。

3. 眼动仪校准

练习任务完成后，进行校准和检查，以保证眼动记录的质量和精度。校准是指眼动仪将测量到的被试眼睛特征（如角膜、中央窝位置等的形状、光线折射与反射信息）与眼动仪内部的三维眼球模型相结合来计算注视数据。因此，在开始正式记录眼动数据前，必须先让被试完成校准过程。

在校准过程中，用户需要观察特定位置出现的点，此点被称为校准点。非接触式眼动仪一般采用多点校准法，校准点数有 2 点、5 点、9 点、13 点等。一般来说，刺激材料面积越大，校准点数越多，准确度越高。校准过程中，要求被试追踪校准点的运动轨迹。在校准结束之后，通过查看校准结果（如校准精度）判断是否校准成功。例如，在网址导航注意力研究中，采用 5 点法进行校准。如果被试注视点处于校准的对应位置，则眼动跟踪系统的质量和精度得到保证。

校准失败的可能原因如下：眼动仪没有被正确安装，没有正确设置校准程序、被试没有真正观察校准点或者校准过程中注意力分散等。

4. 完成正式任务并记录眼动数据

校准成功之后，请被试完成正式实验任务，同时记录眼动数据。在网址导航注意力研究中，要求被试在实验网站上完成与练习任务类似的任务，即浏览广告区域，搜索和尽快单击目标广告链接"希赛网"。记录被试的搜索时间和眼球运动。图 14-4 概括地描述了该研究的眼动实验流程。

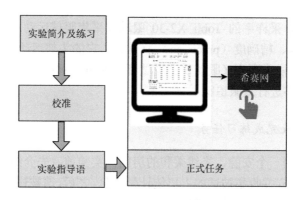

图 14-4　眼动实验流程

14.3.6　眼动数据预处理和统计分析

使用 ErgoLAB V2.0 导出行为和眼动数据。由于软件故障,没有记录 2 名参与者的搜索时间数据和 4 名参与者的眼动数据,因此删除了 6 名参与者的数据。一些异常值有时足以扭曲结果(Cousineau and Chartier,2010)。通过数据预处理中常用的箱线图检测数据的异常值(Guo et al.,2015)。利用因变量搜索时间对异常点进行识别。4 个参与者的数据作为异常值被剔除(图 14-5)。由于删除了这些数据,我们分析了 90 个参与者的数据。根据 Tabachnick 和 Fidell(2007)的建议,将被移除的数据用对应组剩余数据的平均值来代替。所有分析均采用 SPSS 18.0 进行。

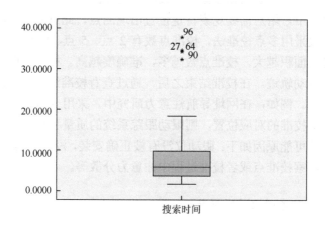

图 14-5　搜索时间箱线图

根据 Inal 等(2010)的方法,对一些违反了正态分布假设的因变量,在统计分析之前使用对数变换。以实验因素(颜色和位置)为被试间因素,以搜索时间、总注视持续时间和首次注视点位置为因变量，进行单因素方差分析。采用 0.05 的 α 水平进行统计检验。

14.3.7　研究结果

表 14-2 显示了十个实验组所有因变量的平均值。

表 14-2　所有因变量平均值

实验组	搜索时间/s	总注视持续时间/s	首次注视点位置	
			x	y
BTLC	(2.92, 0.32)	(6.45, 0.80)	(922.72, 20.04)	(421.43, 26.71)
BTRC	(4.96, 0.60)	(6.23, 1.03)	(920.36, 54.70)	(398.35, 50.94)
BCA	(6.11, 0.72)	(5.61, 0.67)	(907.68, 35.90)	(422.66, 15.22)
BBLC	(5.08, 0.54)	(6.54, 1.06)	(825.97, 52.50)	(412.87, 22.42)
BBRC	(6.60, 0.93)	(7.50, 1.10)	(870.89, 68.35)	(420.93, 16.13)
RTLC	(10.86, 2.22)	(10.42, 2.15)	(871.10, 59.90)	(477.51, 24.07)
RTRC	(14.37, 2.09)	(13.90, 2.00)	(930.96, 40.60)	(431.27, 11.12)
RCA	(5.14, 1.03)	(7.49, 1.32)	(930.88, 38.81)	(430.78, 21.49)
RBLC	(8.26, 1.22)	(10.00, 1.32)	(854.46, 22.40)	(420.59, 25.27)
RBRC	(12.06, 1.77)	(12.78, 1.68)	(859.35, 23.66)	(408.91, 11.41)

1. 首次注视点位置

首次注视点位置 x 坐标的均值和标准差为 $M = 889.44$，$SD = 13.92$，y 坐标的均值和标准差为 $M = 424.53$，$SD = 7.79$（图 14-6、图 14-7）。

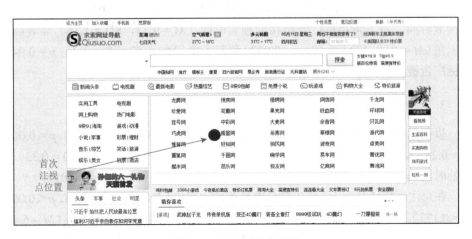

图 14-6　首次注视点位置

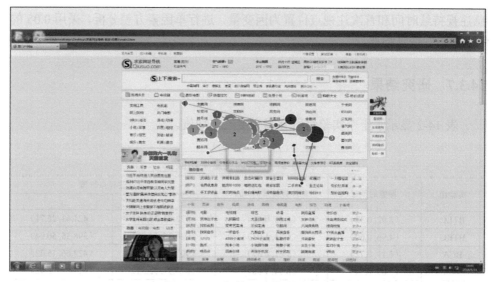

图 14-7　一组的眼动轨迹图示例

2. 广告位置的影响

除搜索时间 $[F_{(4, 90)} = 4.426，p = 0.003，\eta^2 = 0.164]$ 外，广告位置对其他因变量无显著影响：总注视持续时间 $[F_{(4, 90)} = 1.502，p = 0.208，\eta^2 = 0.063]$，首次注视点位置 $[x，F_{(4, 90)} = 1.523，p = 0.202，\eta^2 = 0.063]，[y，F_{(4, 90)} = 0.805$，$p = 0.525，\eta^2 = 0.035]$。进一步的对比实验表明，左上角的目标广告链接的搜索时间（$M = 6.89$，$SD = 1.42$）显著低于右上角（$M = 9.66$，$SD = 1.51$；$p = 0.006$）和右下角（$M = 9.33$，$SD = 1.16$；$p = 0.002$）的目标广告链接的搜索时间。位于中心区域的目标广告链接搜索时间（$M = 5.63$，$SD = 0.62$）显著低于右上角（$M = 9.66$，$SD = 1.51$；$p = 0.009$）和右下角（$M = 9.33$，$SD = 1.16$；$p = 0.003$）的目标广告链接搜索时间。右下角目标广告链接的搜索时间（$M = 9.33$，$SD = 1.16$）显著高于左上角（$M = 6.89$，$SD = 1.42$，$p = 0.002$）和左下角（$M = 6.67$，$SD = 1.16$；$p = 0.042$）目标广告链接的搜索时间（图 14-8）。

3. 广告颜色的影响

以搜索时间为因变量，广告颜色有显著的主效应 $[F_{(1, 90)} = 30.80，p < 0.001$，$\eta^2 = 0.255]$。进一步配对比较表明，黑色目标广告链接（$M = 5.13$，$SD = 0.33$）花费的时间明显少于红色目标广告链接（$M = 10.14$，$SD = 0.53$，$p < 0.001$）。

在总注视持续时间上，广告颜色有显著的主效应 $[F_{(1, 90)} = 19.35，p < 0.001$，$\eta^2 = 0.177]$。进一步配对比较表明，广告链接为黑色时的总注视持续时间（$M = 6.47$，$SD = 0.42$）明显低于红色时（$M = 10.92$，$SD = 0.81$，$p < 0.001$）（图 14-9）。

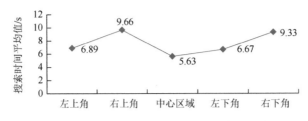

图 14-8　五个位置搜索时间平均值

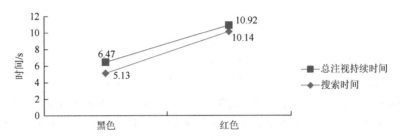

图 14-9　两种颜色目标广告链接的搜索时间和总注视持续时间平均值

在首次注视点位置上，均未发现广告颜色对 x 坐标 [$F(1, 90)=0.017$，$p=0.897$，$\eta^2=0.000$] 或 y 坐标 [$F(1, 90)=2.182$，$p=0.143$，$\eta^2=0.024$] 有显著影响。

4.广告位置和颜色的交互效应

以广告位置和广告颜色为自变量，广告位置和广告颜色对搜索时间的交互效应显著 [$F(4, 90)=5.961$，$p<0.001$，$\eta^2=0.209$]。在中心区域，黑色目标广告链接（$M=6.11$，$SD=1.31$）比红色目标广告链接（$M=5.14$，$SD=1.31$）花费更多的时间。然而，其他四个位置的平均搜索时间正好相反：黑色目标广告链接花费的时间比红色少。

就总注视持续时间而言，交互作用效应不显著，$F(4, 90)=1.017$，$p=0.403$，$\eta^2=0.043$（图 14-10）。

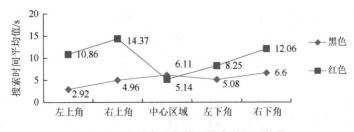

图 14-10　十种实验条件下搜索时间平均值

考虑到首次注视点位置，交互作用效果不显著：x 坐标 $[F(4, 90) = 0.491$，$p = 0.742$，$\eta^2 = 0.021]$，y 坐标 $[F(4, 77) = 0.851$，$p = 0.497$，$\eta^2 = 0.036]$。

14.3.8　结果讨论与结论

本研究旨在探讨用户在浏览网址导航的广告区域时的视觉注意机制。我们记录了用户的搜索时间和眼球运动，作为注意力在不同形式广告中分配的指标。此外，我们分析了网址导航网站上广告的位置和显著颜色如何影响视觉注意力。

结果显示，用户首次注视的位置是屏幕的中心，广告位置和显著颜色对其没有显著影响。结果表明，用户在网址导航网站上首次注视点位置不同于其他类型网页。例如，Nielsen（2006）报道了一种 F 型的浏览模式，首次注视在页面的左侧。许多关于用户对网络搜索结果的研究表明，首次注视在页面顶部附近（Pan et al.，2007））。大多数西方文化的人的传统阅读方式是从左上角开始阅读，首次注视在左上角（Scott and Hand，2016）。有趣的是，在网址导航网站上广告区域的首次注视与 Rayner（1998）的说法一致，即用户最初将眼睛的焦点指向显示器的中心。结果表明，内在感知偏见，即将重要元素放在中心附近，也存在于网址导航网站中（Tosi et al.，1997）。

至于广告位置对注意力的影响，结果表明，除搜索时间外，广告位置对因变量没有显著影响。当目标广告链接位于左上角时，搜索时间显著低于右上角和右下角。当目标广告链接位于右下角时，搜索时间显著高于左上角和左下角。结果表明，网址导航网站上广告区域的搜索策略与其他类型网页相关研究结果相似。一般来说，用户浏览网页的方式是从左上到右下（Buscher et al.，2009）。放置在该路径内网址导航网站的广告区域中的广告会增加用户的注意。然而，这一发现与之前关于在线广告的研究不一致，之前的研究表明，与网页右侧相比，人们对网页左侧或顶部的广告关注较少（Goodrich，2010；Kuisma et al.，2010；Simola et al.，2013，2011）。对目前结果的一种可能解释是，视觉注意力和浏览模式的变化取决于本研究中使用的广告的独特性质和搜索任务的类型（Dumais et al.，2010；Scott and Hand，2016）。对于网址导航网站上的广告，用户希望能够轻松找到广告，即符合他们需求的网站名称（Chen et al.，2005）。用户在浏览网页时可能会从左上角到右下角浏览广告区域。当目标广告链接位于中心区域时，搜索时间明显低于右上角和右下角。研究结果还支持关于网址导航广告区域首次注视在页面顶部附近的观点。

关于显著刺激对广告注意力的影响的研究结果目前仍不一致。我们发现显著颜色对参与者的搜索时间和总注视持续时间有显著影响。研究发现，显著颜色比不显著颜色广告链接具有更长的搜索时间和总注视持续时间。这一结果表明，网址导航网站上广告的显著颜色可能会影响视觉注意力，并触发抑制机制，防止眼球运动转向显著颜色。这一观点与之前将目标导向行为解释为抑制的文献一致，其中显著干扰因素产生的干扰较少（Moher et al.，2015）。对此结果的另一种解释是，网址导航广告区的搜索模式遵循自上而下的过程，其中视觉注意力由用户驱动（Bekkering and Neggers，2002）。首次注视的固定位置也支持上述观点。另一种可能性是，对于网址导航用户来说，颜色是一种微弱的自下而上的信号。因此，自上而下的调节机制在弱自下而上信号的存在下发挥作用（Corradi-Dell'Acqua et al.，2015）。

最后，我们检验了广告位置和颜色对参与者搜索时间、总注视持续时间和首次注视点位置的交互作用。交互作用对搜索时间有显著影响。本研究中位置和颜色之间的交互作用表明，对于中心区域，显著颜色有助于参与者快速搜索目标链接。结果表明，如果广告被放置在网址导航网站广告区域的中心，用户的搜索绩效对显著的刺激颜色非常敏感。该结果也可以根据用户对广告的首次注视来解释。用户首次注视的位置是在屏幕的中心区域，在该区域中，作为自下而上因素的显著颜色往往在短时间内起作用（Donk and van Zoest，2008；Theeuwes，2010；van Zoest et al.，2004）。

然而，颜色和位置对总注视时间没有交互作用。参与者的注视行为与行为绩效不一致。目前的结果模式符合这样的观点，即用户通过隐蔽的过程而不是对广告的公开注视来搜索广告（Burke et al.，2005；Hong et al.，2004；Simola et al.，2011）。Simola 等（2011）证明，当一个人在周边视野中暴露于广告时，会发生广告的隐蔽处理。结果表明，对中心区域具有显著颜色的广告的隐蔽注意会减少搜索时间。

因此，根据研究结果，我们证明了网址导航广告区域的视觉注意力是由用户驱动的，遵循自上而下的过程。用户首次注视点位置是广告区域的中心。广告位置对用户的搜索时间有显著影响。位于中心区域和左上角的广告链接会增加用户的关注度。在中心区域改变颜色的广告链接具有吸引用户注意力的优势。我们建议广告商在选择网址导航网站广告的位置和格式时，应考虑用户的视觉注意力和浏览模式。

本研究提供了一些补充，以了解用户在浏览网址导航上的广告区域时的视觉注意机制，并为广告策略提供了两个有用的含义。一是网址导航上广告区域的视觉注意力是由用户驱动的，遵循自上而下的过程。这一结果表明，广告位置的选择应考虑用户的浏览策略。广告链接应该放在中心区域或左上角，以增加用户的注意。另一种策略是通过广告位置和颜色对用户视觉注意力的交互作用提出的。我们的发现表明，放置在中心区域的广告链接应该使用显著的颜色来吸引用户的视觉注意力。

　　目前的研究在几个方面受到限制。首先，我们只考虑广告的两种常见颜色和五种典型位置。广告设计的许多未经探索的性质，如广告类型（即仅文本、图片、文本和图片的组合）、广告的显著特征（即动画、配色方案）、广告大小和其他广告位置可能会影响用户的视觉注意力。未来可以进一步研究这些因素如何影响用户的视觉注意力。其次，只研究了有经验的网址导航网站用户。在未来比较有经验用户和无经验用户之间的视觉注意力会很有趣。最后，尽管有 100 名参与者参与了这项研究，但每个实验条件下只有 10 名参与者。未来的研究应考虑增加样本量，以检验结果的稳健性。

参 考 文 献

操雅琴，郭伏，刘玮琳，2015. 考虑用户认知的电子商务网站导航设计研究[J]. 工业工程与管理，20（1）：159-162.

郭伏，刘玮琳，郑中，2015. 文本信息设计形式及搜索目标位置对用户认知效果的影响研究[J]. 情报学报，34（11）：1225-1232.

蒋玉石，李永建，何丹，等，2009. 网页广告"靶"屏位置的顾客视觉识别效应实验研究[J]. 管理评论，21（11）：38-43.

赖丽花，王咸伟，2014. 网络课程的网页布局与导航样式对学习影响的眼动实验研究[J]. 深圳职业技术学院学报，13（5）：37-44.

李珏，薛澄岐，王海燕，等，2018. 网址导航界面链接按钮形式对视觉搜索的影响[J]. 电子机械工程，34（2）：60-64.

栗觅，卢万譲，吕胜富，等，2012. 网页信息过载时视觉搜索策略与信息加工方式的眼动研究[J]. 北京工业大学学报，38（3）：390-395.

栗觅，钟宁，吕胜富，2009. Web 页面信息的视觉搜索行为特征的研究[J]. 计算机科学与探索，3（6）：649-655.

石金富，曹晓华，王钢，等，2008. 网页布局对视觉搜索影响的眼动研究[J]. 人类工效学，14（4）：1-3.

许鑫，曹阳，2017. 基于眼动追踪实验的高校图书馆门户网站网页设计研究[J]. 大学图书馆学报，35（3）：46-52.

杨强，王钰灵，蒋玉石，等，2019. 视觉显著性对横幅广告注意及记忆效果的影响研究[J]. 运筹与管理，28（6）：190-199.

翟苑琳，2018. 支付类 APP 菜单界面特征对用户搜索效率影响的眼动研究[D]. 天津：天津师范大学.

张帆. 2018. 面向电商网页设计与评价的 AEU 多维视觉营销绩效模型研究[D]. 杭州：浙江大学.

张喆，韩贝贝，孙林辉，等，2019. 工商银行网页理财页面可用性的眼动研究[J]. 人类工效学，25（1）：65-71.

Adam J M，Carpenter Patricia A，1976. Eye fixations and cognitive processes[J]. Cognitive Psychology，8（4）：441-480.

Aksakallı V，2012. Optimizing direct response in Internet display advertising[J]. Electronic Commerce Research and Applications，11（3）：229-240.

Allen D G，Biggane J E，Pitts M，et al.，2013. Reactions to recruitment web sites: Visual and verbal attention，attraction，and intentions to pursue employment[J]. Journal of Business and Psychology，28（3）：263-285.

Awh E，Belopolsky A V，Theeuwes J，2012. Top-down versus bottom-up attentional control: A failed theoretical dichotomy[J]. Trends in Cognitive Sciences，16（8）：437-443.

Ayanso A，Karimi A，2015. The moderating effects of keyword competition on the determinants of ad position in sponsored search advertising[J]. Decision Support Systems，70：42-59.

Bang H，Wojdynski B W，2016. Tracking users' visual attention and responses to personalized advertising based on task cognitive demand[J]. Computers in Human Behavior，55（PB）：867-876.

Bar-Ilan J，Belous Y，2007. Children as architects of Web directories：An exploratory study[J]. Journal of the American Society for Information Science and Technology，58（6）：895-907.

Barry C，Lardner M，2011. A study of first click behaviour and user interaction on the google SERP[M]//Pokorny J，Repa V，Richta K，et al. Information Systems Development. New York：Springer New York：89-99.

Bataineh E，Al Mourad B，Kammoun F，2017. Usability analysis on Dubai e-government portal using eye tracking methodology[C]//2017 Computing Conference. July 18-20，2017. London. IEEE，591-600.

Bekkering H，Neggers S F W，2002. Visual search is modulated by action intentions[J]. Psychological Science，13（4）：370-374.

Bernard M L，2001. Developing schemas for the location of common web objects[J]. Proceedings of the Human Factors and Ergonomics Society Annual Meeting，45（15）：1161-1165.

Bilal D，Wang P L，2005. Children's conceptual structures of science categories and the design of Web directories[J]. Journal of the American Society for Information Science and Technology，56（12）：1303-1313.

Burke M，Hornof A，Nilsen E，et al.，2005. High-cost banner blindness：Ads increase perceived workload，hinder visual search，and are forgotten[J]. ACM Transactions on Computer-Human Interaction，12（4）：423-445.

Buscher G，Cutrell E，Morris M R，2009. What do you see when you're surfing? Using eye tracking to predict salient regions of web pages[C]//Proceedings of the SIGCHI Conference on Human Factors in Computing Systems. Boston MA USA. ACM，21-30.

Calder B J，Malthouse E C，Schaedel U，2009. An experimental study of the relationship between online engagement and advertising effectiveness[J]. Journal of Interactive Marketing，23（4）：321-331.

Calisir F，Karaali D，2008. The impacts of banner location，banner content and navigation style on banner recognition[J]. Computers in Human Behavior，24（2）：535-543.

Cao Y，Qu Q，Duffy V G，et al.，2019. Attention for web directory advertisements: A top-down or bottom-up process[J]. International Journal of Human-Computer Interaction，35（1）：89-98.

Cassidy L，Hamilton J.，2014. Location of service industry web objects：Developing a standard[C]. ACIS.

Chen S Y，Magoulas G D，Dimakopoulos D，2005. A flexible interface design for Web directories to accommodate different cognitive styles[J]. Journal of the American Society for Information Science and Technology，56（1）：70-83.

Cheung M，Hong W Y，Thong J，2017. Effects of animation on attentional resources of online consumers[J]. Journal of the Association for Information Systems，18（8）：605-632.

Chevalier A，Dommes A，Marquié J C，2015. Strategy and accuracy during information search on the Web：effects of age and complexity of the search questions[J]. Computers in Human Behavior，53：305-315.

Chung W，2012. Managing web repositories in emerging economies：Case studies of browsing web directories[J]. International Journal of Information Management，32（3）：232-238.

Chung W，Lai G P，Bonillas A，et al.，2008. Organizing domain-specific information on the Web：An experiment on the Spanish business Web directory[J]. International Journal of Human-Computer Studies，66（2）：51-66.

Chung Y M，Noh Y H，2003. Developing a specialized directory system by automatically classifying Web documents[J]. Journal of Information Science，29（2）：117-126.

Clifton C Jr，Ferreira F，Henderson J M，et al.，2016. Eye movements in reading and information processing：Keith Rayner's 40 year legacy[J]. Journal of Memory and Language，86：1-19.

Corbetta M，Shulman G L，2002. Control of goal-directed and stimulus-driven attention in the brain[J]. Nature Reviews Neuroscience，3（3）：201-215.

Corradi-Dell'Acqua C，Fink G R，Weidner R，2015. Selecting category specific visual information：Top-down and bottom-up control of object based attention[J]. Consciousness and Cognition, 35: 330-341.

Cousineau D, Chartier S, 2010. Outliers detection and treatment: A review[J]. International Journal of Psychological Research, 3 (1): 58-67.

Cutrell E, Guan Z, 2007. What are you looking for? An eye-tracking study of information usage in web search[C]//Proceedings of the SIGCHI conference on Human factors in computing systems. 407-416.

Deng L Q, Poole M S, 2010. Affect in web interfaces: A study of the impacts of web page visual complexity and order[J]. MIS Quarterly, 34 (4): 711-730.

Ding Y, Guo F, Zhang X F, et al., 2016. Using event related potentials to identify a user's behavioural intention aroused by product form design[J]. Applied Ergonomics, 55: 117-123.

Donk M, van Zoest W, 2008. Effects of salience are short-lived[J]. Psychological Science, 19 (7): 733-739.

Dumais S T, Buscher G, Cutrell E, 2010. Individual differences in gaze patterns for web search[C]//Proceedings of the third symposium on Information interaction in context. August 18-21, 2010, New Brunswick, New Jersey, USA. ACM: 185-194.

Dvir-Gvirsman S, 2019. I like what I see: Studying the influence of popularity cues on attention allocation and news selection[J]. Information, Communication & Society, 22 (2): 286-305.

Engelmann I, Wendelin M, 2017. Comment counts or news factors or both? Influences on news website users' news selectioners' news selection[J]. International Journal of Communication, 11: 1-19.

Espigares-Jurado F, Muñoz-Leiva F, Correia M B, et al., 2020. Visual attention to the main image of a hotel website based on its position, type of navigation and belonging to Millennial generation: An eye tracking study[J]. Journal of Retailing and Consumer Services, 52: 101906.

Faraday P, 2000. Visually critiquing web pages[C]//Multimedia'99: Proceedings of the Eurographics Workshop in Milano, Italy, September 7-8, 1999. Vienna: Springer Vienna, 155-166.

Flores W, Chen J C V, Ross W H, 2014. The effect of variations in banner ad, type of product, website context, and language of advertising on Internet users' attitudes[J]. Computers in Human Behavior, 31: 37-47.

Fox D, Smith A, Chaparro B S, et al., 2009. Optimizing presentation of AdSense ads within blogs[J]. Proceedings of the Human Factors and Ergonomics Society Annual Meeting, 53 (18): 1267-1271.

Fraccaro P, Vigo M, Balatsoukas P, et al., 2018. Presentation of laboratory test results in patient portals: Influence of interface design on risk interpretation and visual search behaviour[J]. BMC Medical Informatics and Decision Making, 18 (1): 11.

Goldberg J H, Stimson M J, Lewenstein M, et al., 2002. Eye tracking in web search tasks: Design implications[C]//Proceedings of the symposium on Eye tracking research & applications-ETRA '02. March 25-27, 2002. New Orleans, Louisiana. ACM, 51-58.

Goodrich K, 2010. What's up? Exploring upper and lower visual field advertising effects[J]. Journal of Advertising Research, 50 (1): 91-106.

Gossen T, Nürnberger A, 2013. Specifics of information retrieval for young users: A survey[J]. Information Processing & Management, 49 (4): 739-756.

Granka L A, Joachims T, Gay G, 2004. Eye-tracking analysis of user behavior in WWW search[C]//Proceedings of the 27th annual international ACM SIGIR conference on Research and development in information retrieval. July 25-29, 2004, Sheffield, United Kingdom. ACM: 478-479.

Grier R A. 2004. Visual attention and wed design[M]. Cincinnati: University of Cincinnati.

Grier R, Kortum P, Miller J, 2007. How users view web pages[M]//Human Computer Interaction Research in Web Design and Evaluation. IGI Global: 22-41.

Guo F, Cao Y Q, Ding Y, et al., 2015. A multimodal measurement method of users' emotional experiences shopping online[J]. Human Factors in Ergonomics & Manufacturing, 25 (5): 585-598.

Guo F, Ding Y, Liu W L, et al., 2016. Can eye-tracking data be measured to assess product design? Visual attention mechanism should be considered[J]. International Journal of Industrial Ergonomics, 53: 229-235.

Heinz S, Linxen S, Tuch A N, et al., 2016. Is it still where I expect it? —Users' current expectations of interface elements on the most frequent types of websites[J]. Interacting with Computers, 29 (3): 325-344.

Heuer S, Hallowell B, 2015. A novel eye-tracking method to assess attention allocation in individuals with and without aphasia using a dual-task paradigm[J]. Journal of Communication Disorders, 55: 15-30.

Hicks J M, Still J D, 2019. Examining the effects of clutter and target salience in an E-commerce visual search task[J]. Proceedings of the Human Factors and Ergonomics Society Annual Meeting, 63 (1): 1761-1765.

Higgins E, Leinenger M, Rayner K, 2014. Eye movements when viewing advertisements[J]. Frontiers in Psychology, 5: 210.

Holmberg N, Holmqvist K, Sandberg H, 2015. Children's attention to online adverts is related to low-level saliency factors and individual level of gaze control[J]. Journal of Eye Movement Research, 8 (2): 1-10.

Hong W Y, Thong J Y L, Tam K Y, 2004. Does animation attract online users' attention? The effects of flash on information search performance and perceptions[J]. Information Systems Research, 15 (1): 60-86.

Hsieh Y C, Chen K H, 2011. How different information types affect viewer's attention on Internet advertising[J]. Computers in Human Behavior, 27 (2): 935-945.

Hu Y, Shin J, Tang Z L, 2016. Incentive problems in performance-based online advertising pricing: Cost per click vs. cost per action[J]. Management Science, 62 (7): 2022-2038.

Hwang Y M, Lee K C, 2017. Using eye tracking to explore consumers' visual behavior according to their shopping motivation in mobile environments[J]. Cyberpsychology, Behavior and Social Networking, 20 (7): 442-447.

Inal T C, Serteser M, Coşkun A, et al., 2010. Indirect reference intervals estimated from hospitalized population for thyrotropin and free thyroxine[J]. Croatian Medical Journal, 51 (2): 124-130.

Itti L, Koch C, 2000. A saliency-based search mechanism for overt and covert shifts of visual attention[J]. Vision Research, 40 (10/11/12): 1489-1506.

Itti L, Koch C, Niebur E, 1998. A model of saliency-based visual attention for rapid scene analysis[J]. IEEE Transactions on Pattern Analysis and Machine Intelligence, 20 (11): 1254-1259.

Jacques J T, Perry M, Kristensson P O, 2015. Differentiation of online text-based advertising and the effect on users' click behavior[J]. Computers in Human Behavior, 50: 535-543.

Jansen B J, Liu Z, Weaver C, et al., 2011. Real time search on the web: Queries, topics, and economic value[J]. Information Processing & Management, 47 (4): 491-506.

Johnson A, 2004. Attention: Theory and Practice[M]. Thousand Oaks: Sage Publications.

Jones M, Buchanan G, Thimbleby H, 2003. Improving web search on small screen devices[J]. Interacting with Computers, 15 (4): 479-495.

Josephson S, Holmes M E, 2002. Visual attention to repeated internet images: Testing the scanpath theory on the world wide web[C]//Proceedings of the Eye Tracking Research & Application Symposium (ETRA), New Orleans, Louisiana, USA, March 25-27.

Kammerer Y, Gerjets P, 2014. The role of search result position and source trustworthiness in the selection of web search results when using a list or a grid interface[J]. International Journal of Human-Computer Interaction, 30(3):177-191.

Kessler S H, Engelmann I, 2019. Why do we click? Investigating reasons for user selection on a news aggregator website[J]. Communications, 44（2）: 225-247.

Kim G, Lee J H, 2011. The effect of search condition and advertising type on visual attention to Internet advertising[J]. Cyberpsychology, Behavior and Social Networking, 14（5）: 323-325.

Kim J, Thomas P, Sankaranarayana R, et al., 2015. Eye-tracking analysis of user behavior and performance in web search on large and small screens[J]. Journal of the Association for Information Science and Technology, 66（3）: 526-544.

Kim J, Trippas J R, Sanderson M, et al., 2019. How do computer scientists use google scholar? A survey of user interest in elements on SERPs and author profile pages[C]//BIR@ ECIR. 64-75.

Kim S B, Kim D Y, Wise K, 2014. The effect of searching and surfing on recognition of destination images on Facebook pages[J]. Computers in Human Behavior, 30: 813-823.

Klöckner K, Wirschum N, Jameson A, 2004. Depth-and breadth-first processing of search result lists[C]//CHI'04 Extended Abstracts on Human Factors in Computing Systems. Vienna Austria. ACM, 1539-1539.

Kuisma J, Simola J, Uusitalo L, et al., 2010. The effects of animation and format on the perception and memory of online advertising[J]. Journal of Interactive Marketing, 24（4）: 269-282.

Lam S Y, Chau A W L, Wong T J, 2007. Thumbnails as online product displays: How consumers process them[J]. Journal of Interactive Marketing, 21（1）: 36-59.

Lee J H, Ha J, Jung J Y, et al., 2013. Semantic contextual advertising based on the open directory project[J]. ACM Transactions on the Web, 7（4）: 1-22.

Lee J, Ahn J H, 2012. Attention to banner ads and their effectiveness: An eye-tracking approach[J]. International Journal of Electronic Commerce, 17（1）: 119-137.

Li K, Huang G X, Bente G, 2016. The impacts of banner format and animation speed on banner effectiveness: Evidence from eye movements[J]. Computers in Human Behavior, 54: 522-530.

Li M, Song Y Y, Lu S F, et al., 2009. The layout of web pages: A study on the relation between information forms and locations using eye-tracking[M]//Active Media Technology. Berlin, Heidelberg: Springer Berlin Heidelberg: 207-216.

Lin Y L, Chen Y W, 2009. Effects of ad types, positions, animation lengths, and exposure times on the click-through rate of animated online advertisings[J]. Computers & Industrial Engineering, 57（2）: 580-591.

Ling J, van Schaik P, 2002. The effect of text and background colour on visual search of Web pages[J]. Displays, 23（5）: 223-230.

Ling J, van Schaik P, 2004. The effects of link format and screen location on visual search of Web pages[J]. Ergonomics, 47（8）: 907-921.

Ling J, van Schaik P, 2007. The influence of line spacing and text alignment on visual search of Web pages[J]. Displays, 28（2）: 60-67.

Lohse G L, Rosen D L, 2001. Signaling quality and credibility in yellow pages advertising: The influence of color and graphics on choice[J]. Journal of Advertising, 30（2）: 73-83.

Lorigo L, Haridasan M, Brynjarsdóttir H, et al., 2008. Eye tracking and online search: Lessons learned and challenges ahead[J]. Journal of the American Society for Information Science and Technology, 59（7）: 1041-1052.

Lorigo L, Pan B, Hembrooke H, et al., 2006. The influence of task and gender on search and evaluation behavior using Google[J]. Information Processing and Management: an International Journal, 42（4）: 1123-1131.

Manor B R, Gordon E, Touyz S W, 1995. Consistency of the first fixation when viewing a standard geometric stimulus[J].

International Journal of Psychophysiology，20（1）：1-9.

Maqbali H A，Scholer F，Thom J，et al.，2009. Do users find looking at text more useful than visual representations？A comparison of three search result interfaces[C]//Proceedings of the Fourteenth Australasian Document Computing Symposium，ADCS 2009. University of New South Wales，1-8.

Moher J，Anderson B A，Song J H，2015. Dissociable effects of salience on attention and goal-directed action[J]. Current Biology，25（15）：2040-2046.

Moran K，Goray C，2019. Complex search-results pages change search behavior：The pinball pattern[J]. Journal of the Association for Information Science & Technology，70（10）：1115-1126.

Namoun A，2018. Three column website layout vs. grid website layout：An eye tracking study[C]//International Conference of Design，User Experience，and Usability. Cham：Springer：271-284.

Näsänen R，Karlsson J，Ojanpää H，2001. Display quality and the speed of visual letter search[J]. Displays，22（4）：107-113.

Navalpakkam V，Kumar R，Li L H，et al.，2012. Attention and selection in online choice tasks[C]//Masthoff J，Mobasher B，Desmarais M C，et al.，International Conference on User Modeling，Adaptation，and Personalization. Berlin，Heidelberg：Springer：200-211.

Nettelhorst S C，Brannon L A，2012. The effect of advertisement choice，sex，and need for cognition on attention[J]. Computers in Human Behavior，28（4）：1315-1320.

Nielsen J，2011. How long do users stay on web pages？[EB/OL]（2011-04-17）[2023-04-05].

Nielsen J，2006. F-shaped pattern for reading web content. http://www.nngroup.com/articles/f-shaped-pattern-reading-web-content/[2018-10-10].

Noiwan J，Norcio A F，2006. Cultural differences on attention and perceived usability：Investigating color combinations of animated graphics[J]. International Journal of Human-Computer Studies，64（2）：103-122.

Ong K，Järvelin K，Sanderson M，et al.，2017. Using information scent to understand mobile and desktop web search behavior[C]//Proceedings of the 40th International ACM SIGIR Conference on Research and Development in Information Retrieval. August 7-11，2017，Shinjuku，Tokyo，Japan. ACM：295-304.

Orquin J L，Lagerkvist C J，2015. Effects of salience are both short-and long-lived[J]. Acta Psychologica，160：69-76.

Ortiz-Cordova A，Yang Y W，Jansen B J，2015. External to internal search：Associating searching on search engines with searching on sites[J]. Information Processing & Management，51（5）：718-736.

Pan B，Hembrooke H，Joachims T，et al.，2007. In google we trust：Users' decisions on rank，position，and relevance[J]. Journal of Computer-Mediated Communication，12（3）：801-823.

Pearson R，van Schaik P，2003. The effect of spatial layout of and link colour in web pages on performance in a visual search task and an interactive search task[J]. International Journal of Human-Computer Studies，59（3）：327-353.

Peschel A O，Orquin J L，2013. A review of the findings and theories on surface size effects on visual attention[J]. Frontiers in Psychology，4：902.

Poole A，Ball L J，Phillips P，2007. In search of salience：A response-time and eye-movement analysis of bookmark recognition[M]//Sally F，Panos M，David M，et al. People and Computers XVIII：Design for Life. Berlin，Heideberg：Springer London：363-378.

Rau P L P，Gao Q，Liu J，2007. The effect of rich web portal design and floating animations on visual search[J]. International Journal of Human-Computer Interaction，22（3）：195-216.

Rayner K，1998. Eye movements in reading and information processing：20 years of research[J]. Psychological Bulletin，124（3）：372-422.

Rayner K, 2009. Eye movements and attention in reading, scene perception, and visual search[J]. Quarterly Journal of Experimental Psychology, 62 (8): 1457-1506.

Reisberg D, 2013. The Oxford Handbook of Cognitive Psychology[M]. Oxford: Oxford University Press.

Rele R S, Duchowski A T, 2005. Using eye tracking to evaluate alternative search results interfaces[J]. Proceedings of the Human Factors and Ergonomics Society Annual Meeting, 49 (15): 1459-1463.

Resnick M, Albert W, 2014. The impact of advertising location and user task on the emergence of banner ad blindness: An eye-tracking study[J]. International Journal of Human-Computer Interaction, 30 (3): 206-219.

Roth S P, Tuch A N, Mekler E D, et al., 2013. Location matters, especially for non-salient features: An eye-tracking study on the effects of web object placement on different types of websites[J]. International Journal of Human-Computer Studies, 71 (3): 228-235.

Ryu G, Lim E A C, Thor Ling Tan L, et al., 2007. Preattentive processing of banner advertisements: The role of modality, location, and interference[J]. Electronic Commerce Research and Applications, 6 (1): 6-18.

Sachse J, 2019. The influence of snippet length on user behavior in mobile web search[J]. Aslib Journal of Information Management, 71 (3): 325-343.

Scott G G, Hand C J, 2016. Motivation determines Facebook viewing strategy: An eye movement analysis[J]. Computers in Human Behavior, 56: 267-280.

Şendurur E, Yildirim Z, 2015. Students' web search strategies with different task types: An eye-tracking study[J]. International Journal of Human-Computer Interaction, 31 (2): 101-111.

Shen F Y, 2002. Banner advertisement pricing, measurement, and pretesting practices: Perspectives from interactive agencies[J]. Journal of Advertising, 31 (3): 59-67.

Simola J, Kivikangas M, Kuisma J, et al., 2013. Attention and memory for newspaper advertisements: Effects of ad–editorial congruency and location[J]. Applied Cognitive Psychology, 27 (4): 429-442.

Simola J, Kuisma J, Oörni A, et al., 2011. The impact of salient advertisements on reading and attention on web pages[J]. Journal of Experimental Psychology Applied, 17 (2): 174-190.

Still J D, 2017. Web page attentional priority model[J]. Cognition, Technology & Work, 19 (2): 363-374.

Still J D, 2018. Web page visual hierarchy: Examining Faraday's guidelines for entry points[J]. Computers in Human Behavior, 84: 352-359.

Still J, Still M, 2019.Influence of visual salience on webpage product searches[J]. ACM Transactions on Applied Perception, 16 (1): 3.

Tabachnick B G, Fidell L S, 2007. Experimental designs using ANOVA[M]. Belmont: Thomson/Brooks/Cole.

Tardieu J, Misdariis N, Langlois S, et al., 2015. Sonification of in-vehicle interface reduces gaze movements under dual-task condition[J]. Applied Ergonomics, 50: 41-49.

Theeuwes J, 2010. Top-down and bottom-up control of visual selection[J]. Acta Psychologica, 135 (2): 77-99.

Theeuwes J, Reimann B, Mortier K, 2006. Visual search for featural singletons: No top-down modulation, only bottom-up priming[J]. Visual Cognition, 14 (4/5/6/7/8): 466-489.

Tosi V, Mecacci L, Pasquali E, 1997. Scanning eye movements made when viewing film: Preliminary observations[J]. The International Journal of Neuroscience, 92 (1/2): 47-52.

van der Laan L N, Hooge I T C, de Ridder D T D, et al., 2015. Do you like what you see? The role of first fixation and total fixation duration in consumer choice[J]. Food Quality and Preference, 39: 46-55.

van Schaik P, Ling J, 2001a. Design parameters in web pages: Frame location and differential background contrast in visual search performance[J]. International Journal of Cognitive Ergonomics, 5 (4): 459-471.

van Schaik P，Ling J，2001b. The effects of frame layout and differential background contrast on visual search performance in Web pages[J]. Interacting with Computers，13（5）：513-525.

van Schaik P，Ling J，2006. The effects of graphical display and screen ratio on information retrieval in Web pages[J]. Computers in Human Behavior，22（5）：870-884.

van Zoest W，Donk M，Theeuwes J，2004. The role of stimulus-driven and goal-driven control in saccadic visual selection[J]. Journal of Experimental Psychology Human Perception and Performance，30（4）：746-759.

Vargiu E，Giuliani A，Armano G，2013. Improving contextual advertising by adopting collaborative filtering[J]. ACM Transactions on the Web，7（3）：13.

Wang Q Z, Yang S, Liu M L, et al., 2014. An eye-tracking study of website complexity from cognitive load perspective[J]. Decision Support Systems，62：1-10.

Wu Z D，Xu G D，Lu C L，et al.，2013. Position-wise contextual advertising：Placing relevant ads at appropriate positions of a Web page[J]. Neurocomputing，120：524-535.

Yang H C，Lee C H，2004. A text mining approach on automatic generation of Web directories and hierarchies[J]. Expert Systems with Applications，27（4）：645-663.